# 陈明达全集

## 【第十卷】建筑设计・建筑史研究图稿等

陈明达 著

浙江摄影出版社

图书在版编目（CIP）数据

陈明达全集. 第十卷，建筑设计·建筑史研究图稿等/
陈明达著. -- 杭州 : 浙江摄影出版社，2023.1
ISBN 978-7-5514-3729-5

Ⅰ. ①陈… Ⅱ. ①陈… Ⅲ. ①陈明达（1914-1997）
－全集②建筑设计－文集③建筑史－中国－文集 Ⅳ.
①TU-52②TU2-53③TU-092

中国版本图书馆CIP数据核字(2022)第207116号

# 第十卷　目录

## 古建筑与雕塑摄影集

## 附　录

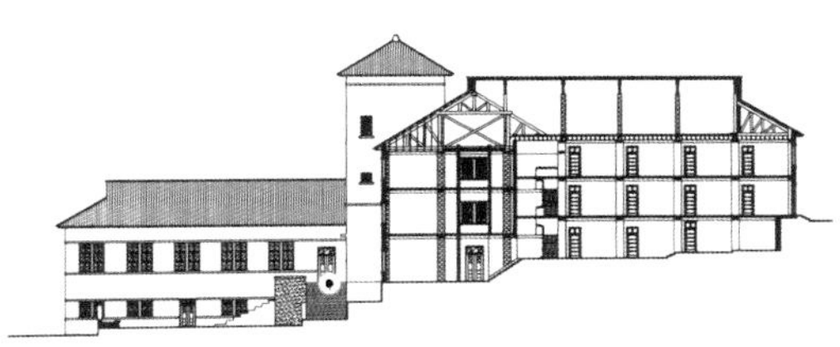

# 建筑设计作品

# 壹 祁阳重华学堂大礼堂

（1947 年设计，1949 年初竣工）

抗战胜利后重建的重华学堂（今祁阳二中）操场及大礼堂全景。陈冰叔倡议，陈明达设计（殷力欣摄）

重华学堂大礼堂近景。原重华学堂主要建筑，系由祁阳陈氏宗祠改建，陈明达设计（殷力欣摄）

重华学堂大礼堂立面侧影（殷力欣摄）

重华学堂大礼堂正立面局部（刘海波摄）

重华学堂大礼堂及图书馆正门（殷力欣摄）

重华学堂大礼堂背面全景（殷力欣摄）

重华学堂大礼堂正面之东侧旁门（殷力欣摄）

重华学堂大礼堂西侧面瓦面（殷力欣摄）

重华学堂大礼堂二层侧席（殷力欣摄）

重华学堂大礼堂首层内景（殷力欣摄）

重华学堂大礼堂二层内景（殷力欣摄）

重华学堂大礼堂天花板明窗（殷力欣摄）

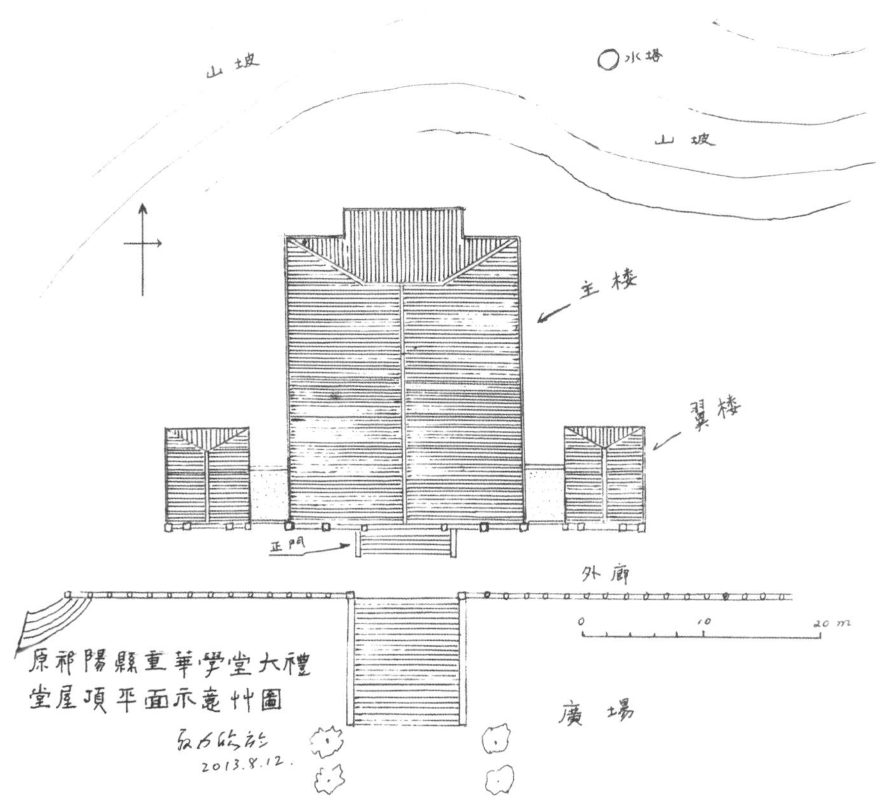


重华学堂大礼堂屋顶平面示意草图（殷力欣草绘）

今祁阳二中校园内残存许多原陈家祠堂的大理石柱础等建筑构件（殷力欣摄）

原陈家祠堂柱础Ⅰ型　中层八面镌松鹤梅兰图案，上承扁鼓形座刻蔓草（殷力欣摄）

原陈家祠堂柱础Ⅱ型　中层八面浅刻帷幕帐，上承鼓座（殷力欣摄）

原陈家祠堂柱础Ⅲ型　中层八面素平，上承仰扁鼓形座（殷力欣摄）

原陈家祠堂柱础Ⅳ型　八面素平，上承仰莲座（殷力欣摄）

原陈家祠堂柱础Ⅴ型　中层八面素平，上承仰覆莲座（殷力欣摄）

重华中学 1943 年碑记

# 祁阳重华学堂大礼堂建筑简介

## （一）重华学堂简史及大礼堂原址辨析

重华学堂系今湖南省祁阳第二中学之前身，重华学堂大礼堂即今之祁阳二中大礼堂。重华学堂初建于1942年，时称湖南省私立重华中学，系祁阳县陈氏族学，抗战胜利后又有扩建为大学之议，遂改称“重华学堂”（远景计划含中学、大学二部）。所谓祁阳陈氏，是指起源于清代乾隆时期名臣陈大受的陈氏族群。陈大受（1702—1751年），字占咸，号可斋，湖南祁阳下马渡藕塘冲人。雍正十一年（1733年）进士，选庶吉士，乾隆朝历任兵部尚书、户部尚书、吏部尚书、直隶总督、军机大臣加太子太保、太子太傅，乾隆十六年（1751年）积劳成疾，卒于两广总督任所，谥文肃，有《陈文肃遗集》传世。清光绪朝台湾兵备道兼提督学政陈文騄（1840—1904年，晚清爱国诗人）、现当代著名建筑史家陈明达（1914—1997年）等，均为其后裔。

1942年春，祁阳乡望陈冰叔先生（陈大受六世孙）发起创办陈氏族学之倡议，组成陈氏族学筹建委员会，将陈氏家族佛寺延寿寺内的部分用地移作办学校址。今校园保存一方碑记云“重华中学。民国三十二年癸未仲冬，长沙棣记营造厂李棣泉包建”，系指1943年的原延寿寺房屋改造。1944年2月，值日军持续空袭、地面部队兵临城下之危急时刻，筹委会拆延寿寺东庑房，在建筑面积不过2000平方米的校园内正式开学。仅一个学期后，日军即于是年9月4日攻陷祁阳城，学校被迫停办。更因陈氏族长不肯出任维持会长，日军报复性地洗劫了祁阳县城陈老府内有二百余年历史的陈氏宗祠，陈氏家业之陈二府、荷花园（即陈大受次子陈绳祖初创、太玄孙陈文騄增修之素园）、延寿寺等均遭不同程度的损毁，而经长沙棣记营造厂改造的重华中学校舍建筑更是损毁殆尽。

抗战胜利后，陈明达（陈大受八世孙）会同其堂兄陈明泰（字平阶，生卒年不详，抗战期间任驻英副武官）于1946年回乡省亲，与陈冰叔等商议重修祠堂事宜。面对满目疮痍、百废待兴的劫后祁阳，陈氏族人一致决议：暂缓修复自家宗祠，当务之急是重建重华中学，并将其长远规划为日后将包括中学部和大学部的重华学堂。鉴于原祠堂虽损毁严重，但梁、柱、砖、瓦及各类石材等尚可利用，毅然决定将这批有百余年历史的珍贵物资迁运至延寿寺作新校建材使用。

据陈明达先生回忆，当时为实现这一计划，他返回重庆不久就向重庆陪都建设委员会告长假，于1947年再度回乡，一面在衡阳铁路部门任职谋生（薪酬待遇远低于重庆陪都建设委员会），一面义务为重华学堂做设计规划（规划预留了大学部日后发展的建设项目），他的堂妹陈元明女士亦为此捐资两个月的月薪。大致在1948年初，重华学堂筹委会采纳陈明达的设计方案，并委派他监理施工。至1949年初，学堂大礼堂、图书馆、教学楼和宿舍等五六处单体建筑基本竣工并投入使用。

现祁阳二中校园内仅存大礼堂（曾移用作大食堂，今改为校图书馆），其余均在“文化大革命”和近年的建设中被拆除。

今祁阳二中校园内遗存十四尊汉白玉质柱础，其形制与藕塘冲陈家老宅的柱础相近而体量稍大，其中多数属于佛堂、宗祠或府邸正堂等高等级建筑之遗物。由此初步判断：今祁阳二中校史所记载重华学堂大礼堂（今祁阳二中大礼堂）之原址为原延寿寺用地，而且极有可能就是延寿寺正殿之所在。

### （二）重华学堂大礼堂建筑现状[①]

重华学堂大礼堂矗立于高出地面近5米之山冈，坐北面南（略向西偏移），为砖木结构，系移用陈文肃公祠三栋正屋之砖瓦木石等遗物，在陈氏家奉佛堂延寿寺原址所建。其占地面积980平方米；面南为面积8000平方米的大操场，直线通往校门有一条宽约5米、长约80米的林荫甬道；以拾级而上29级的大石阶将礼堂与甬道衔接一体。其造型端庄稳重、气势雄浑，长期以来是该校乃至全祁阳县的标志性建筑；平面大致呈“山”字形，分主楼与左右翼楼三部分，主翼楼之间以一层平顶走廊衔接。

1. 大礼堂正立面外观

大礼堂正立面亦略呈“山”字形，由主楼和左右翼楼组成，底边长约40米，主楼高16米许，两翼楼略低于主楼；自主楼大厅去左右两翼楼房，经7米长的天井走廊即

---

[①] 本节系在实地考察的基础上，参考祁阳二中校史档案资料《湖南省私立重华初级中学》（未刊稿）撰写。

达。翼楼进深约 16 米，宽 7 米余，西边的第一层曾为学校办公用房，东边的第一层曾为教工食堂。主楼、东西翼楼三者的正立面实为人字坡顶主体结构之山面，罩以厚约 0.70 米之装饰性外墙皮，合为整组建筑的正立面整体。其正面上方之墙体，顶部为等腰三角形山花，钝角向上；主楼山花下设门厅柱廊，左右各有三根方形贴壁柱，东西翼楼墙面各设四根方形贴壁柱，对称展开。

正面墙设通高两层之门厅，首层分设石门五樘，主楼三层设窗，翼楼两层设窗，共计正面墙窗 31 樘，均为木格窗页，双扇或单扇：第一层 10 樘，第二层 17 樘，第三层有装饰窗 4 樘。石门全由整块青条石砌成，结构相同而高宽不一，居中正门最大，两端门略小，而正门、端门之间又设小门。

《湖南省私立重华初级中学》称此造型“有大山之稳定，似大鹏之欲腾飞”。

（1）大门厅：以 4 级石阶踏道引导至门厅之门槛，外沿设四根擎天柱，两端为半圆形贴壁柱，中间立两根圆形擎天柱，擎起大礼堂正面中央顶部的长方形墙体和叠加的三角形墙体。擎天柱通高 11 米，柱围 2 米，其柱础为正方体石料分层，下层四方，上层为高约 0.33 米的莲瓣雕饰；柱头为圆中带方的顶盘，四角饰以麒麟脚纹，四面饰以喜鹊梅花枝头闹春浮雕图案，两端半圆形贴壁擎天柱之顶盘则以芙蓉花纹装饰。从保存现状看，似乎柱础部分经近年整修；而两半圆形贴壁柱柱身所题写之楹联，亦似近年增撰。该楹联虽系新制，但气势雄浑，字里行间洋溢着湘学传承与祁阳世风。曰：

入斯门兮仰先贤，弘扬舜德，龙山峰头续俊杰；

登斯殿也励后秀，焕发英姿，重华园里播弦歌。

（2）正门：居两擎天圆柱以内，安装在离正面墙墙脚线 2.30 米、宽 8 米的凹进处，设双扇木门。高 5 米，宽 2 米，门框截面 0.34 米 ×0.32 米，上方两角有挑出 0.4 米的石雀尾，其上，石过梁横截面 0.32 米 ×0.20 米。此门形制类似苏州、上海一带流行之石库门，似非本乡习见，也似乎与陈大受、陈绳祖等曾客居苏州的经历有关。今移作祁阳二中图书馆，有新增楹联曰：

甘泉溯源，万典珍藏哺俊彦；

龙岭抒抱，百科旷揽竞风流。

（3）端门二樘：东西两翼楼向外（南向）各开一石门，暂名其为“端门”，形制与正门相近而尺度略小。其高约 4 米，宽 1.9 米，安装在正面墙墙脚线内，设双扇木门，门前设青石踏道 5 级。

（4）小石门二樘：主楼东西两侧通往翼楼之走廊，向外（南向）各开一小石门，形制也与正门相近而尺度又小于端门。其门高约 3 米，宽 1.30 米，安装在离正面墙墙脚线 0.80 米、宽 5.20 米的凹进处，设双扇木门，门前设青石踏道 5 级。今东侧小石门之下部已改砌墙体，变门为窗。

（5）方形贴壁柱：大礼堂正面墙正门左右各分布 7 根厚薄有别、高低不同的方形贴壁柱。柱面距墙面约为 0.30 米，边长为 0.67 米。贴壁柱高过墙体，近正门左右各 3 根高为 15 米，靠边的左右各 4 根高为 14 米。贴壁柱之间的距离，随门窗宽度不同而不同。

2. 大礼堂侧立面外观

（1）主楼侧立面：两层砖木混合结构屋体，人字坡屋顶，瓦面为新式的铁板瓦层（疑为二十世纪五十年代重铺），底边长约 40 米，通高约 16 米。北端后台部分之屋顶略呈歇山样式，山面设明窗；其南端紧贴正立面墙体，一层设走廊通往左右翼楼。

（2）翼楼侧立面：主楼两侧翼楼形制完全相同，为两层砖木混合结构屋体，人字坡屋顶，瓦面为传统的板瓦（疑为初建旧物），底边长约 16 米，通高约 12 米。其北端屋顶略呈庑殿样式，南端紧贴正立面墙体。翼楼高度低于主楼，形成视觉上的层次递进变化。

3. 大礼堂室内布置

入正门后，即直入礼堂大厅。其深约 32 米，宽约 23 米，可容 1000 余人。靠后墙舞台，深约 8 米，宽近 10 米。

大厅内立 8 根大圆柱，柱围 1 米余；8 根圆柱略呈 U 形分布，支撑二楼和屋顶人字架。柱为圆木整料，柱础较朴素，应系陈氏宗祠旧物。

大厅东西墙，一层各有石门 1 樘，临近舞台；各有木门 1 樘，靠近正门；门通左右天井。一层有木窗 12 樘，二层有木窗 16 樘，均对称式安装。大厅天花正方形，设格子窗二，光源来自前述后台歇山顶之山面明窗。

大厅四角有厢房，上下共 8 间，第一层舞台左右 2 间为演员化妆室，其余 6 间为办公或教师用房。

4. 大礼堂修缮记录

据校史档案记载，1951 年下半学期，学校为改善大礼堂照明条件，请示祁阳县人民政府，在大礼堂楼上楼下、室内室外安装电灯 50 盏，告别了使用油灯照明的历史。

1955 年 1 月，重华中学曾报请县政府拨款修缮大礼堂。确定修缮工程 10 项，日后完成维修面积 1540 平方米：

人字架加固及屋顶重新盖瓦；

外墙全部粉砂灰，内墙刷白灰；

天花板及平顶板更新木料装置；

楼板重新整理；

礼堂前向牌楼加固；

全部石砌明沟；

全部门窗嵌装玻璃等；

首层改用水泥铺地；

装修舞台；

重新安装电灯等照明设备。

此二十世纪五十年代之修缮结果，一直维持到“文化大革命”结束。近年也有部分常规性修缮，但笔者没有得到相关记录。

按：重华学堂大礼堂自以建筑造型之雄伟，充分体现了祁阳人民重建家园的信念，而在实用功能方面，则表现了一种尽量节俭、不事奢华的务实精神。对于一个二十世纪四十年代中等规模的学校建筑而言，大礼堂体量颇大，但并不过分；在室内空间布局上极为紧凑，无多余空间，以物尽其用为营建准绳；在采光方面，更强调自然光源的充分利用；而在音响效果方面，则足够教学、集会之用即可，并不追求专业剧场的音响质量。考虑到建造年代适值物质条件匮乏的战后，同时考虑到设计意图本以学校教育需要为主，并不等同于演出剧场，故这样的设计是非常恰当的——省工、节俭、足敷使用。

（殷力欣）

# 贰　重庆中共西南局办公大楼

（1950 年设计，1952 年竣工）

中共西南局办公大楼，后改作重庆市委办公大楼。陈明达设计并监督施工（龚廷万摄于二十世纪九十年代）

西南局办公大楼侧影（龚廷万摄）

西南局办公大楼正立面(殷力欣摄于2009年)

西南局办公大楼侧影（殷力欣摄）

西南局办公大楼背立面，有局部改造（殷力欣摄）

西南局办公大楼正立面“工农兵”主题浮雕，二十世纪九十年代有局部修补（殷力欣摄）

西南局办公大楼檐下斗拱及窗饰（殷力欣摄）

西南局办公大楼正面门廊（殷力欣摄）

西南局办公大楼内景　门厅（殷力欣摄）

西南局办公大楼内景　走廊（殷力欣摄）

西南局办公大楼内景　门厅立柱及装饰（殷力欣摄）

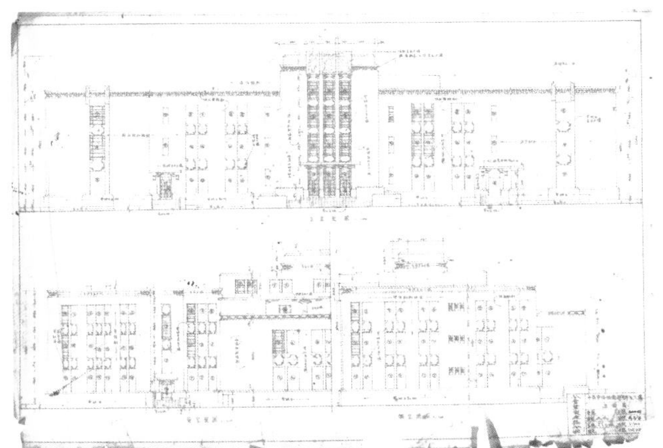

西南局办公大楼施工图

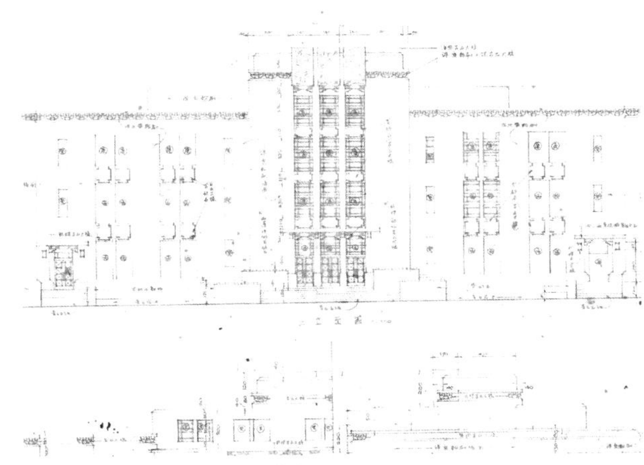

西南局办公大楼施工图局部

重庆市中山四路 36 号院大门，疑似同期设计（殷力欣摄）

# 重庆中共西南局办公大楼建筑简介

中共西南局办公大楼（中共西南局撤销后成为中共重庆市委办公楼）位于重庆市渝中区中山四路36号院内。此地原称重庆市第七区上清寺德安里，区域内至今遗存有国民政府行政院旧址、蒋介石官邸旧址（尧庐一号）、李宗仁公馆旧址等民国时期建筑，1949年11月30日后，这里逐步成为重庆乃至西南大区的政治中心。中共西南局办公大楼是这个新行政中心区域内最早建成的共和国时期建筑之一。

此建筑为陈明达设计并监督施工。于1950年完成设计，1951年初奠基，1952年底竣工，1953年初交付使用。今在重庆市委院内，因近年启用新的办公大楼，现为附属办公用房。

此建筑为砖混结构，地上三层、地下一层，平顶，平面略呈横置的"工"字形，仅在中部略向前、向上凸出一个高四层的门庭作建筑主体。整体建筑外观以混水墙面（红砖墙体以水泥砂浆罩面）、矩形玻璃窗构成朴素的建筑色调，在门庭上端饰白水泥"工农兵"浮雕，并以此为中心，顶楼上檐部分环绕一圈斗栱浮雕作为此西南行政中心建筑唯一的装饰。而这一装饰带的图案选择，采用的不是通常的辽宋式样或明清式样斗栱，而是陈明达在1941年四川彭山汉代崖墓考察中采集的汉代斗栱图样（以彭山第10号墓门楣斗栱为标本），在艺术风格上推崇汉唐之雄厚，也或多或少地暗含着"休养生息"的寓意。

据陈明达先生生前回忆，1950年的一天，时任西南局第一书记兼财经委员会主任的邓小平接见陈明达、张家德等，座谈中共西南局大礼堂、中共西南局办公大楼和重庆市委会办公大楼等三座新建筑的设计施工事宜。当时，陈明达首先向邓小平发问：

"汉代初年有两个做法，一个是建造未央宫'非壮丽无以重威'，另一个是'休养生息'，让人民过上好日子。不知新政府将采用哪一种为建筑业的主旨？"

邓小平的回答是：

"这两个做法都要采纳——党政机关的办公楼要简朴、实用，尽量节约政府开支，好把更多的资金投入工农业生产，让人民群众'休养生息'；另外，要以充足的资金投入去建造作为人民政治协商会议和人民代表大会主会场的大礼堂，这个大礼堂一定要

‘雄伟壮观以重人民当家做主之威’！”

邓小平又补充说：

“大礼堂的建设经费可以尽量满足；而两个办公楼虽说要节俭，但也应该考虑到建筑美观问题，相信建筑师可以开动脑筋——‘巧妇能为无米之炊’。”

得到这样的答复之后，陈明达主动请求设计这三座建筑中的后两座。

（殷力欣）

# 叁　中共重庆市委会办公大楼

（1950 年设计，1952 年竣工）

1952 年竣工时的重庆市委会办公大楼（龚廷万提供）

改为重庆市博物馆的重庆市委会办公大楼旧址（龚廷万摄）

由原办公室改造的重庆市博物馆展厅（龚廷万摄）

由原办公室改造的重庆市博物馆展厅（龚廷万摄）

二十一世纪初的重庆市博物馆全景（龚廷万摄）

二十一世纪初的重庆市博物馆　西北面（龚廷万摄）

二十一世纪初的重庆市博物馆　楼梯间（龚廷万摄）

2008 年重庆市委会办公大楼旧址大修场景（重庆文化遗产研究院提供）

2008 年大修中保留的原水磨石地面装饰图案（重庆文化遗产研究院提供）

重庆市委会办公大楼鸟瞰（重庆文化遗产研究院提供）

重庆市委会办公大楼旧址现状　正面入口（殷力欣摄）

重庆市委会办公大楼旧址现状　正面入口局部（殷力欣摄）

重庆市委会办公大楼旧址现状　正面庭院（殷力欣摄）

重庆市委会办公大楼旧址现状　中楼（殷力欣摄）

重庆市委会办公大楼旧址现状　东北隅（殷力欣摄）

重庆市委会办公大楼旧址现状　顶层东端露台（殷力欣摄）

重庆市委会办公大楼旧址现状　屋顶瓦面（殷力欣摄）

重庆市委会办公大楼旧址现状　改造后的顶层职工活动室（殷力欣摄）

重庆市委会办公大楼旧址现状　改造后的顶层资料室（殷力欣摄）

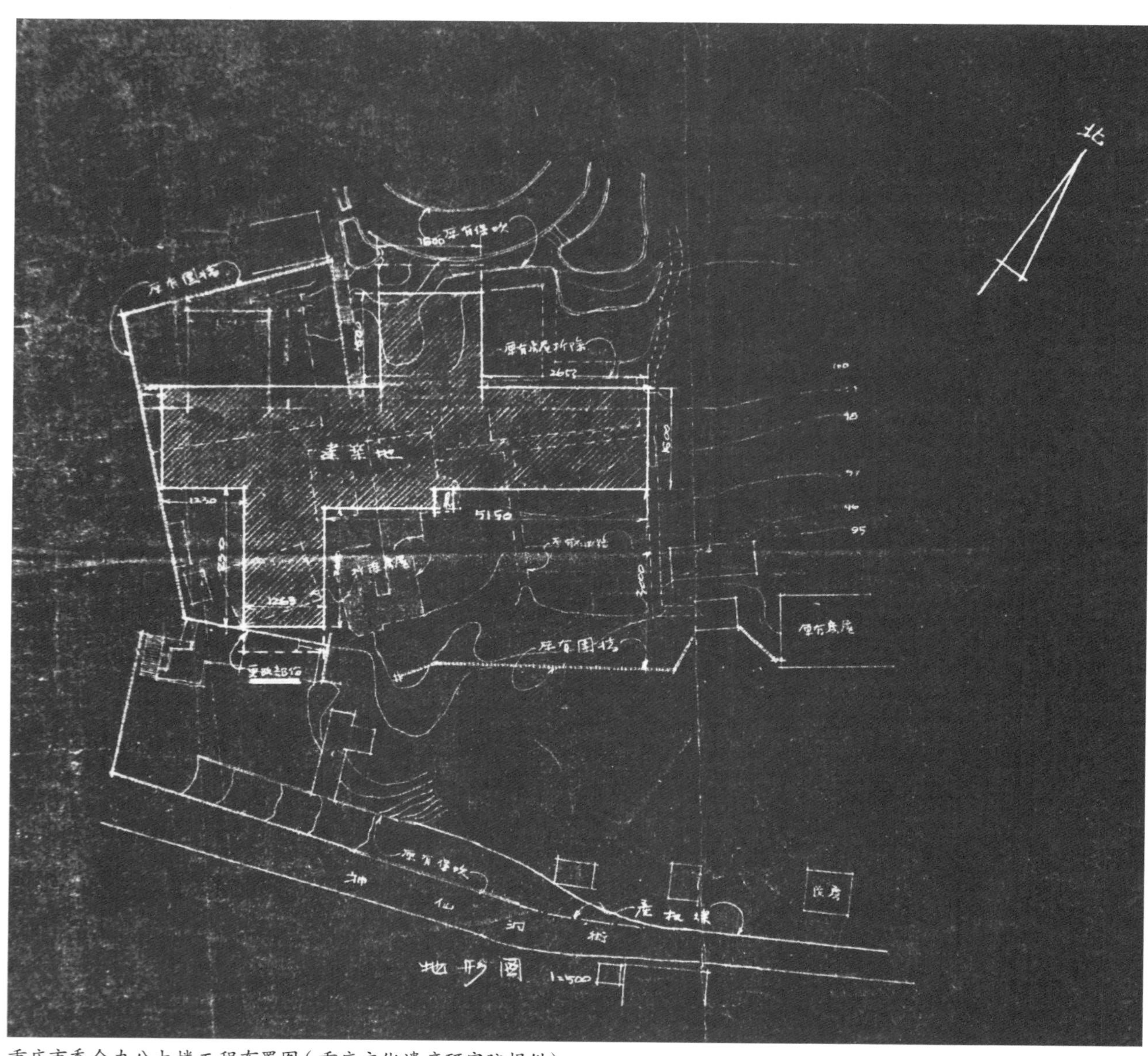

重庆市委会办公大楼工程布置图（重庆文化遗产研究院提供）

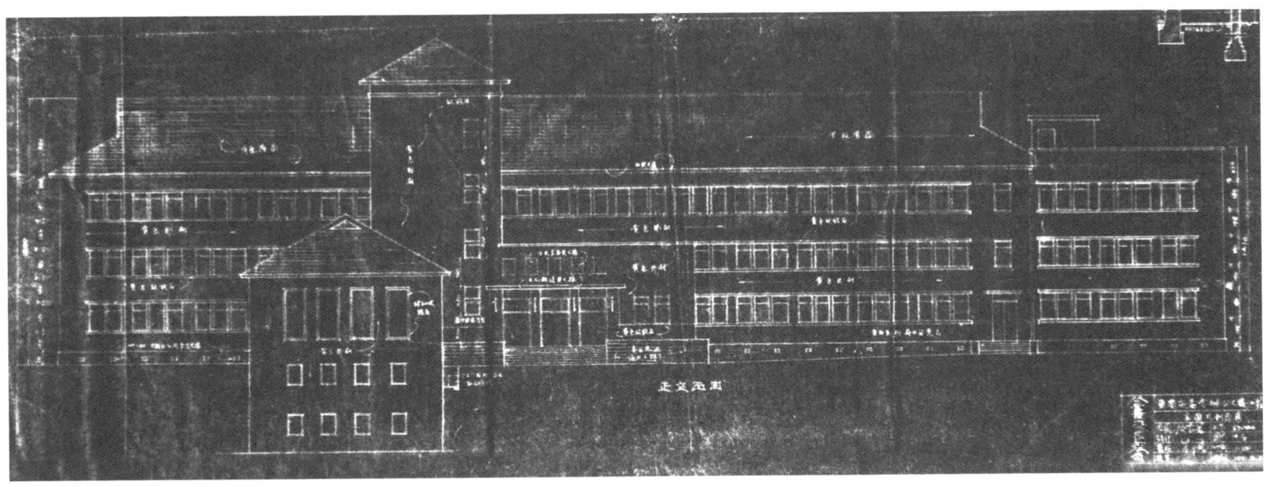

重庆市委会办公大楼施工图　正立面（重庆文化遗产研究院提供）

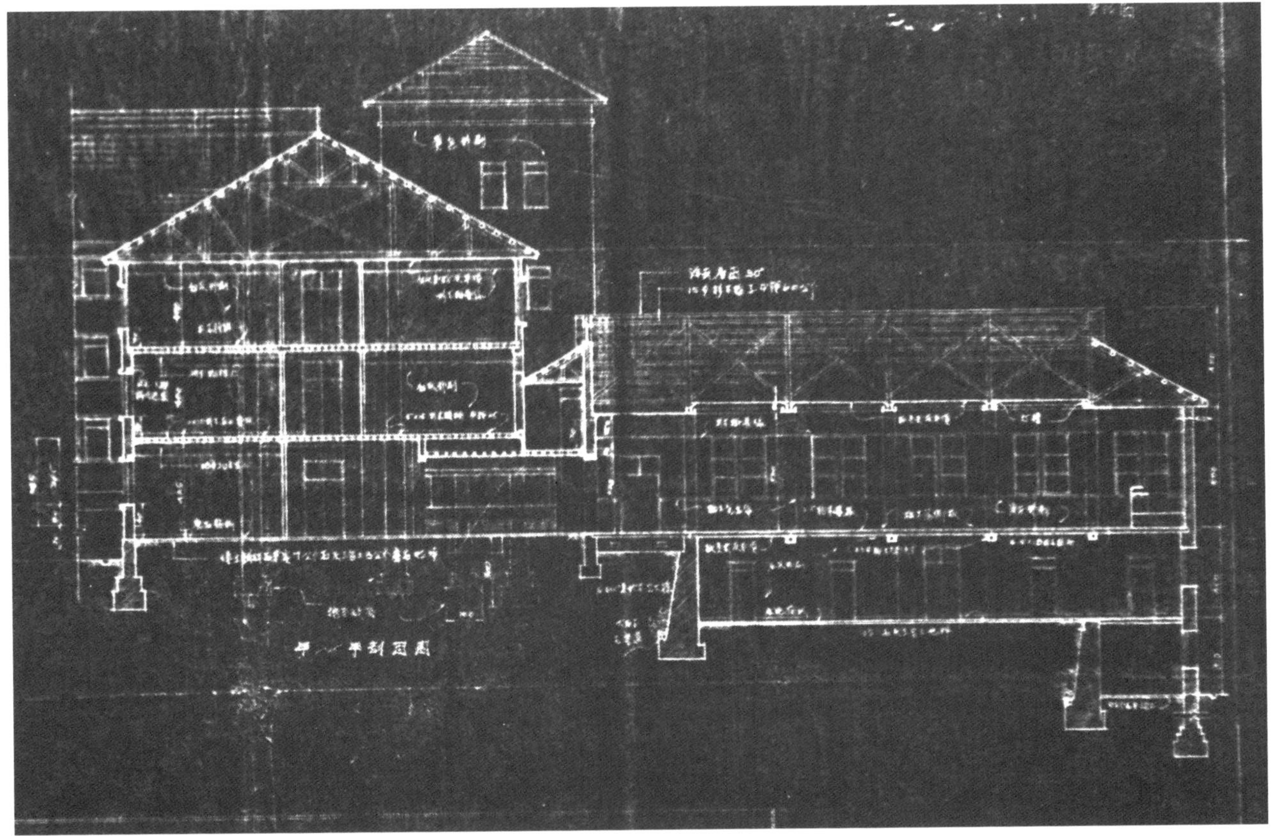

重庆市委会办公大楼施工图　剖面甲（重庆文化遗产研究院提供）

“重庆文化遗产保护系列丛书”之《中共重庆市委会办公大楼旧址》书影

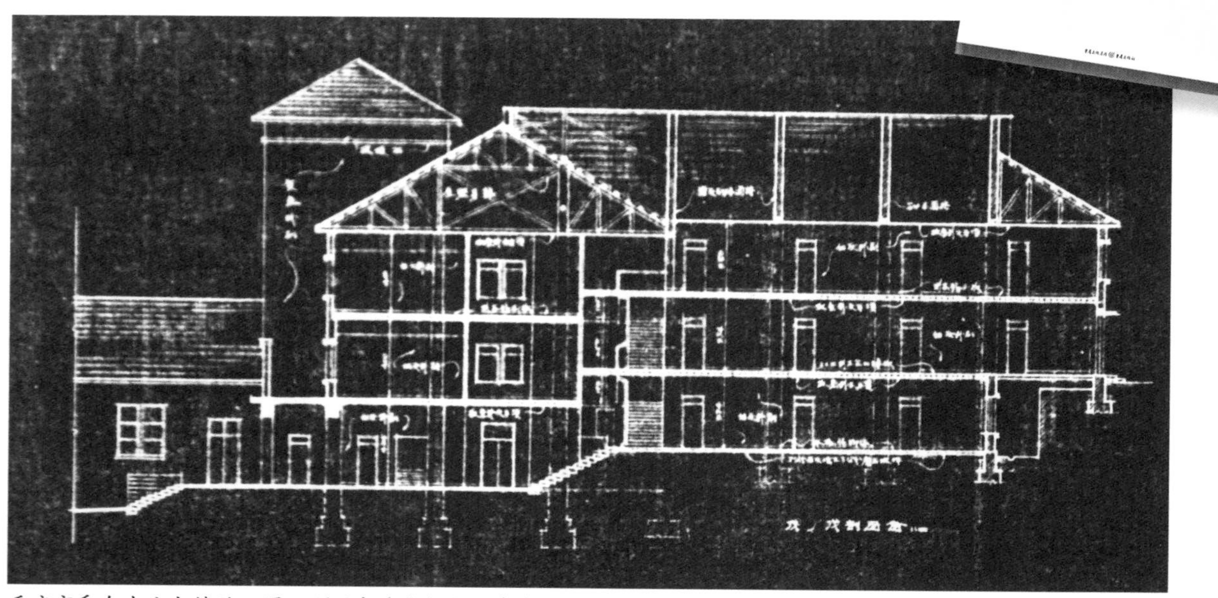

重庆市委会办公大楼施工图　剖面戊（重庆文化遗产研究院提供）

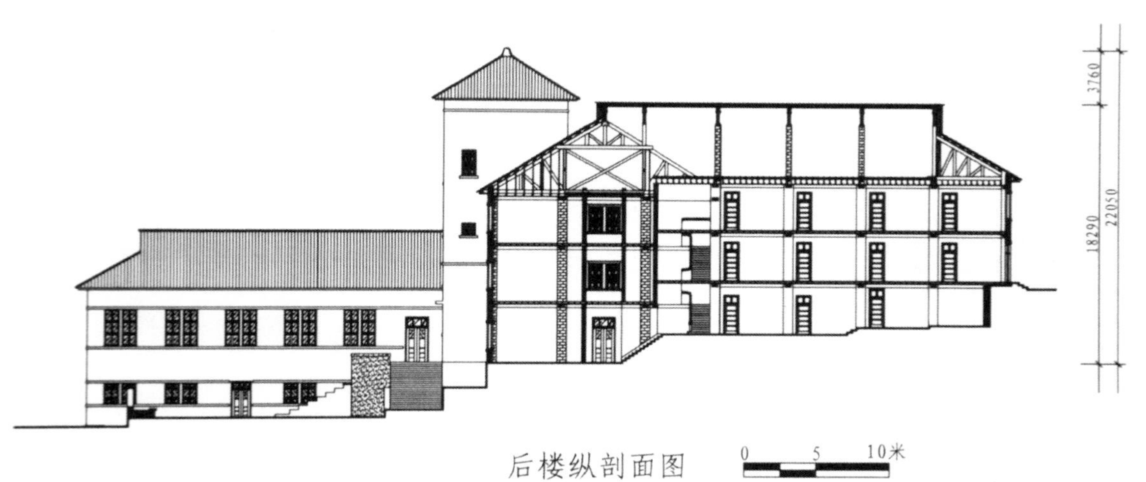


重庆市委会办公大楼实测图　后楼纵剖面（重庆文化遗产研究院提供）

# 中共重庆市委会办公大楼建筑简介

中共重庆市委会办公大楼（中共西南局撤销后改作重庆市博物馆，今为重庆文化遗产研究院），位于市中心的今重庆市渝中区枇杷山正街72号，依枇杷山山势而建，距山巅仅一步之遥，亦由陈明达设计并监督施工。

此建筑于1950年底完成设计，1951年奠基，1952年底竣工，1953年交付使用。此建筑为砖混结构，主体三层，建筑面积约23万平方米；红瓦顶，米黄色墙面，无花饰矩形窗户；因地形而以一个横向长方形为横轴，左侧向山下延伸一个矩形和一个正方形门庭，右侧向山顶延伸一个矩形，由此组成建筑平面；正立面以四层塔楼门厅和偏右布置的门廊、台阶等组成建筑立面的构图中心。1954年，西南大区撤销，重庆市委会迁居原中共西南局办公大楼，此建筑于1955年改作西南博物院，后又改称重庆市博物馆，是西南地区重要的综合性博物馆。

粗看起来，这两座楼除了正立面的朴素大方及环境的清幽之外，似乎与近代大多数中国建筑师的仿效西洋风之作并没有大的区别，但仔细观察则会发现，设计者似乎有两方面的探索。

其一是吸收西方现代主义建筑的基本元素，在建筑构图方面以简单的几何体作多样组合，尽量避免多余的装饰，后者的构成元素是矩形、三角形、方锥体、立方体（据陈明达先生生前回忆，某些构图的灵感甚至来自七巧板拼图游戏），前者更简化为纯立方体的排列组合。

其二是特别关注建筑与周边环境的和谐布局。以重庆市委会办公大楼为例，设计者充分考虑到了二十世纪五十年代枇杷山正街的周边环境，尽量使建筑平和地置身于明清民居、民国别墅丛中，保持体量略有突出而不突兀的局面；在建筑规格和整体布局上，借助山势显现建筑的高大，而建筑本体高度则控制在不遮掩山顶俯视视线的范围，进而使建筑完全融入山体，并不动声色地拉近与远处长江的视觉距离。可以说，设计者没有沿用四角翘起的大屋顶、斗栱等公认的中国古代建筑符号，也放弃了平面布置的对称原则，针对地势和周边环境，完全自由地使用西洋式建筑材料安排建筑的平面和立面，但人们感觉它绝不是中国人对西洋建筑的刻板模仿，而是使用新材料去营造一种内在的中国氛围。此建筑的成功之处在于从建筑尺度上把握人与建筑、建筑与自然之间的和谐关系，堪称实用功能与内在诗意的完美结合。

重庆市委会办公大楼得到了修旧如旧的妥善保护，2010年，《中共重庆市委会办公大楼旧址》一书出版，并列入“重庆文化遗产保护系列”。这是中华人民共和国成立初期建筑作品列为文化遗产保护项目的有益尝试，也从一个侧面反映了重庆人民对这座建筑的喜爱。

（殷力欣）

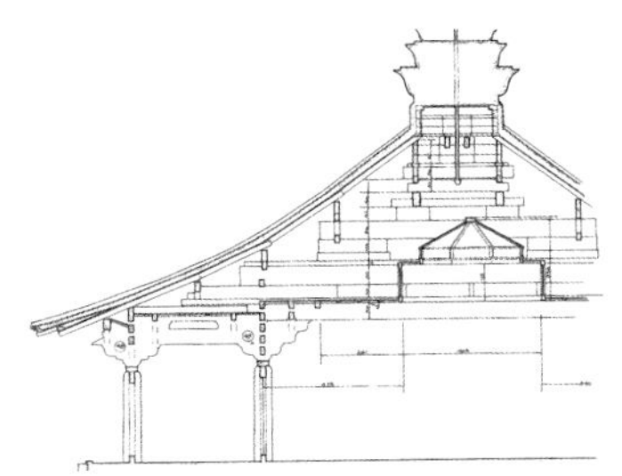

# 古建筑测绘图稿

# 壹 古建筑模型图

## 四川渠县冯焕阙（原总编号第 22 号。共 1 张）

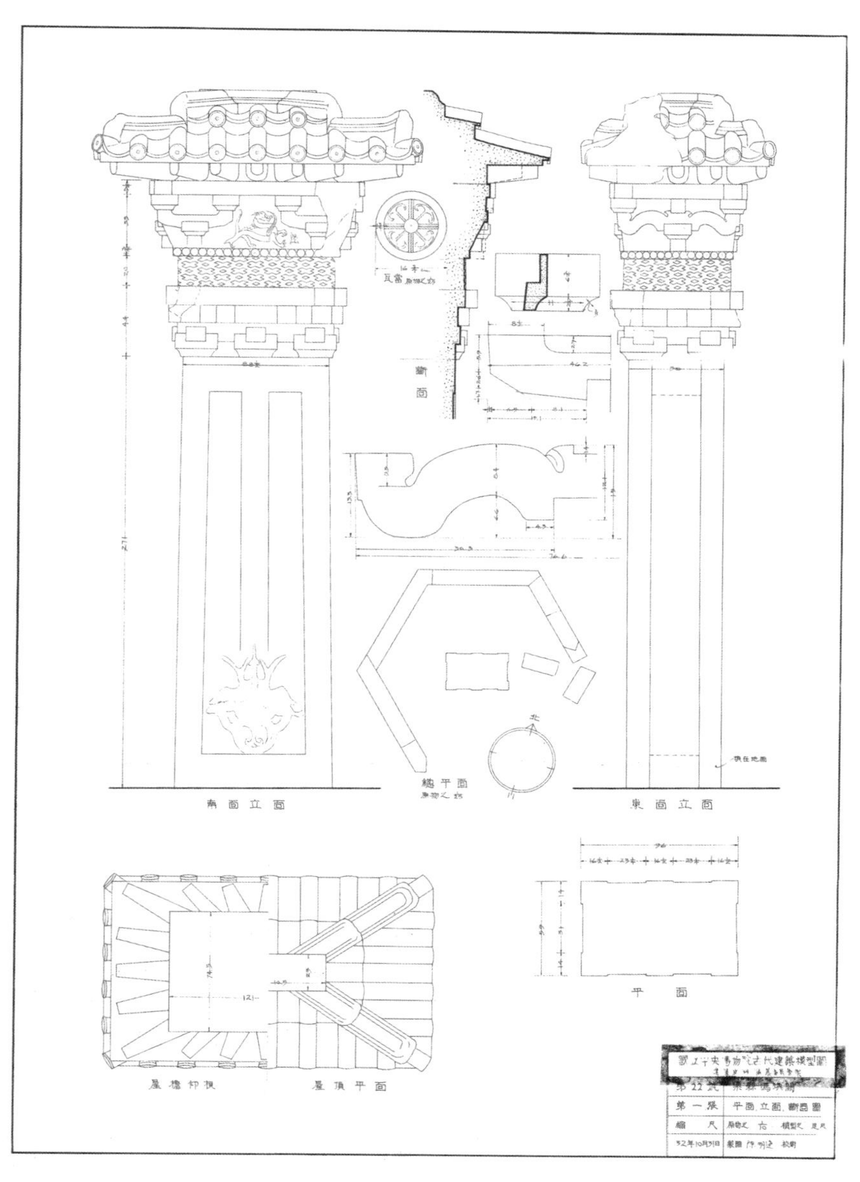

第 22 号 -1 渠县冯焕阙 平面、立面、断面（1943 年 10 月 31 日）

# 四川渠县沈府君阙（原总编号第 23 号。共 2 张）

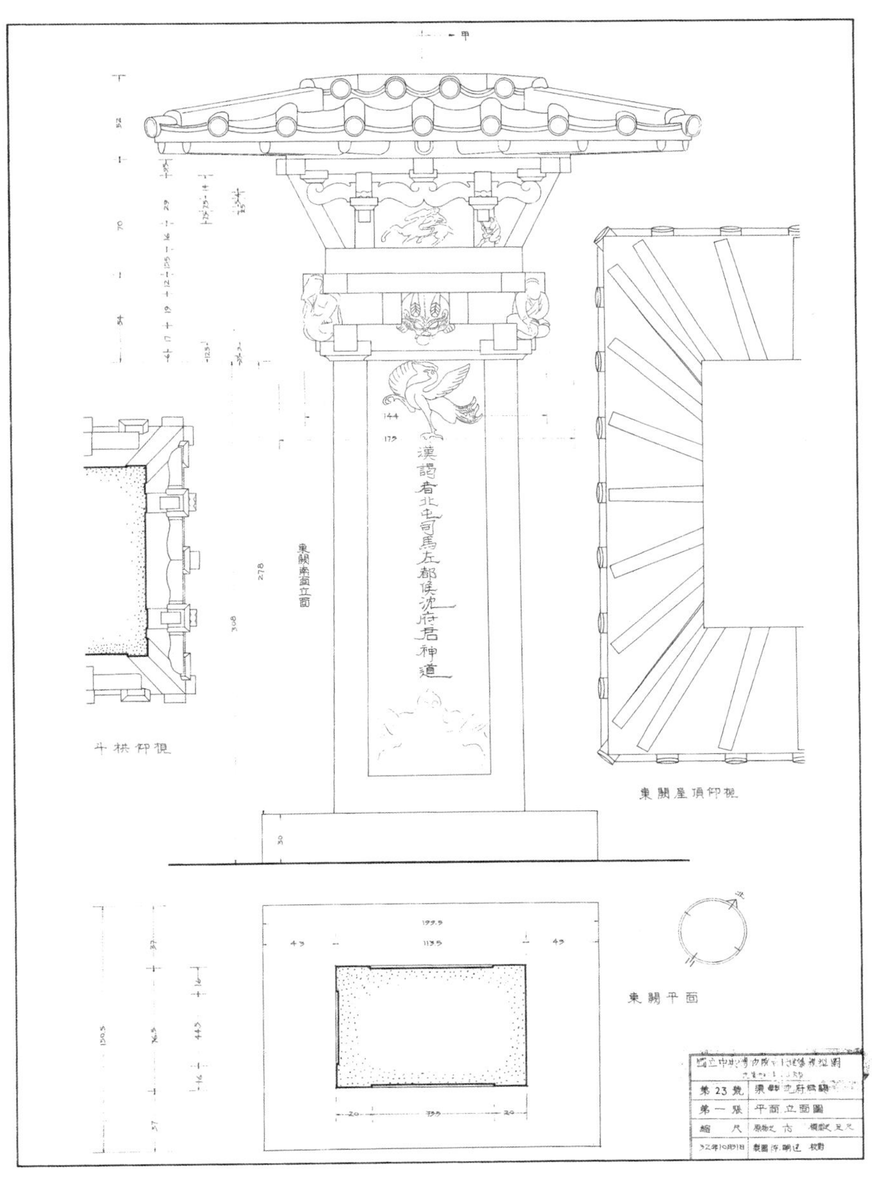


第 23 号 -1　渠县沈府君阙　平面、立面（1943 年 10 月 31 日）

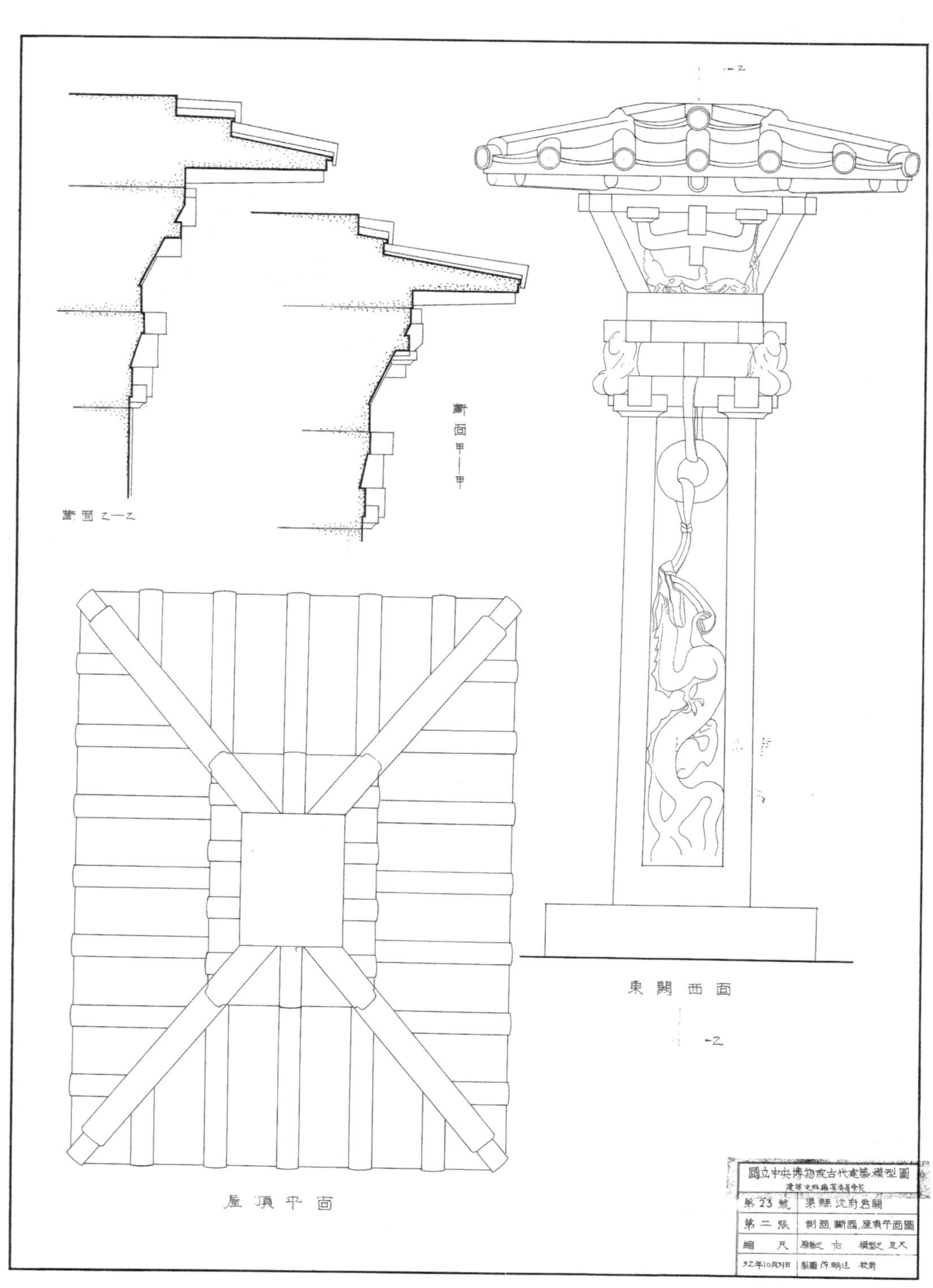


第23号–2 渠县沈府君阙 侧面、断面、屋顶平面（1943年10月31日）

# 西康雅安高颐阙（原总编号第 24 号。共 4 张）

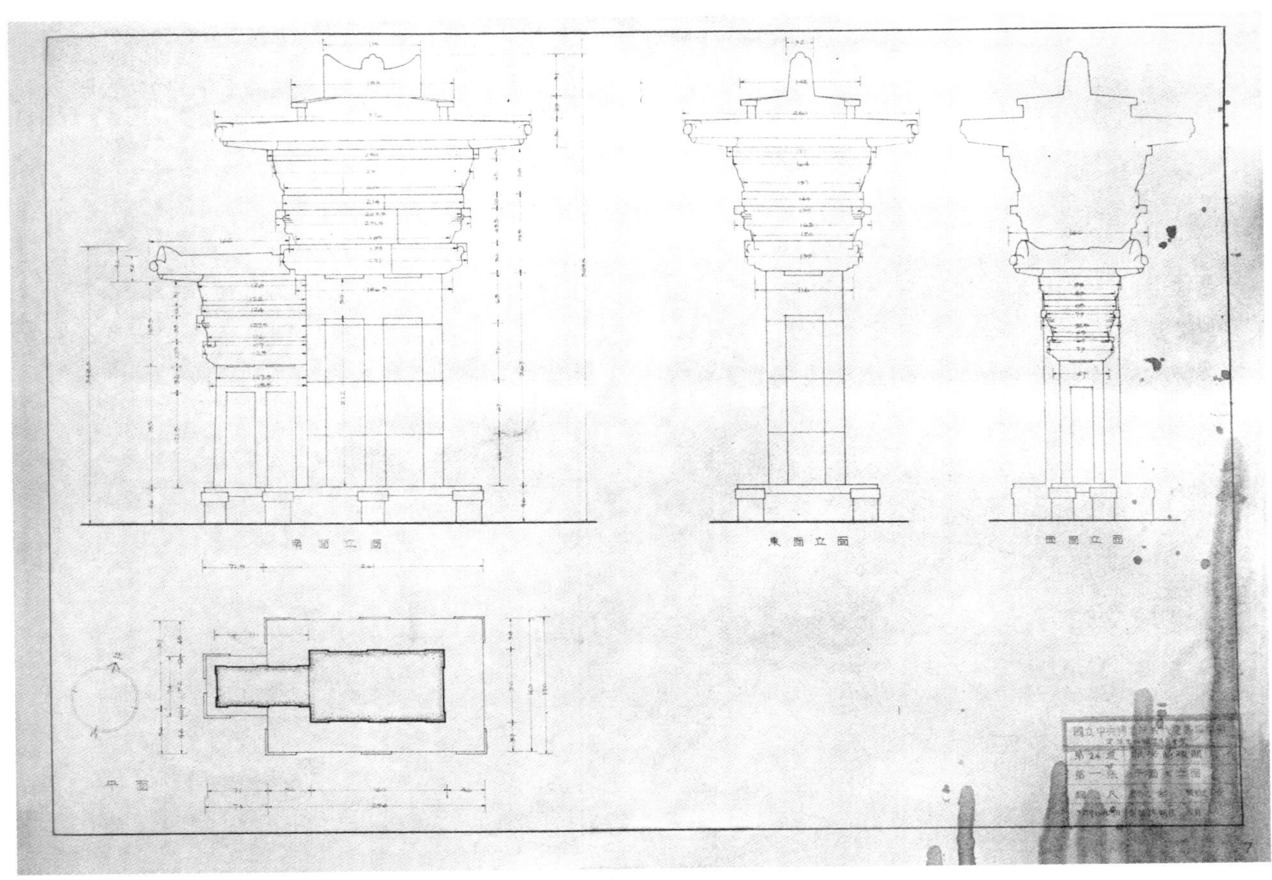


第 24 号 –1　雅安高颐阙　平面、立面（1943 年 10 月 31 日）

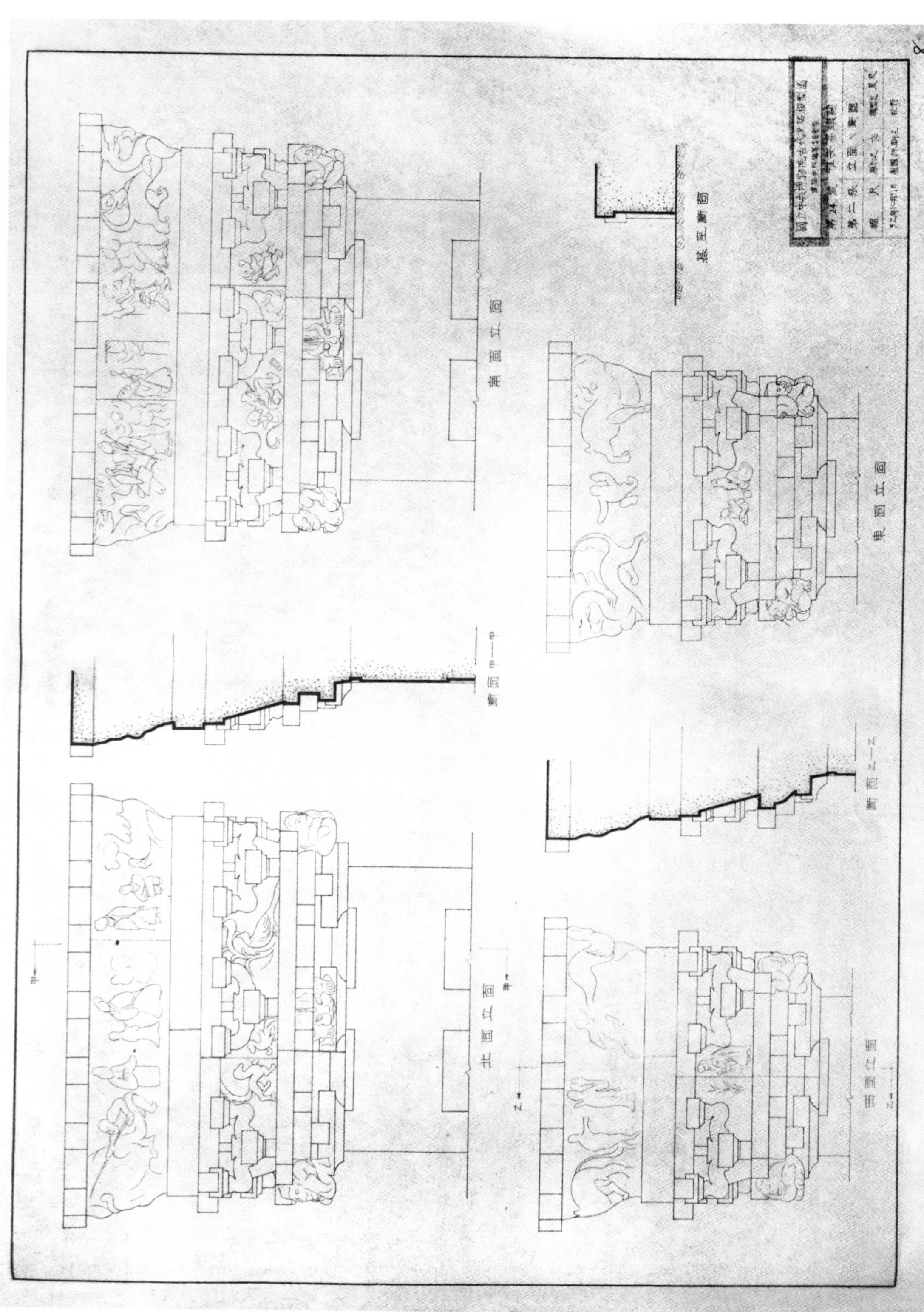


第24号-2 雅安高颐阙 立面、断面（1943年10月31日）

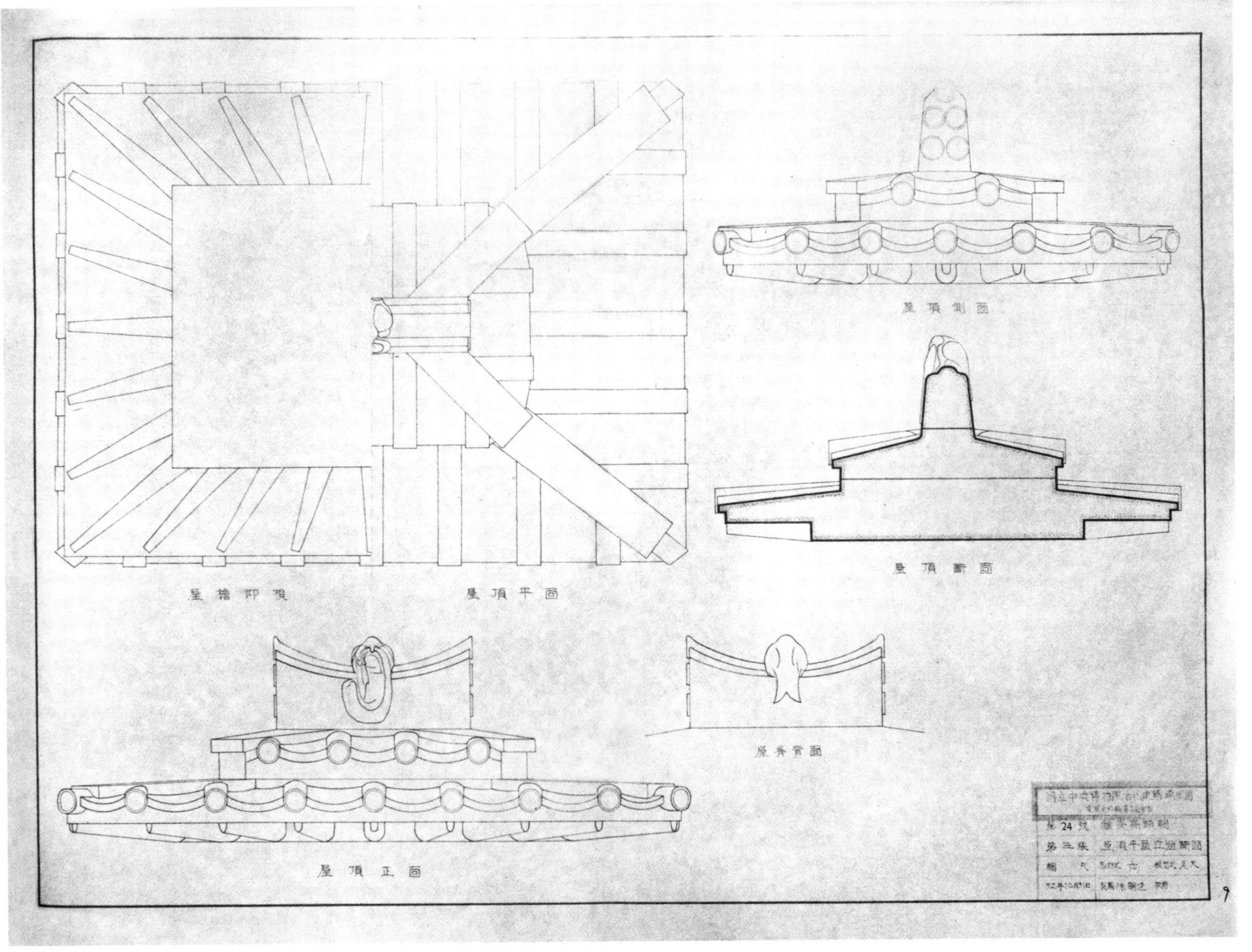


第24号-3　雅安高颐阙　屋顶平面、立面、断面(1943年10月31日)

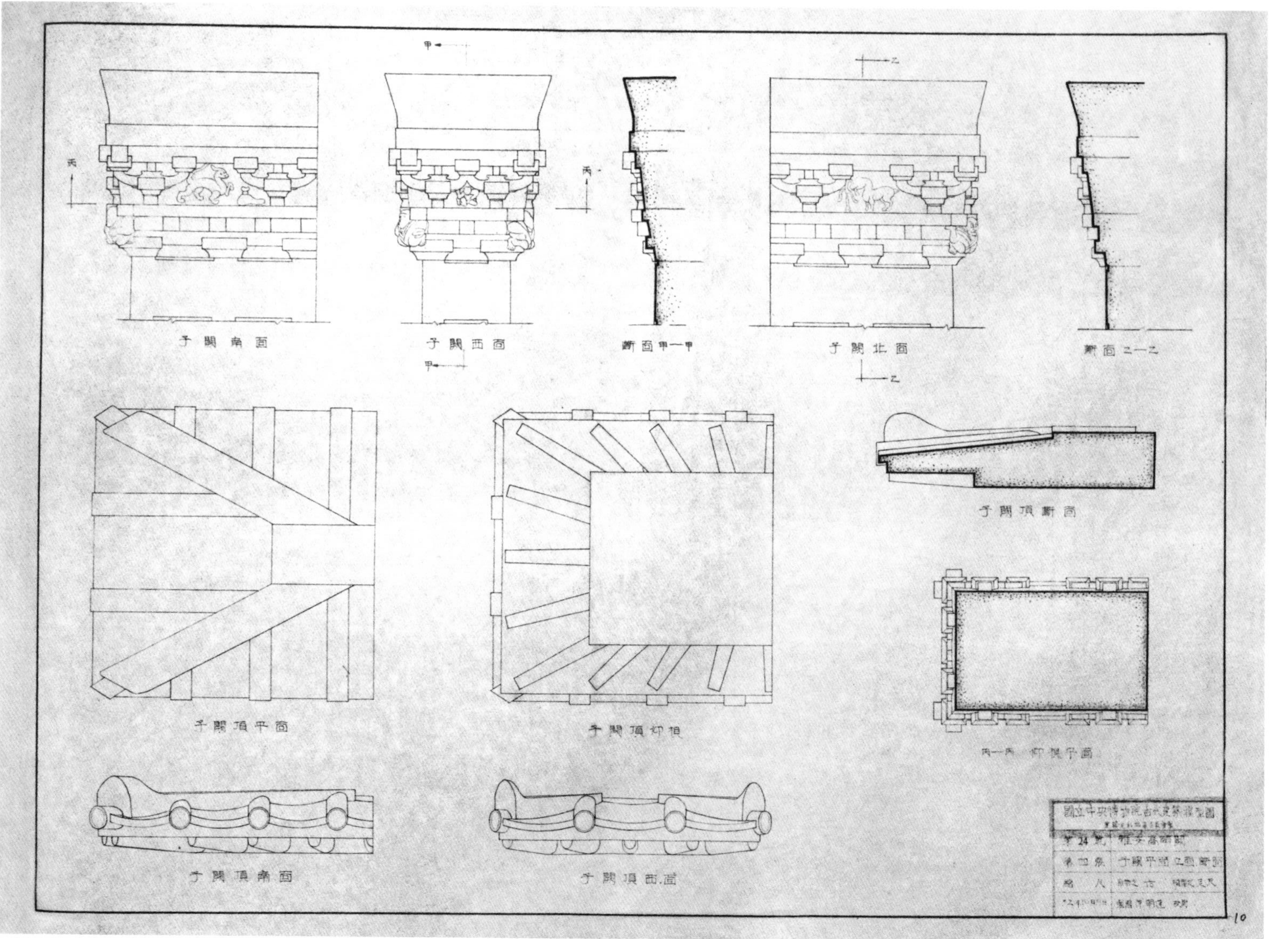


第24号－4 雅安高颐阙 子阙平面、立面、断面（1943年10月31日）

## 彭山 176 号崖墓（原总编号第 25 号。共 2 张）

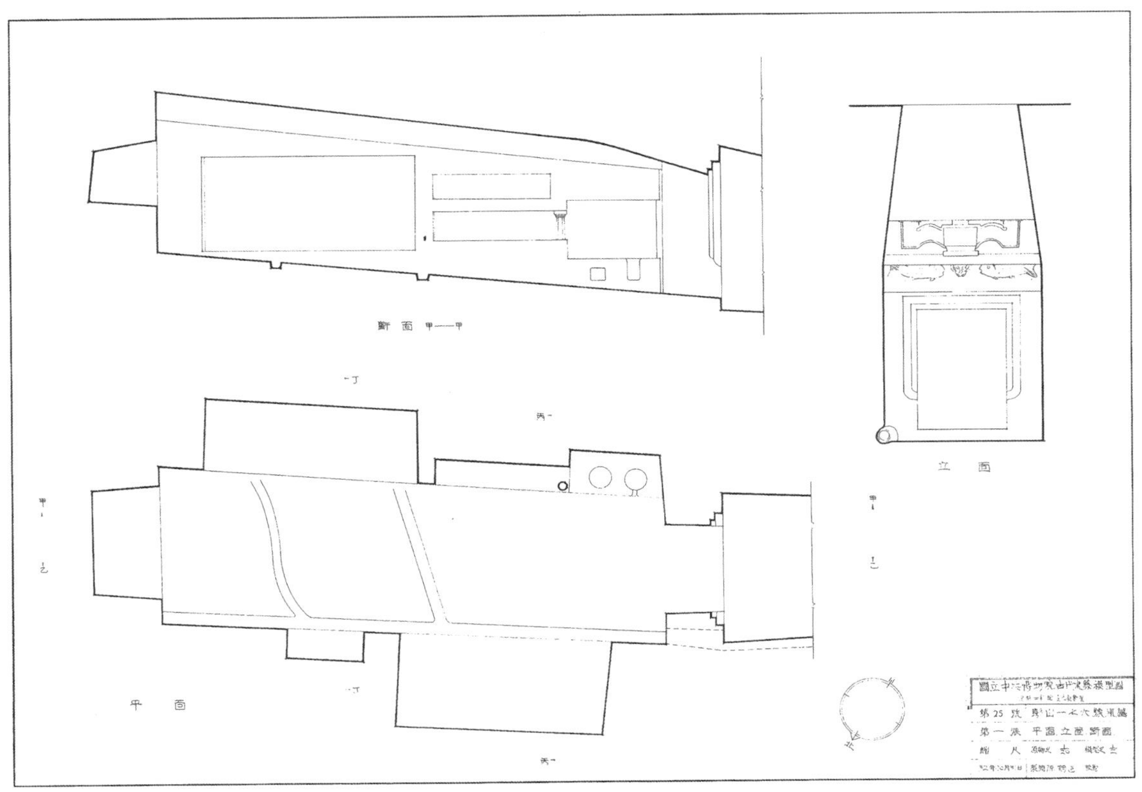


第 25 号 -1　彭山 176 号崖墓　平面、立面、断面（1943 年 10 月 31 日）

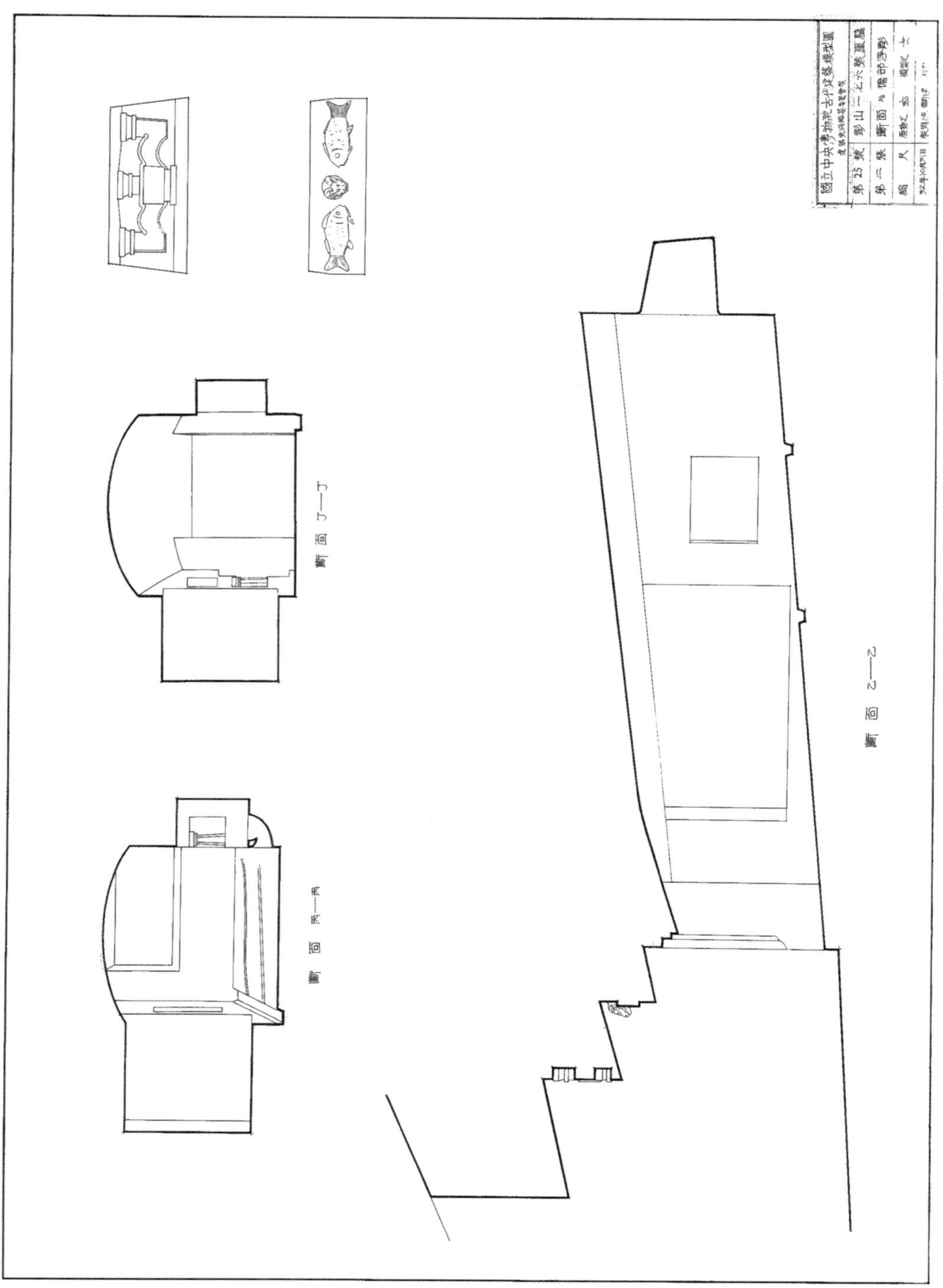


第25号－2 彭山176号崖墓 断面及檐部浮雕（1943年10月31日）

# 彭山 460 号崖墓（原总编号第 26 号。共 2 张）

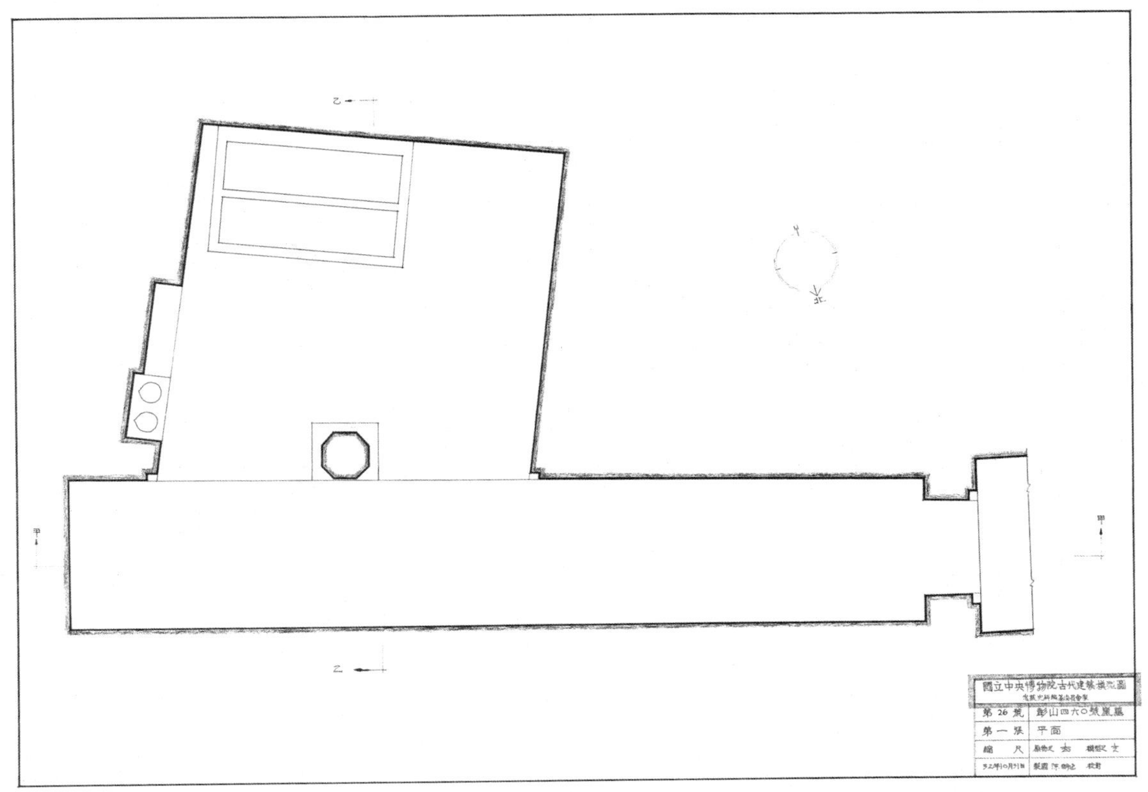


第 26 号 -1　彭山 460 号崖墓　平面（1943 年 10 月 31 日）

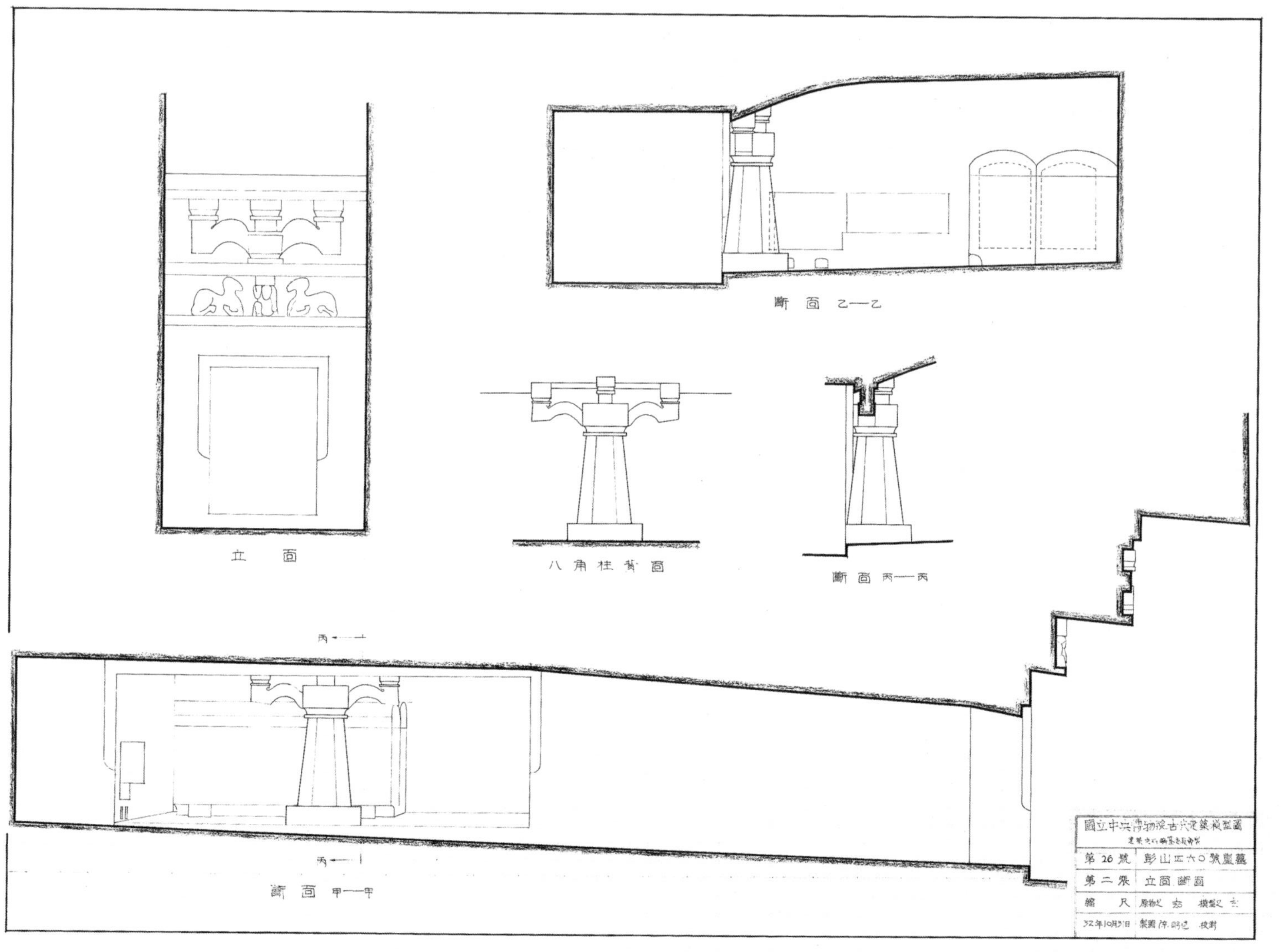


第26号-2　彭山460号崖墓　立面、断面（1943年10月31日）

# 彭山 530 号崖墓（原总编号第 27 号。共 2 张）

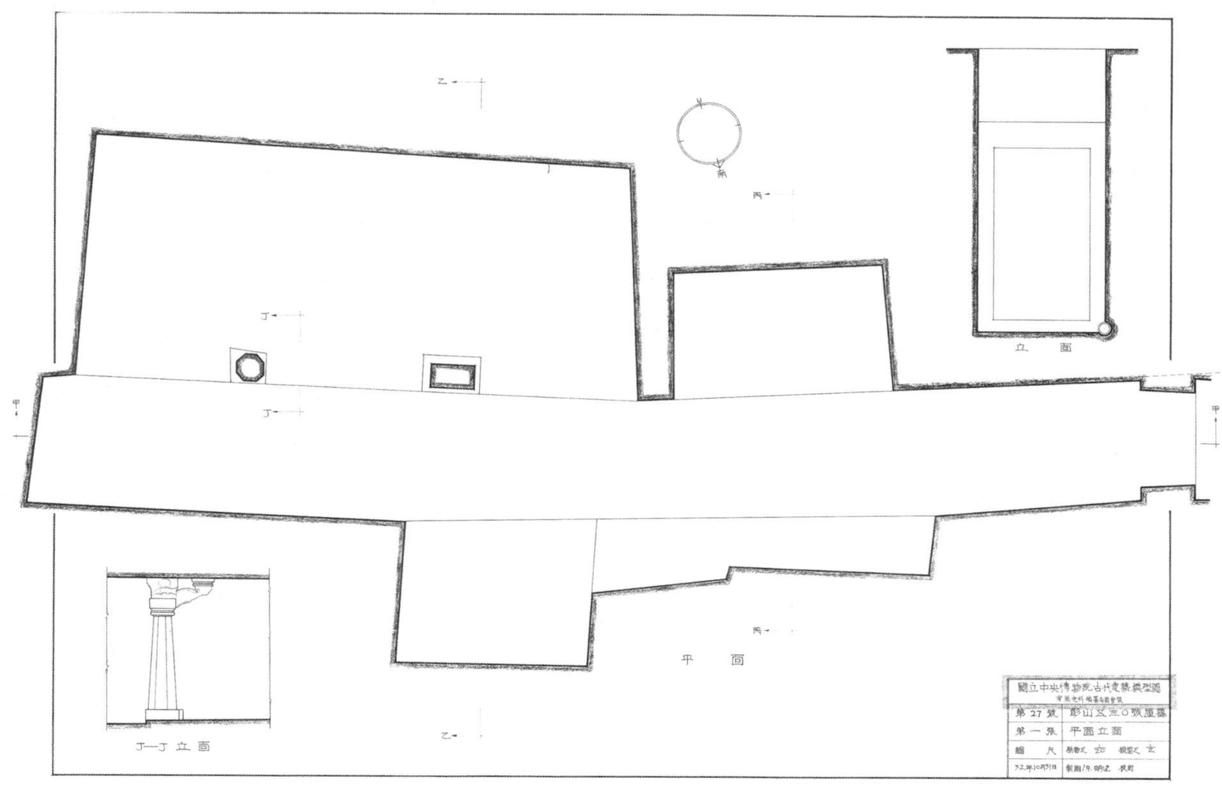


第 27 号 -1　彭山 530 号崖墓　平面、立面（1943 年 10 月 31 日）

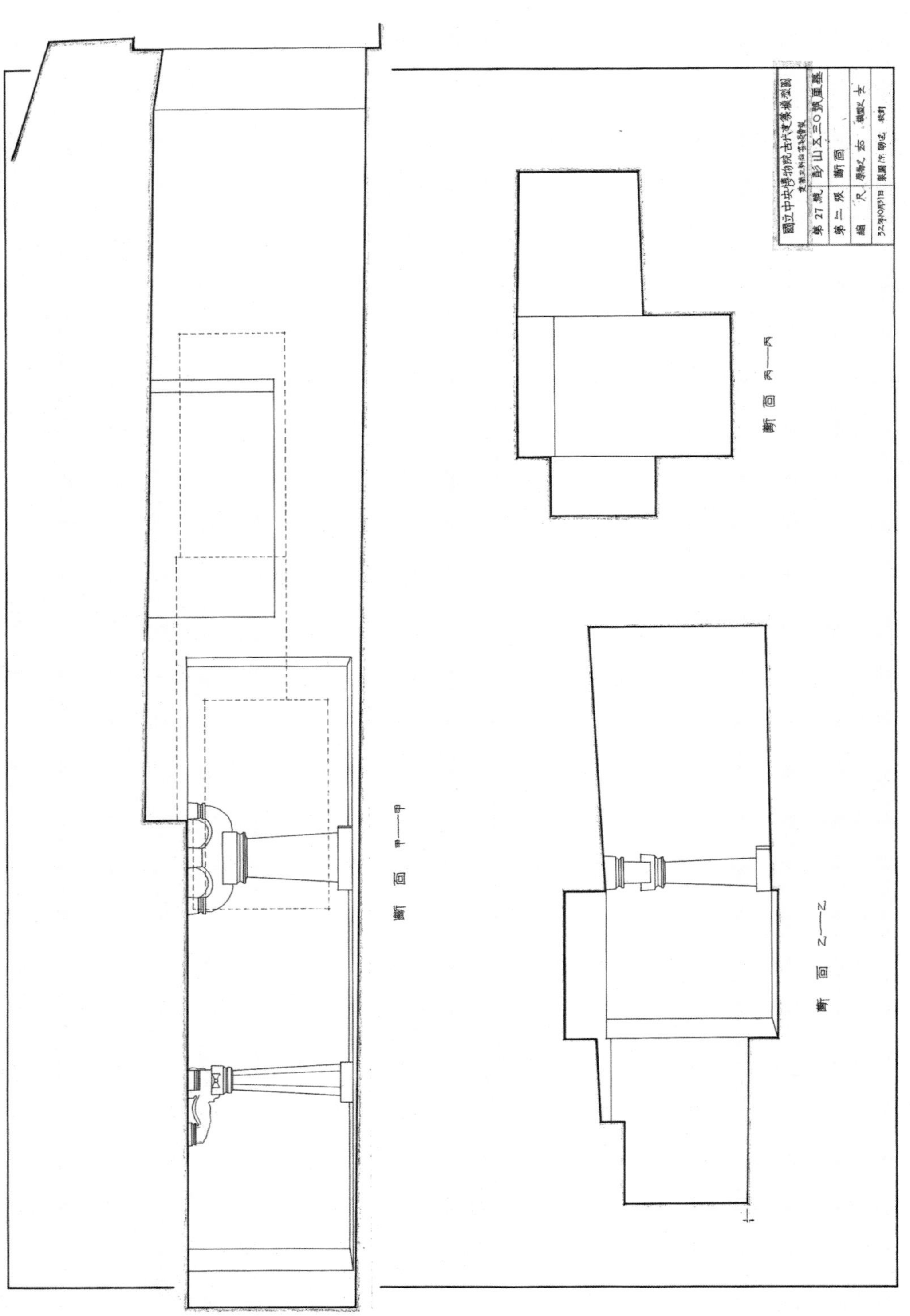


第27号-2 彭山530号崖墓 断面（1943年10月31日）

# 乐山白崖崖墓（原总编号第 28 号。共 2 张）

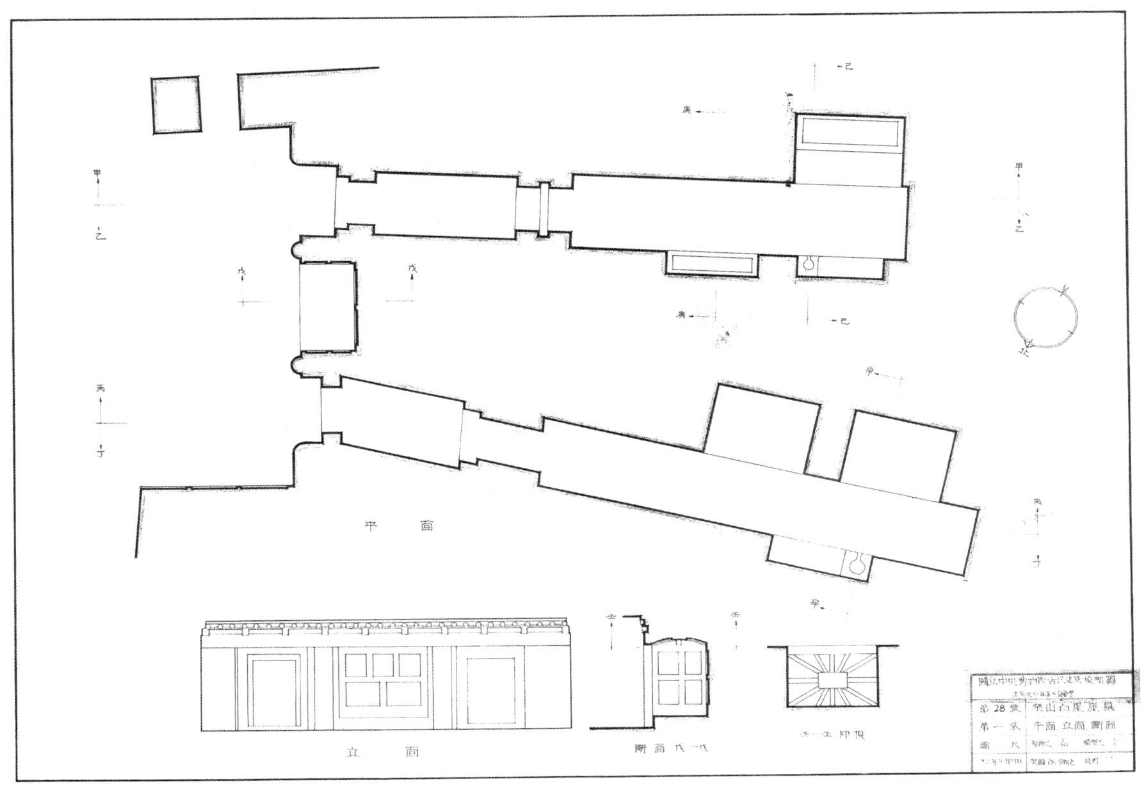


第 28 号 –1　乐山白崖崖墓　平面、立面、断面（1943 年 10 月 31 日）

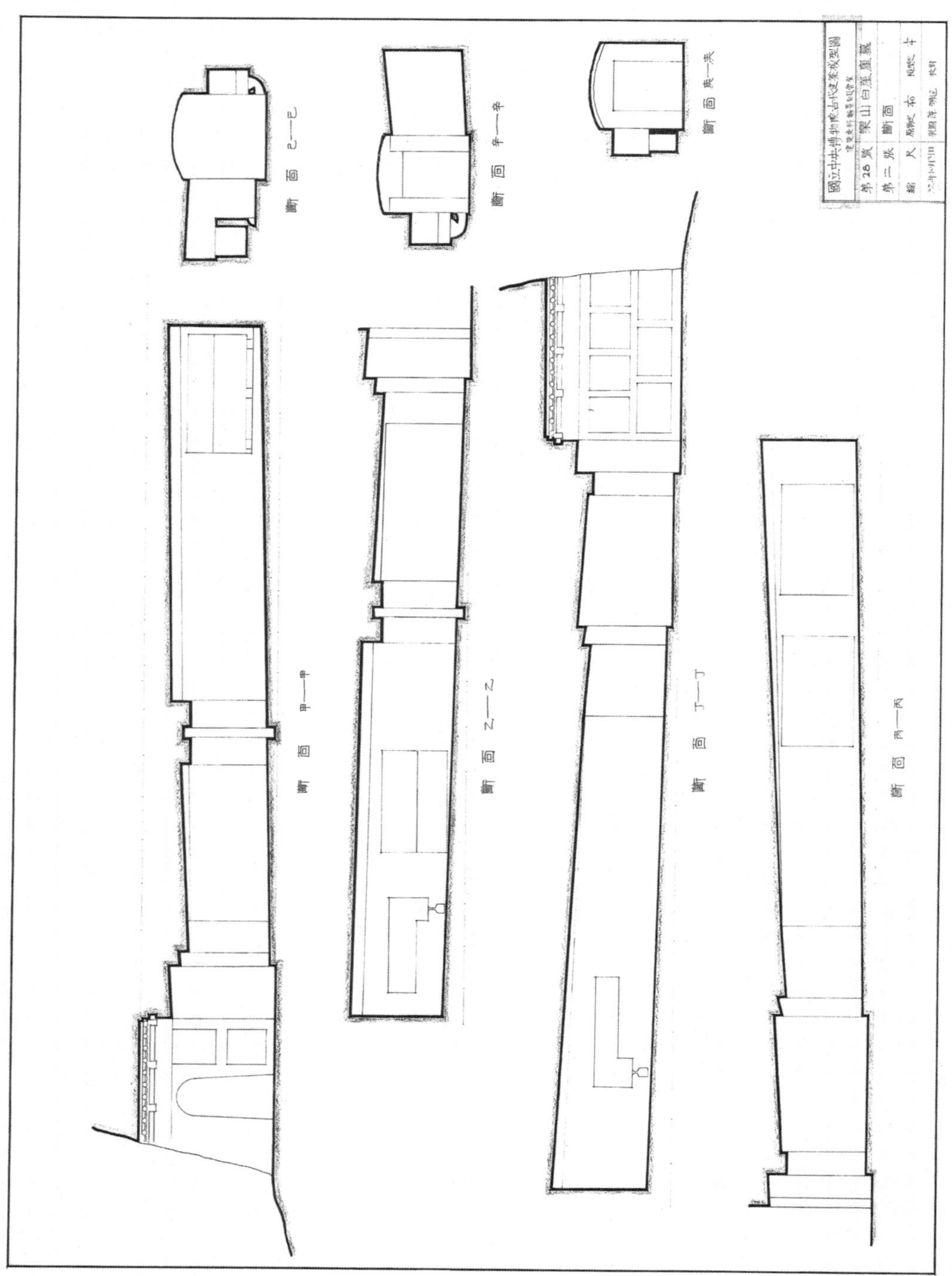


第28号-2 乐山白崖崖墓 断面（1943年10月31日）

# 应县佛宫寺木塔（原总编号第 29 号。共 62 张）

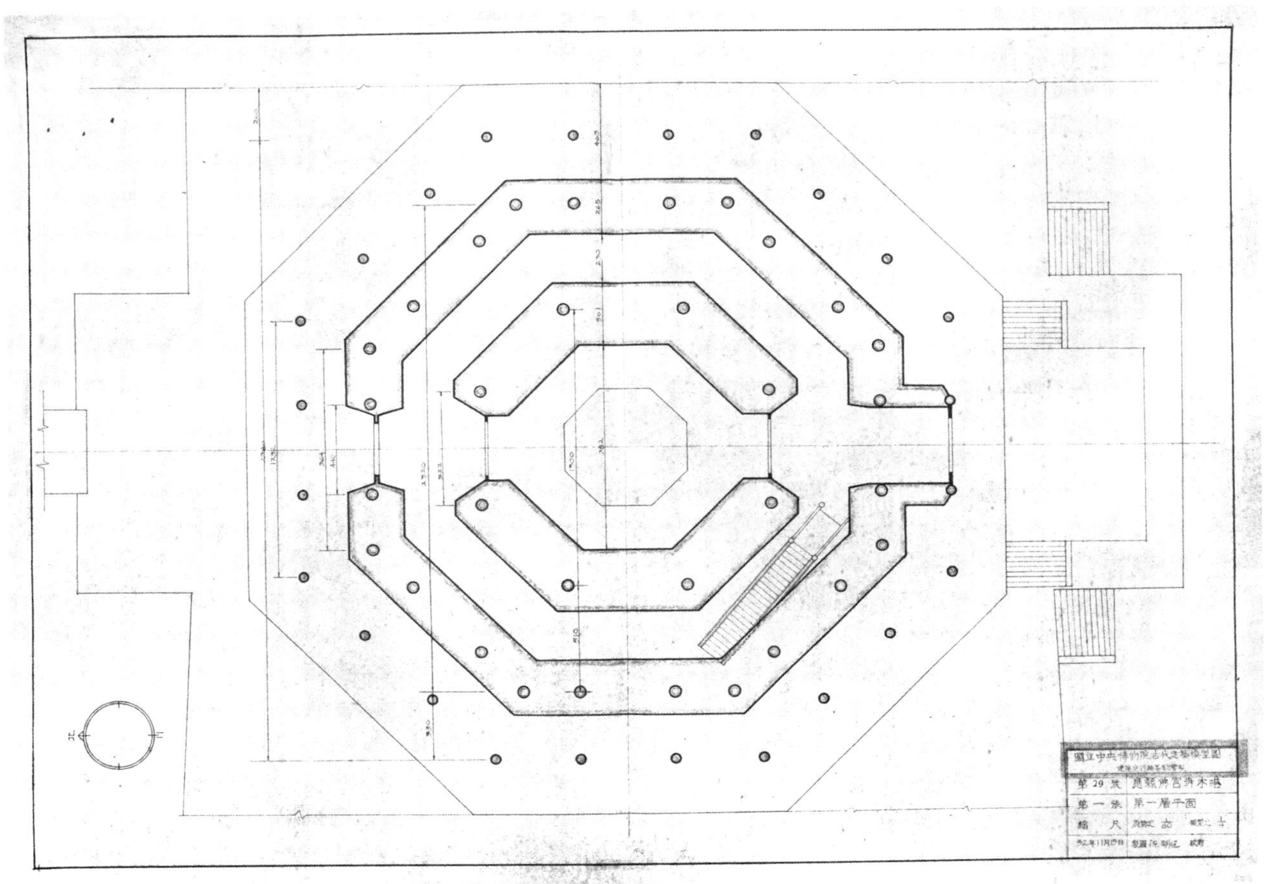


第 29 号 –1　应县佛宫寺木塔第一层平面（1943 年 11 月 15 日）

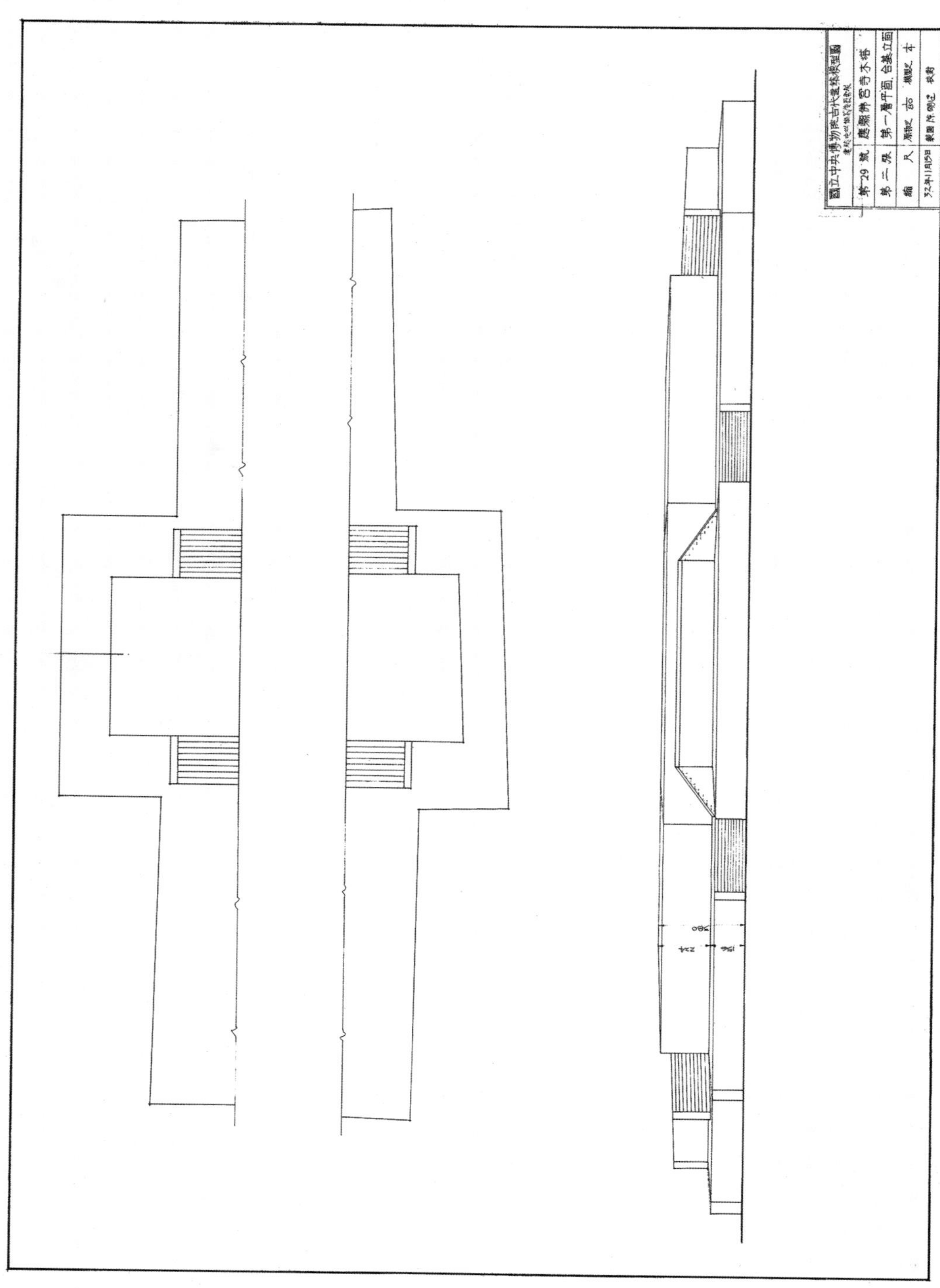


第29号-2 应县佛宫寺木塔第一层平面、台基立面（1943年11月15日）

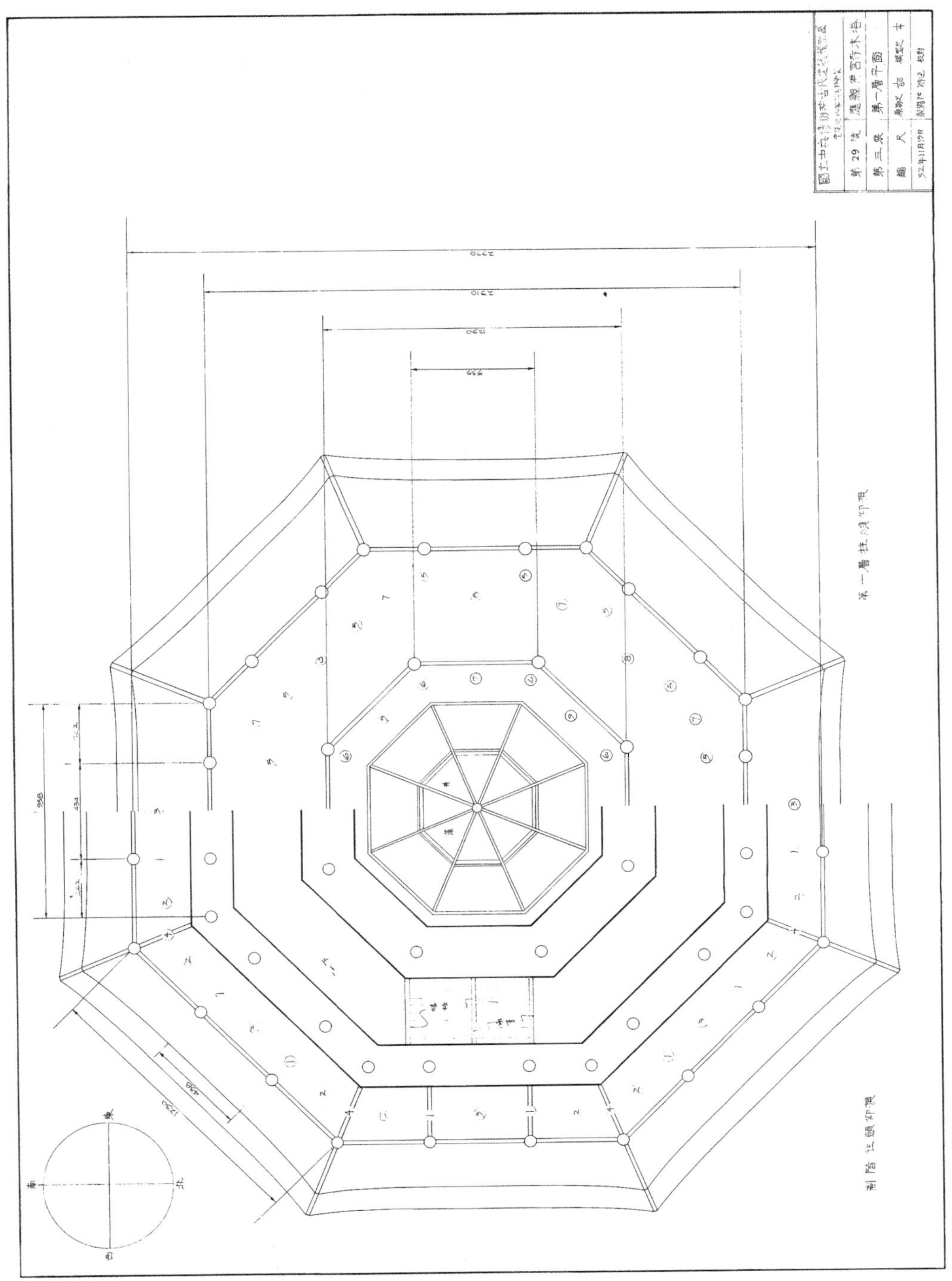

第29号-3　应县佛宫寺木塔第一层平面　仰视（1943年11月15日）

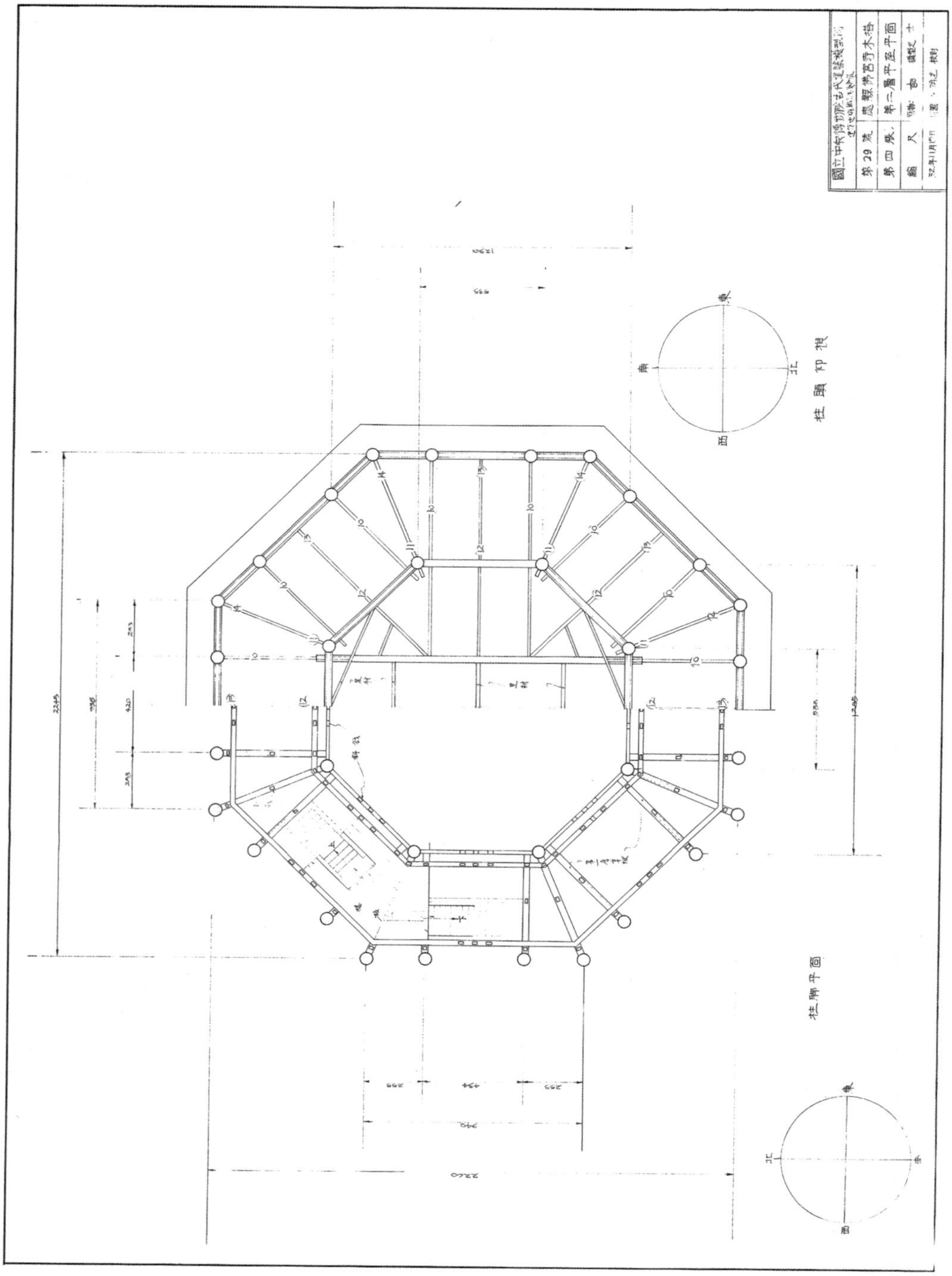

第29号-4　应县佛宫寺木塔第二层平坐平面（1943年11月15日）

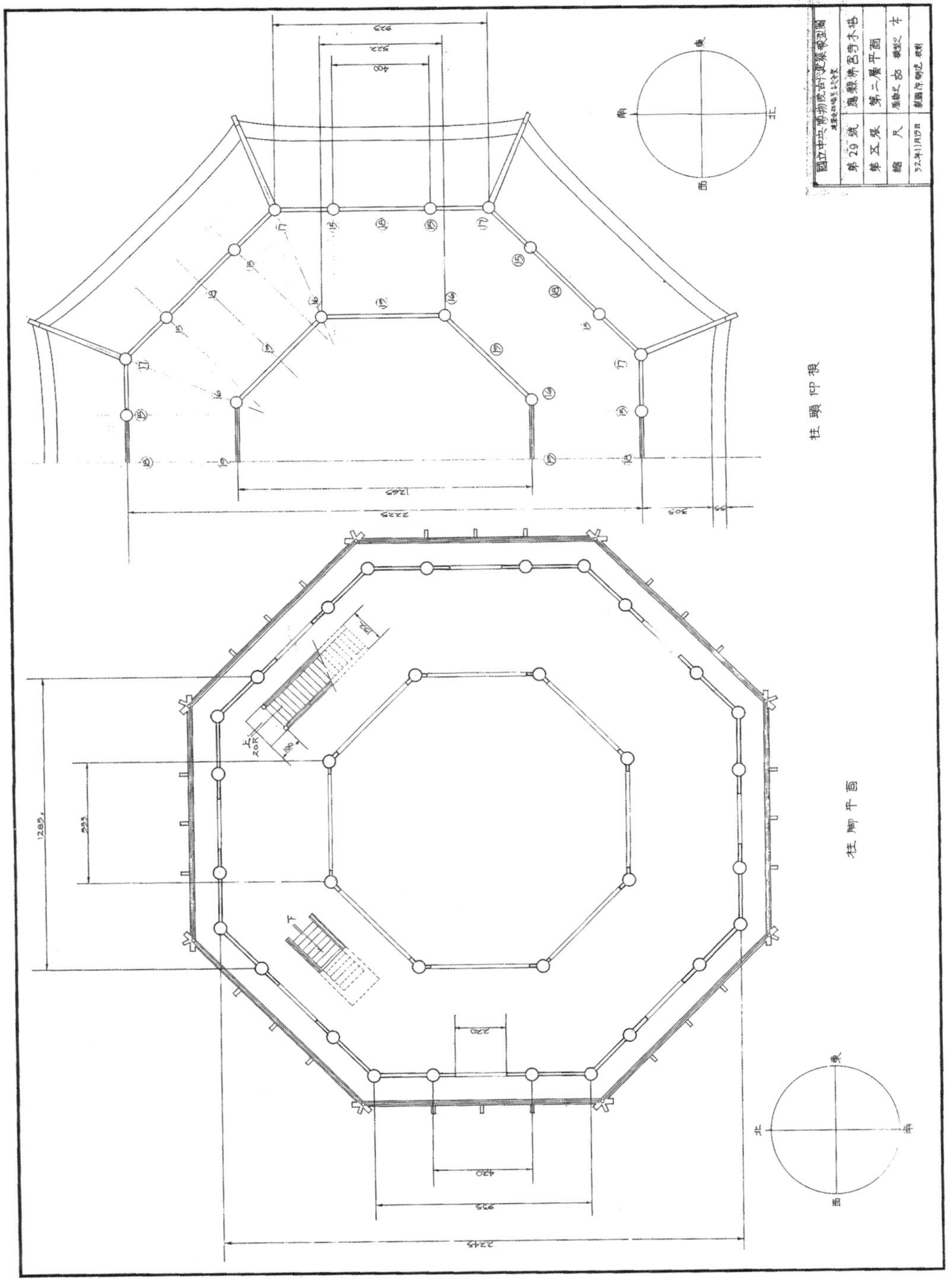


第29号－5　应县佛宫寺木塔第二层平面（1943年11月15日）

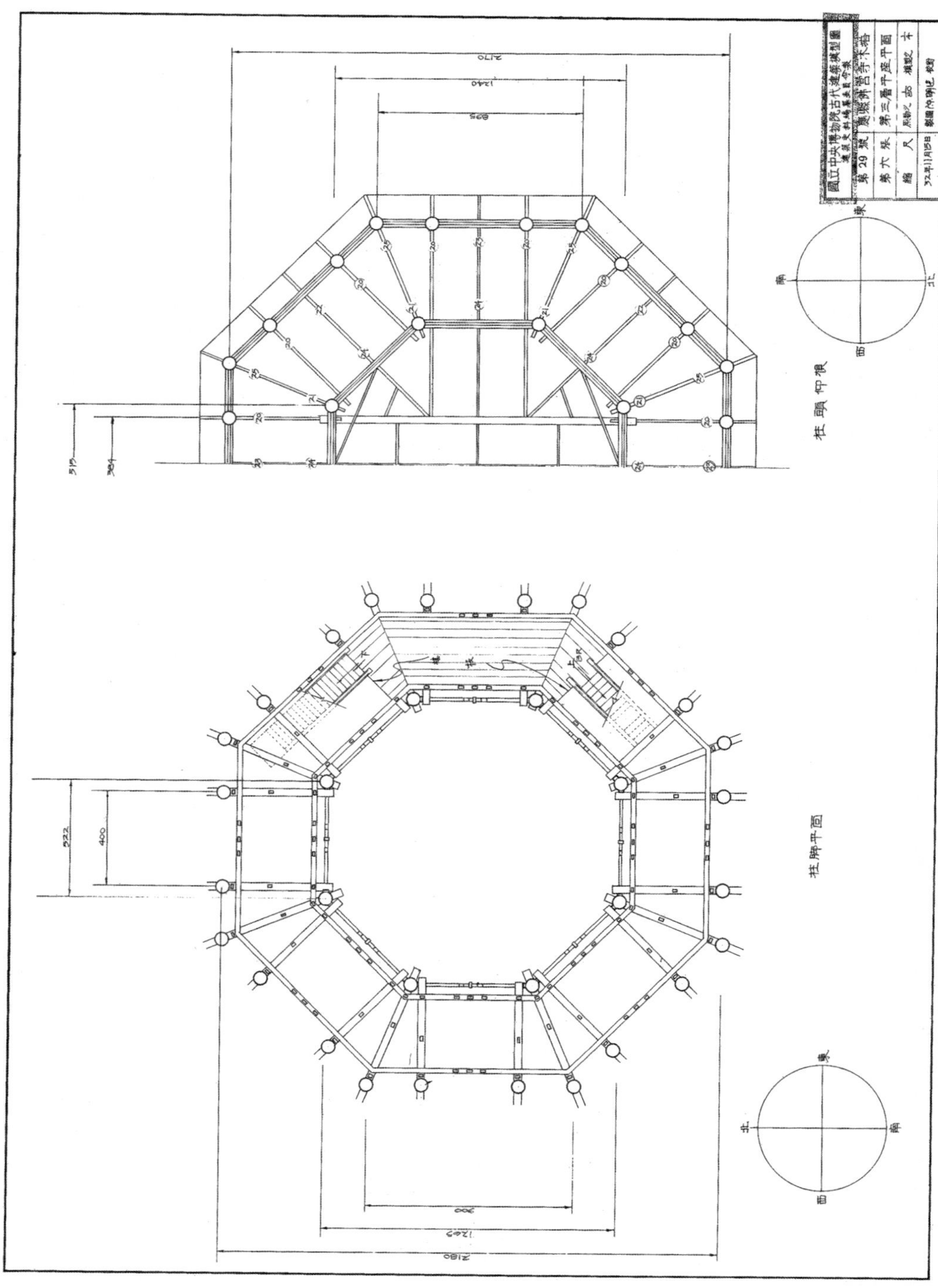

第29号－6 应县佛宫寺木塔第三层平坐平面（1943年11月15日）

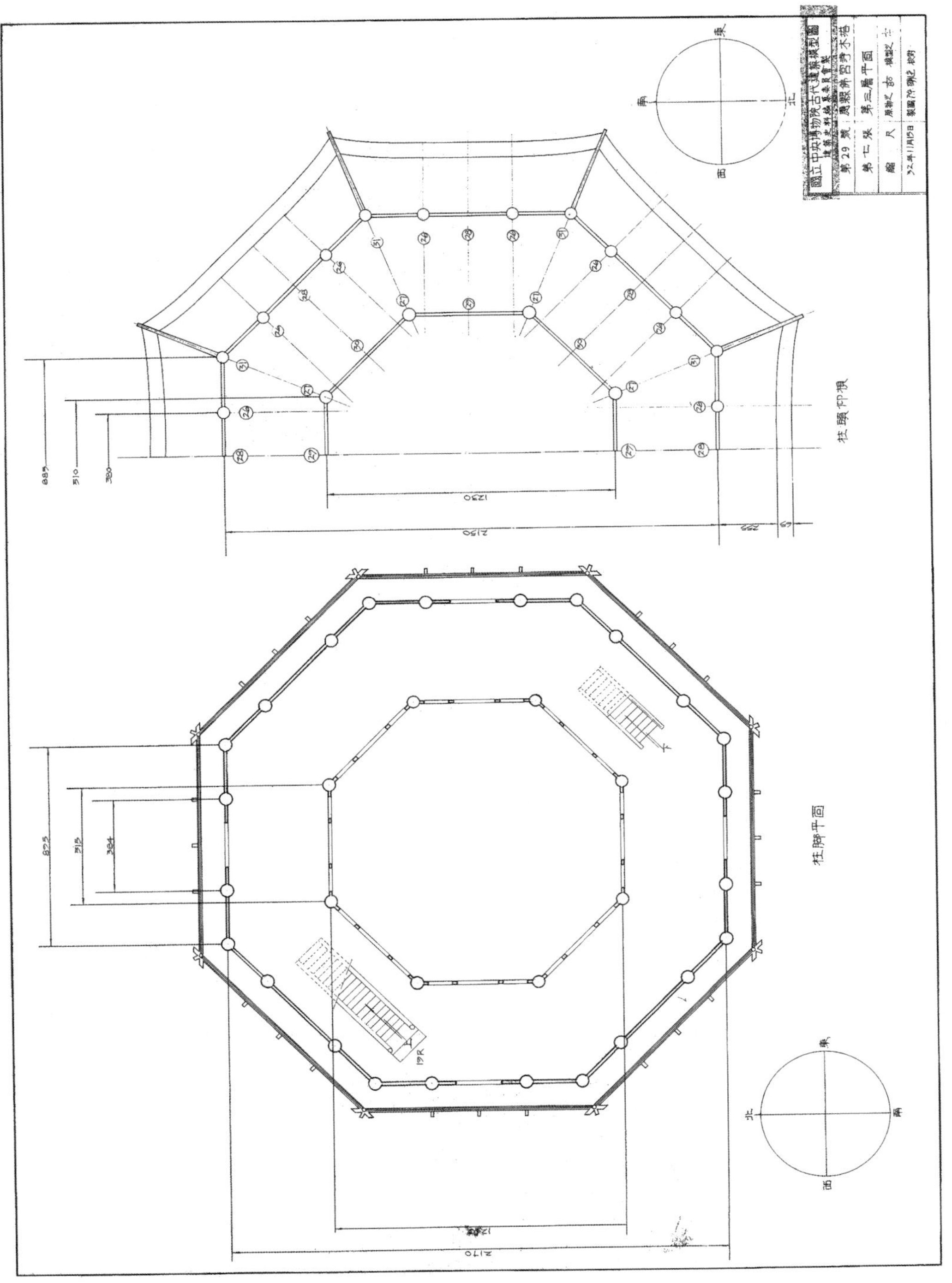

第29号－7　应县佛宫寺木塔第三层平面（1943年11月15日）

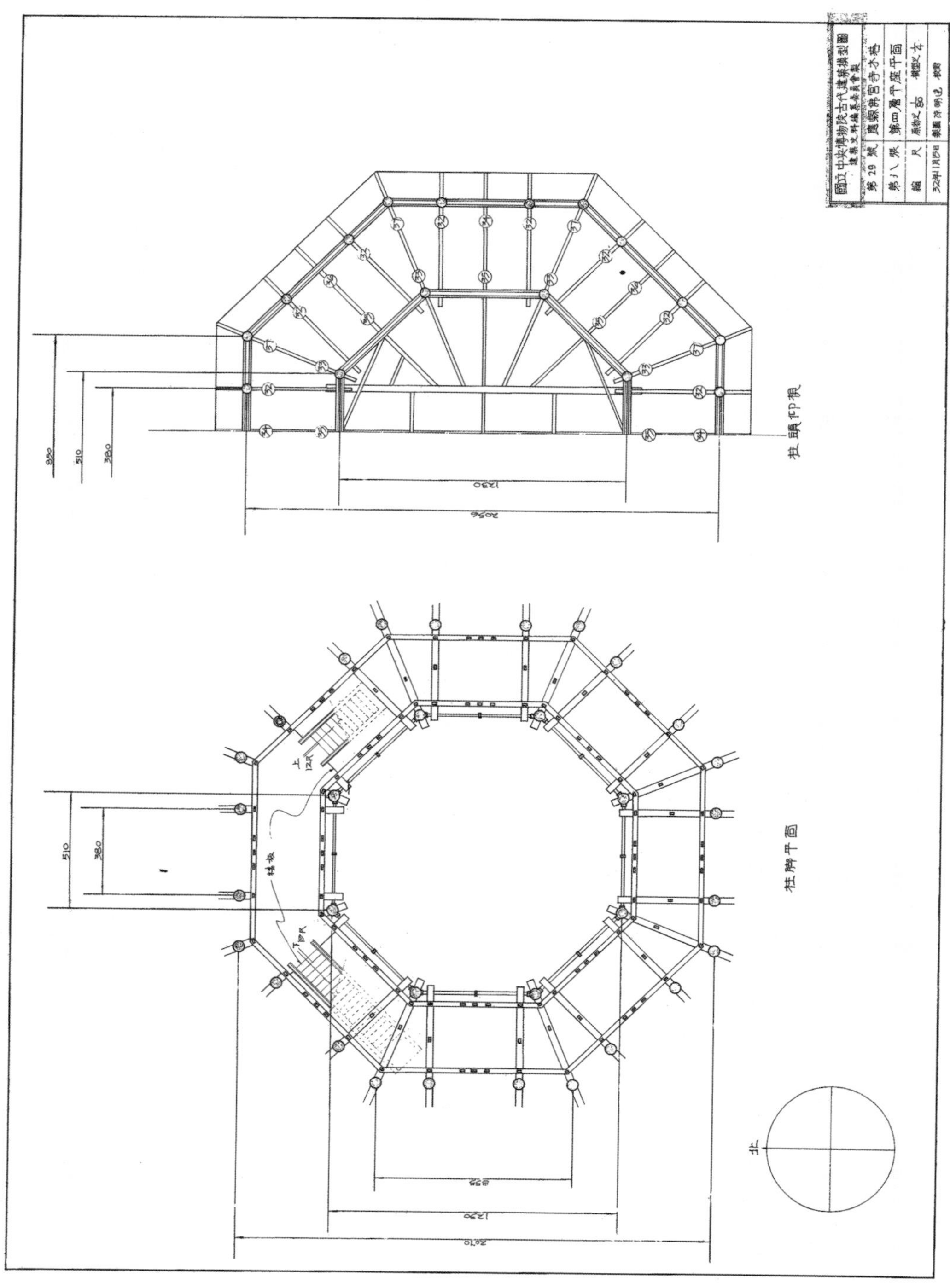

第29号-8　应县佛宫寺木塔第四层平坐平面（1943年11月15日）

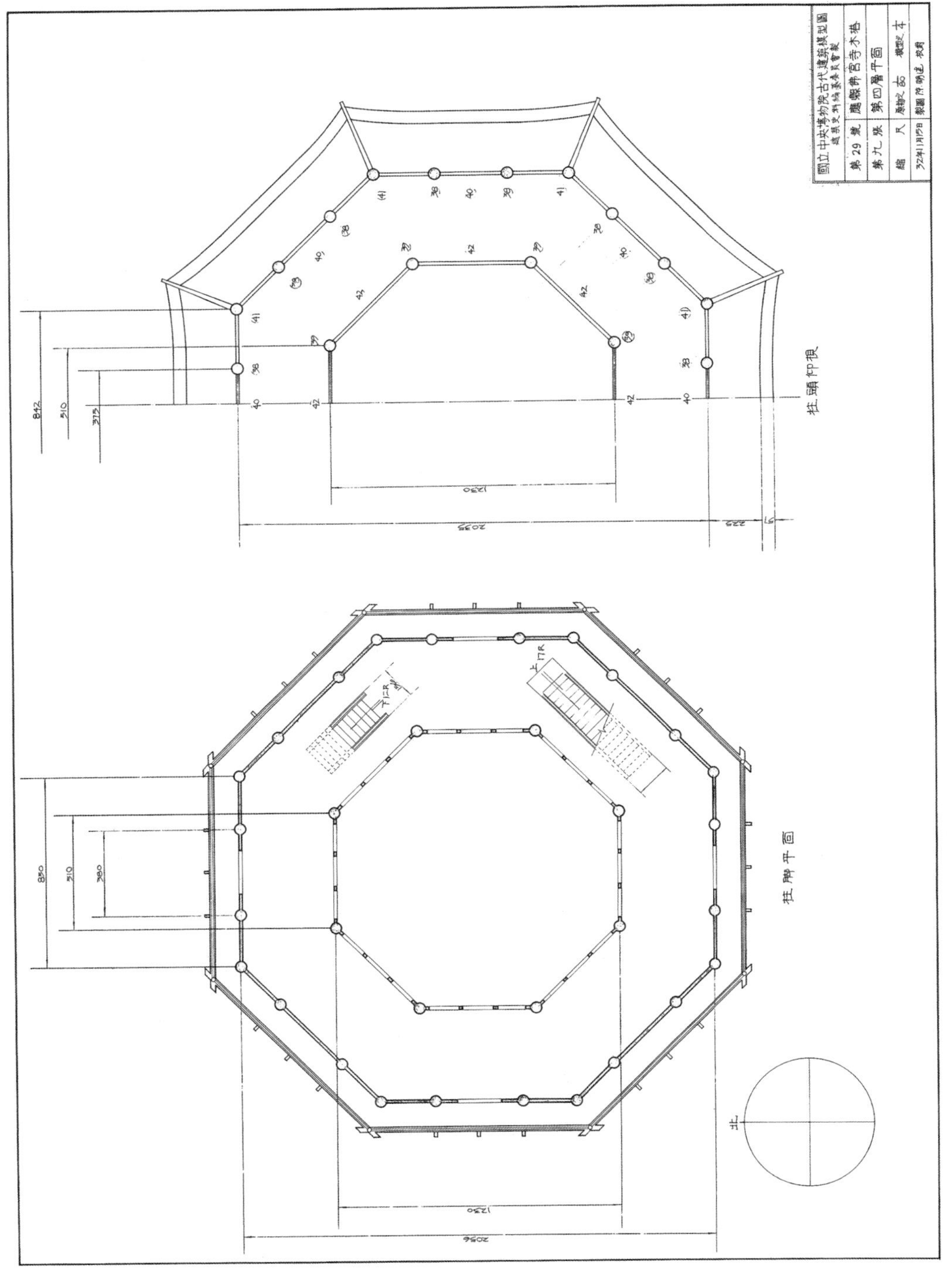


第29号—9　应县佛宫寺木塔第四层平面（1943年11月15日）

第29号-10 应县佛宫寺木塔第五层平坐平面（1943年11月15日）

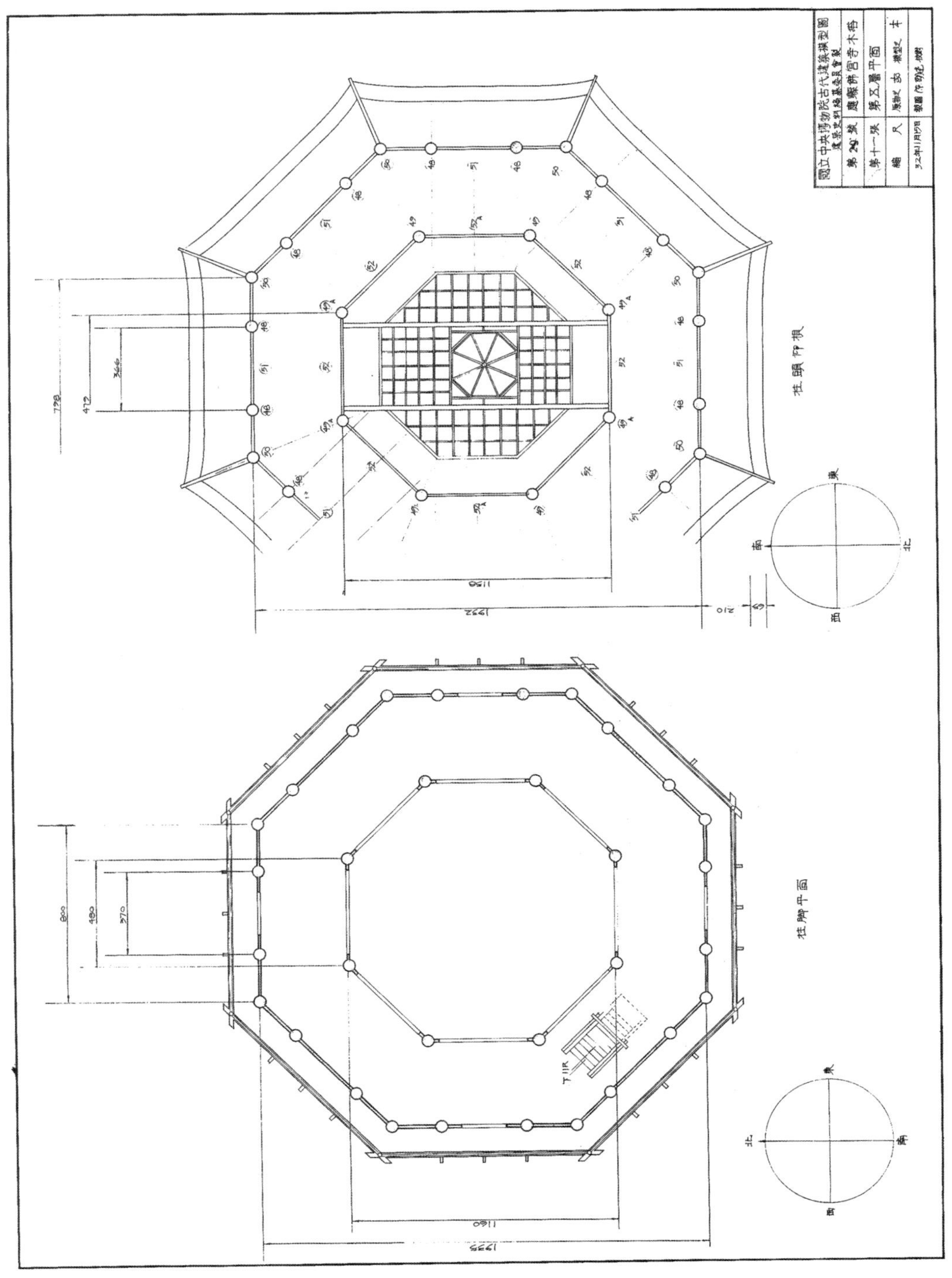


第29号-11　应县佛宫寺木塔第五层平面（1943年11月15日）

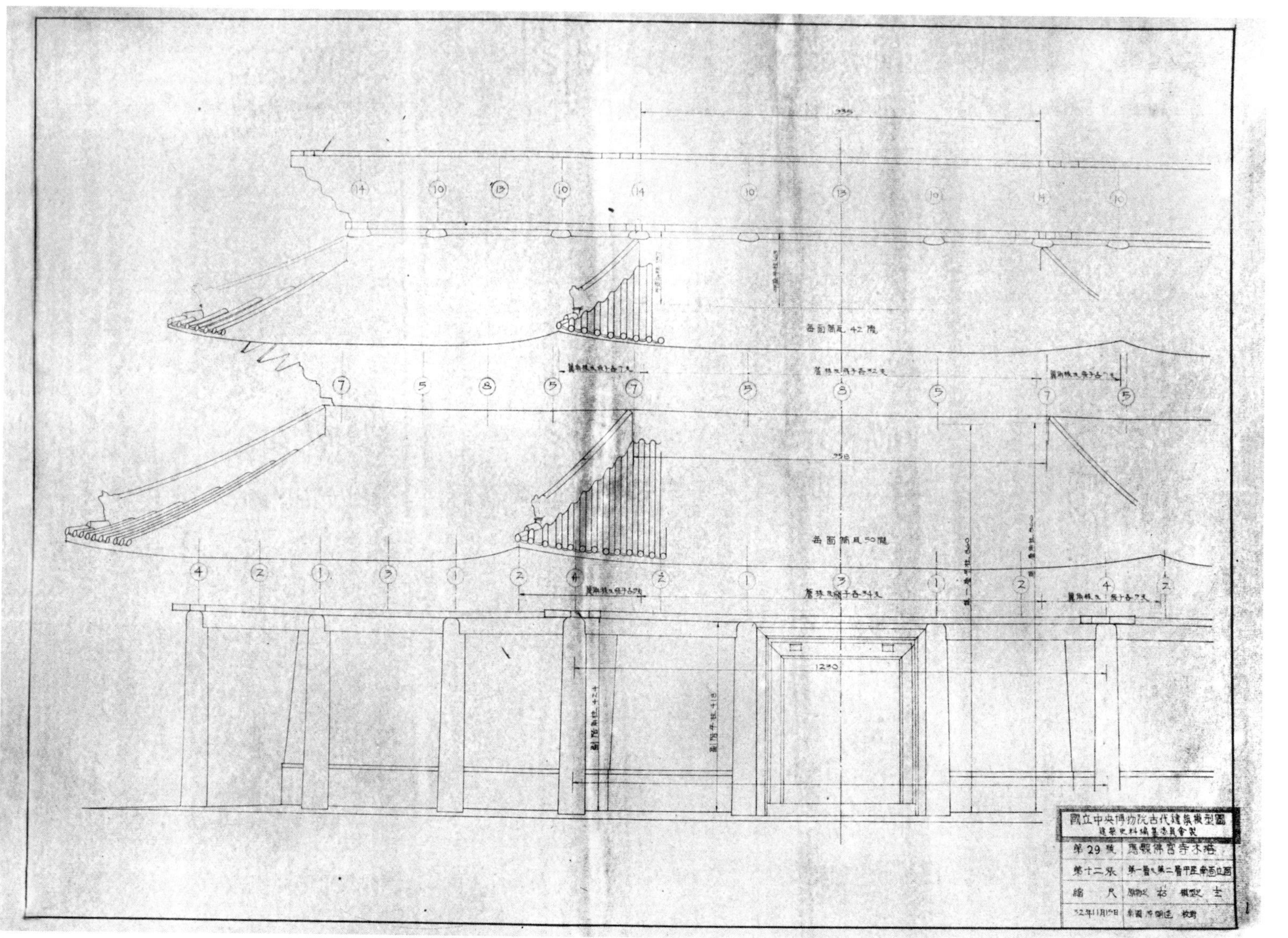



第29号-12 应县佛宫寺木塔第一层及第二层平坐南面立面（1943年11月15日）

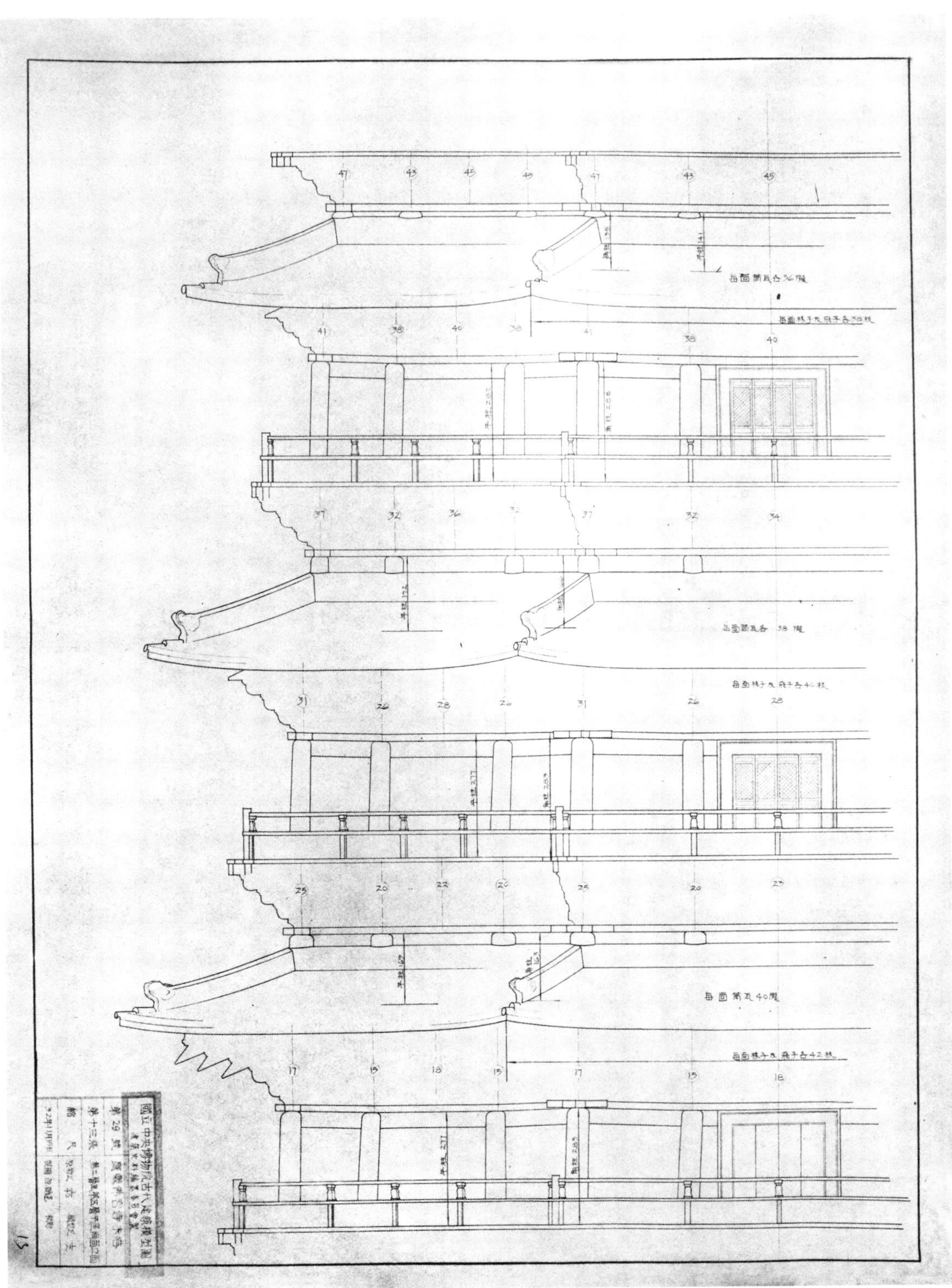

第 29 号 –13　应县佛宫寺木塔第二层至第五层平坐南面立面（1943 年 11 月 15 日）

第29号-14　应县佛宫寺木塔第五层南面立面（1943年11月15日）

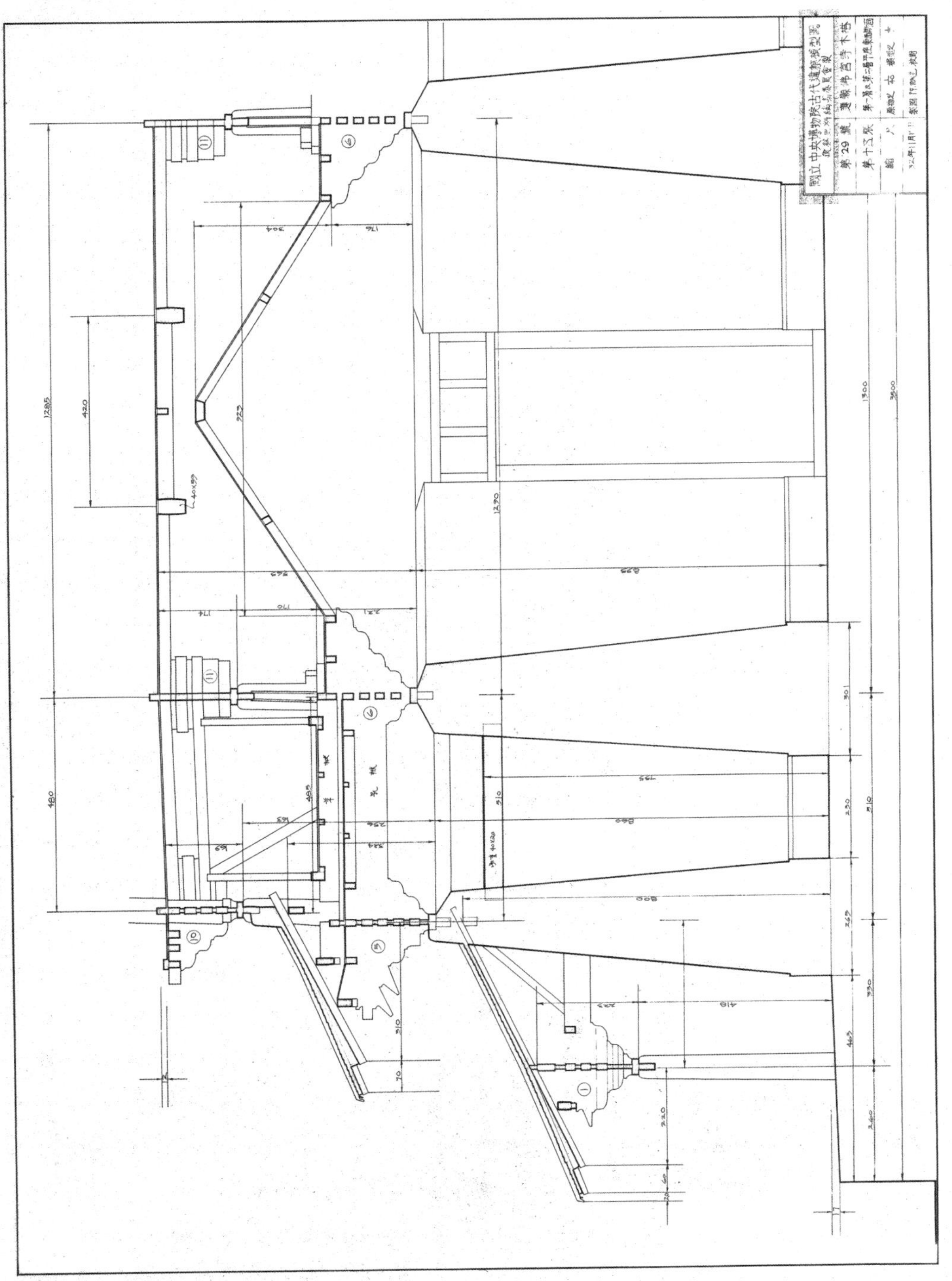

第29号-15　应县佛宫寺木塔第一层及第二层平坐东西断面（1943年11月15日）

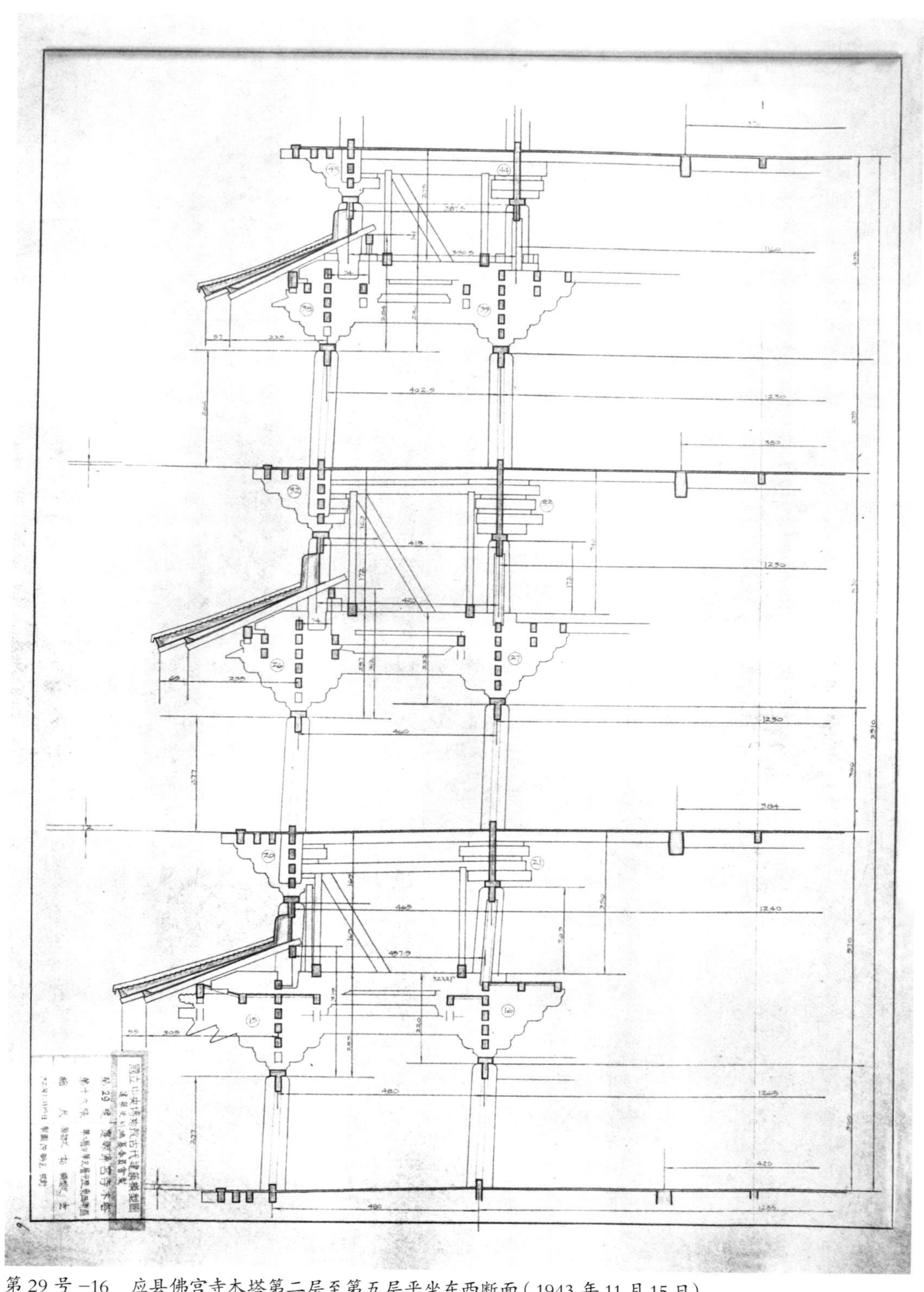

第29号-16　应县佛宫寺木塔第二层至第五层平坐东西断面（1943年11月15日）

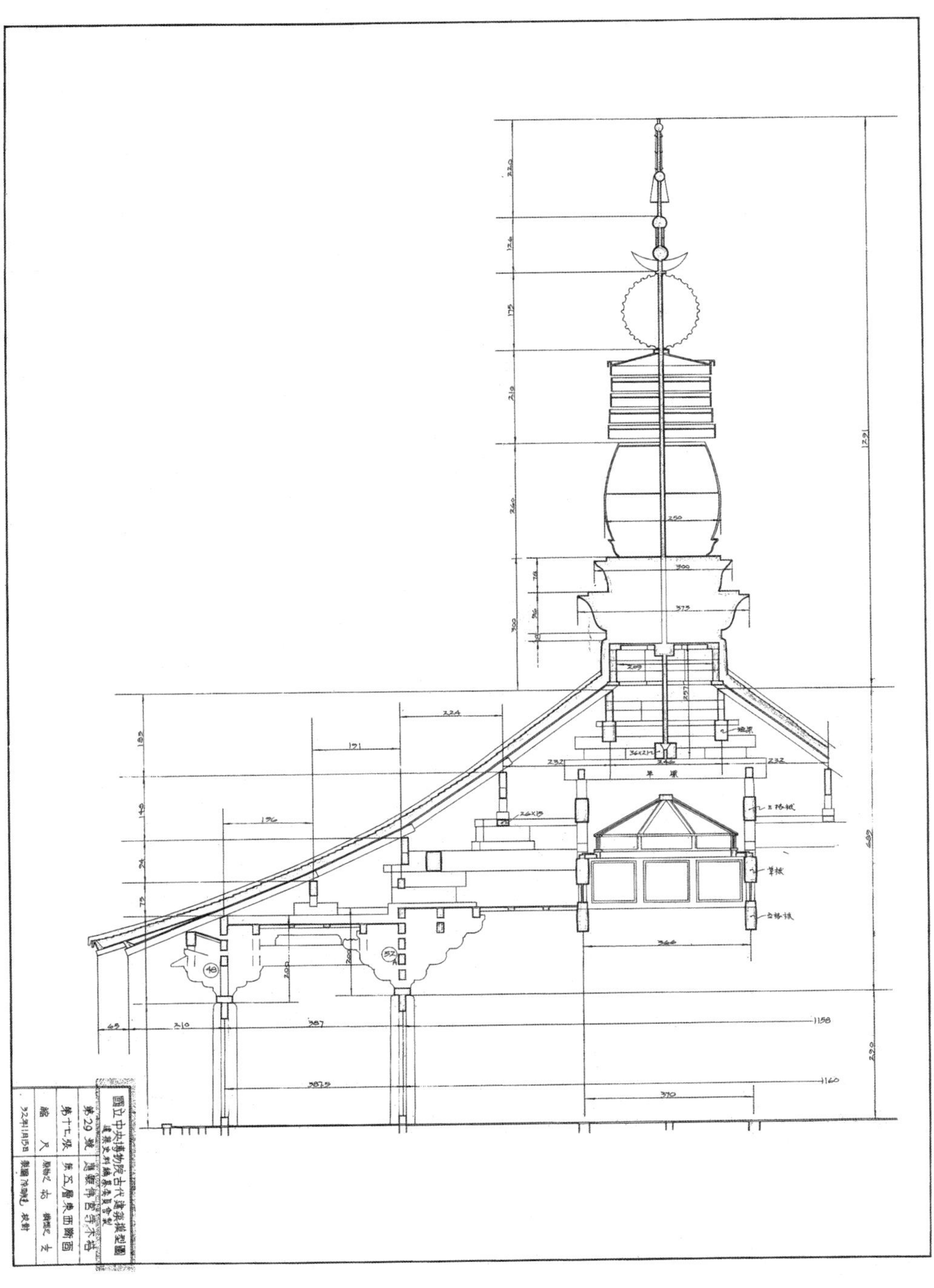

第29号-17　应县佛宫寺木塔第五层东西断面（1943年11月15日）

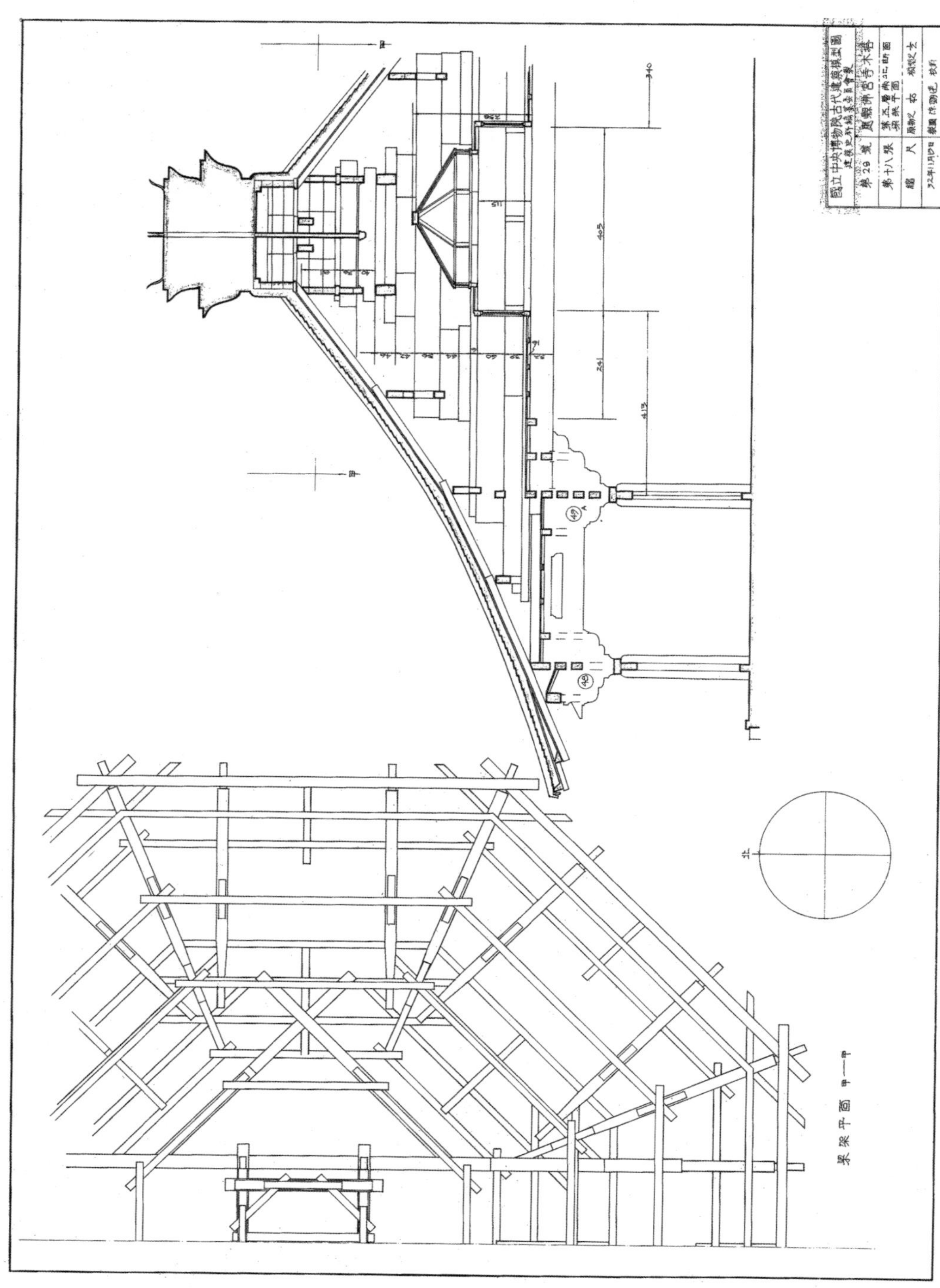


第29号-18　应县佛宫寺木塔第五层南北断面、梁架平面（1943年11月15日）

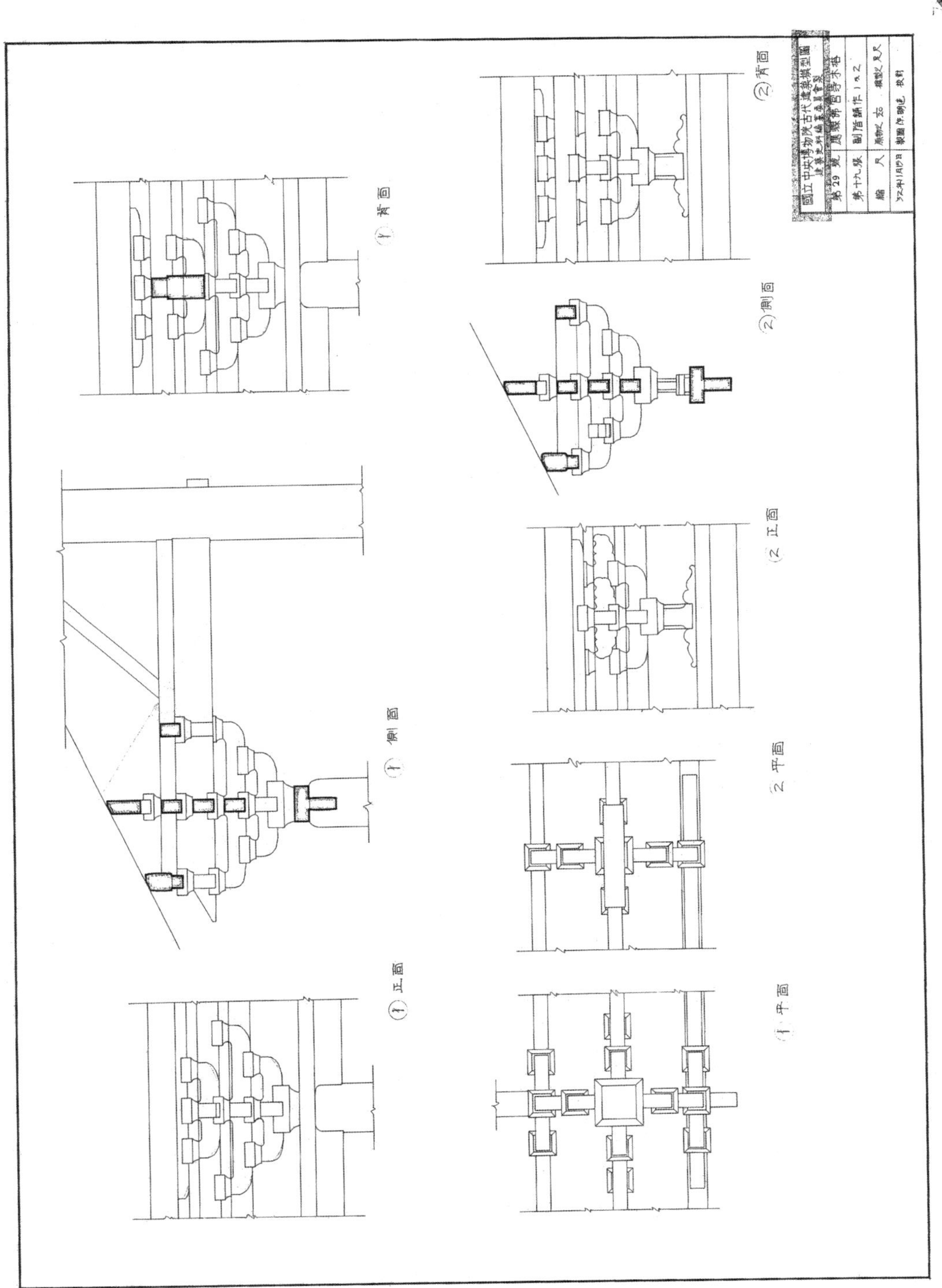


第29号-19　应县佛宫寺木塔副阶铺作1及2（1943年11月15日）

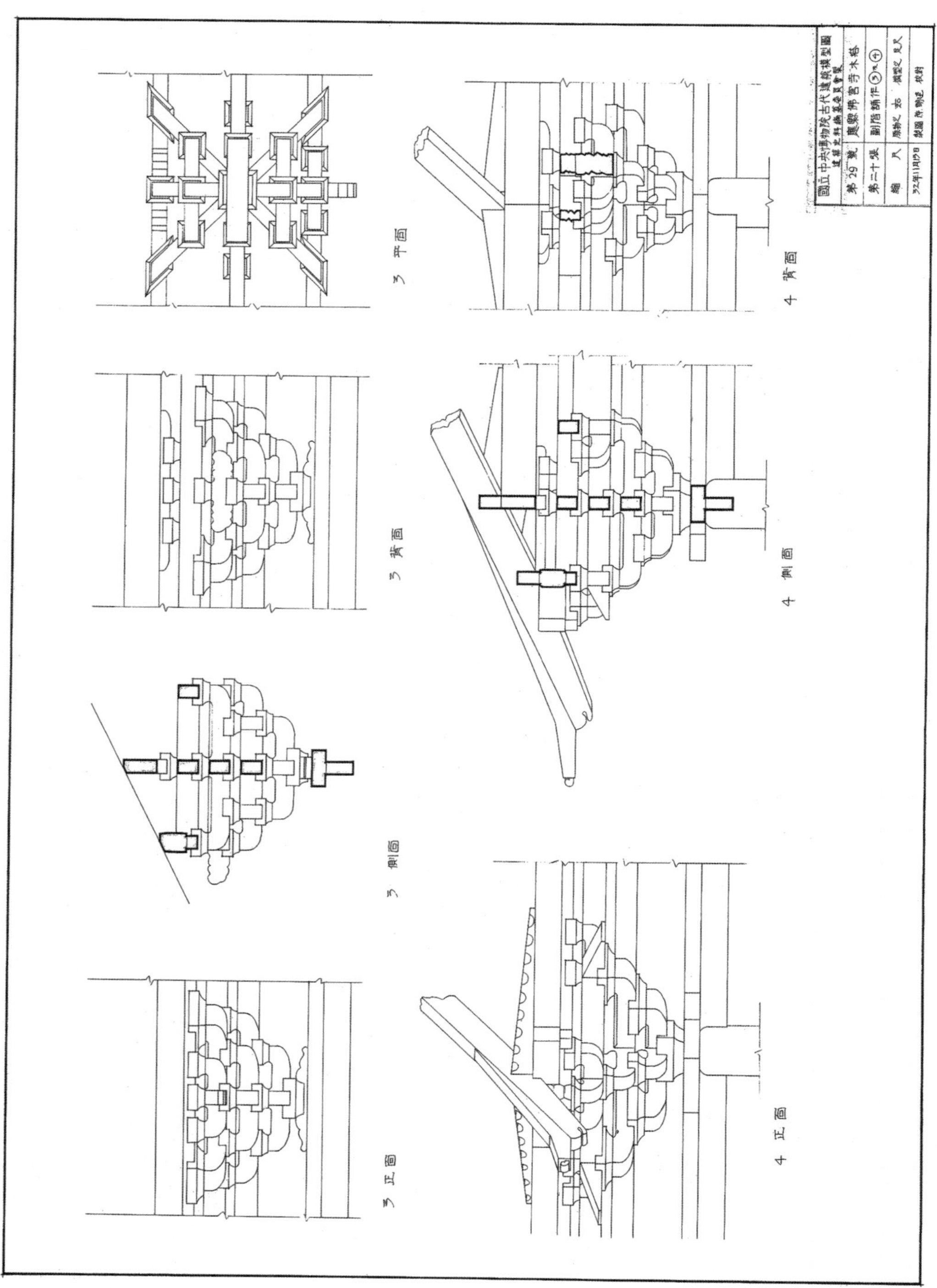


第29号-20 应县佛宫寺木塔副阶铺作3及4（1943年11月15日）

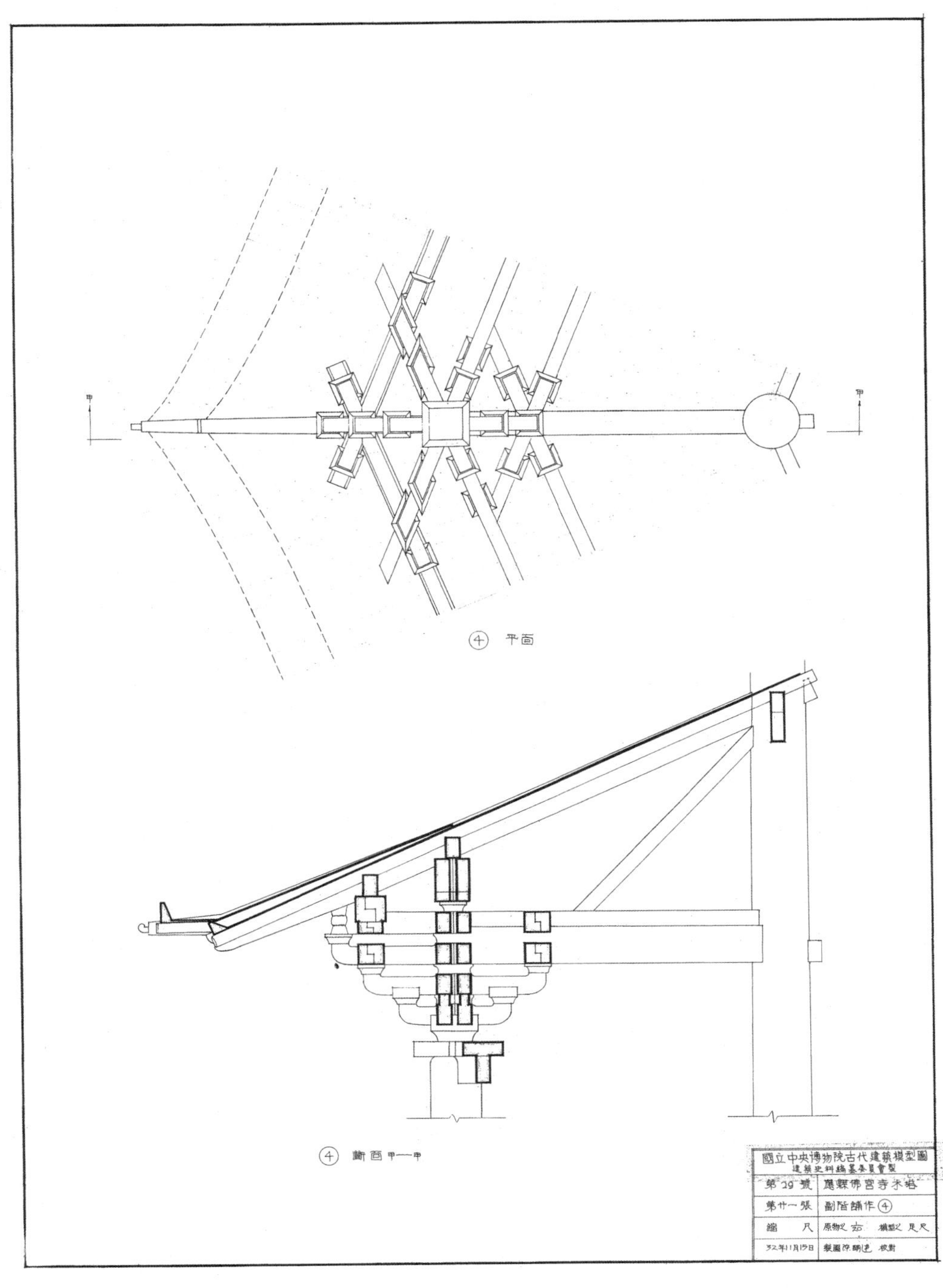


第 29 号 –21　应县佛宫寺木塔副阶铺作 4（1943 年 11 月 15 日）

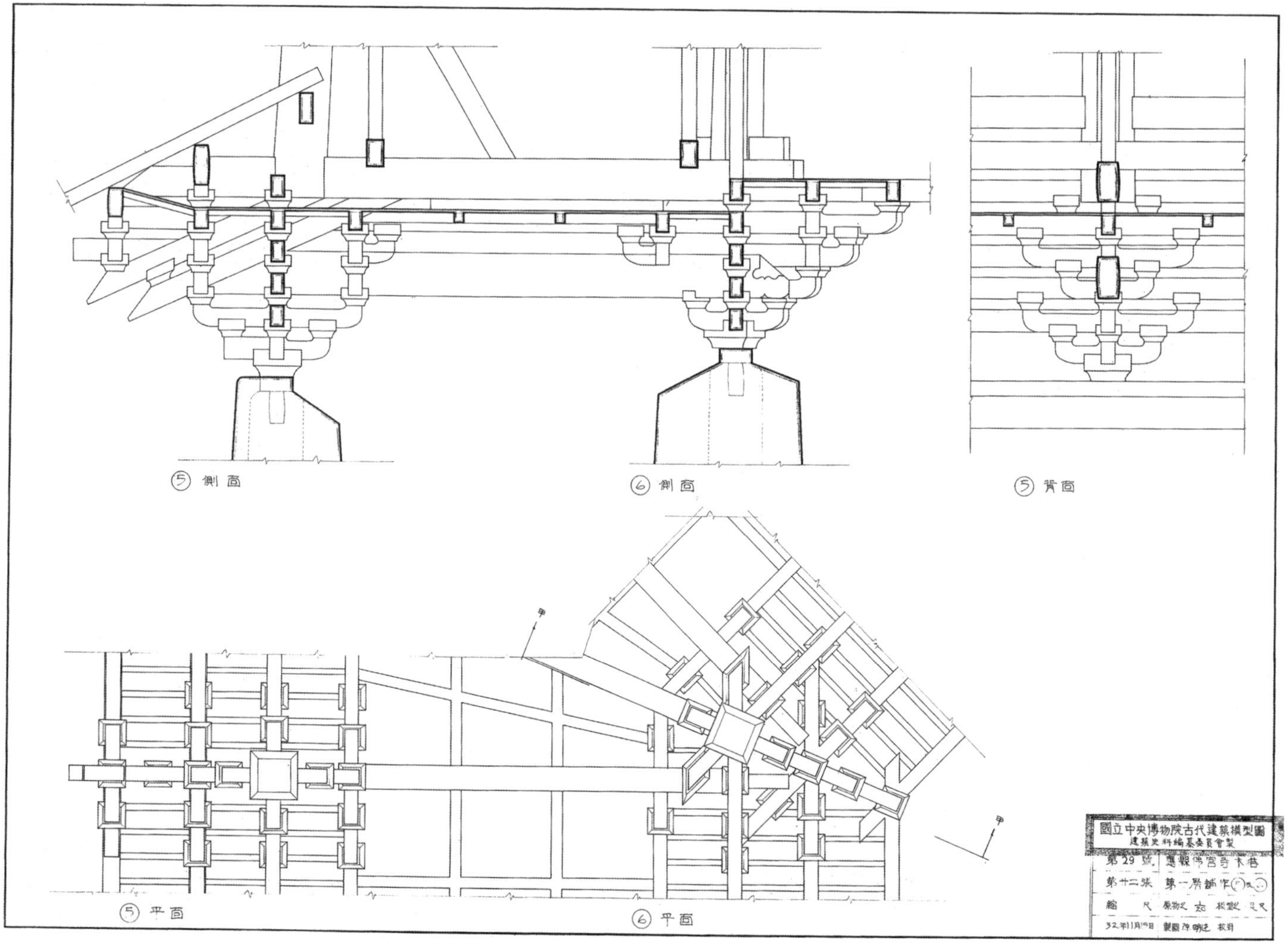

第29号－22 应县佛宫寺木塔第一层铺作5及6（1943年11月15日）

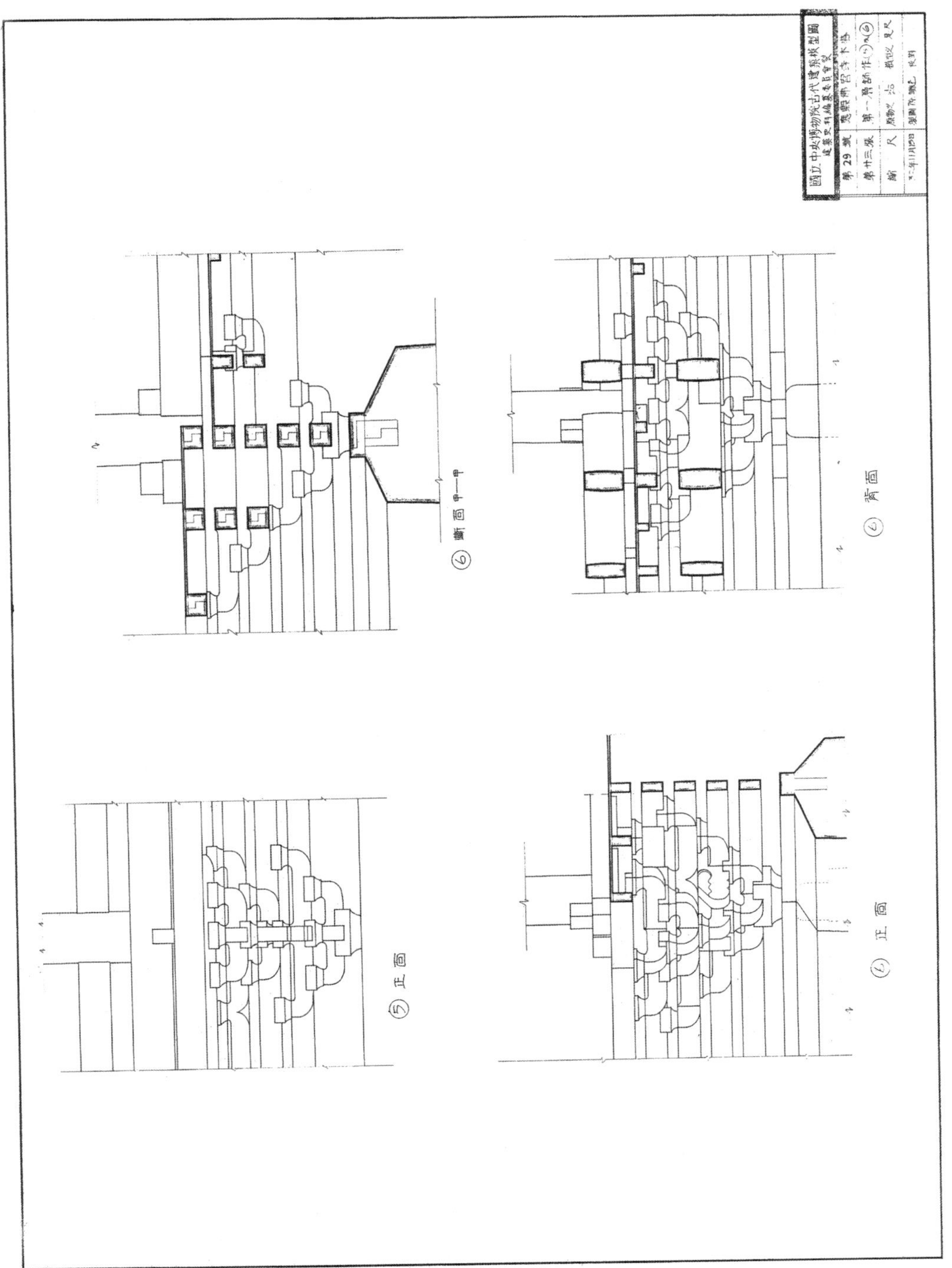


第29号-23 应县佛宫寺木塔第一层铺作5及6（1943年11月15日）

第29号-24 应县佛宫寺木塔第一层铺作7（1943年11月15日）

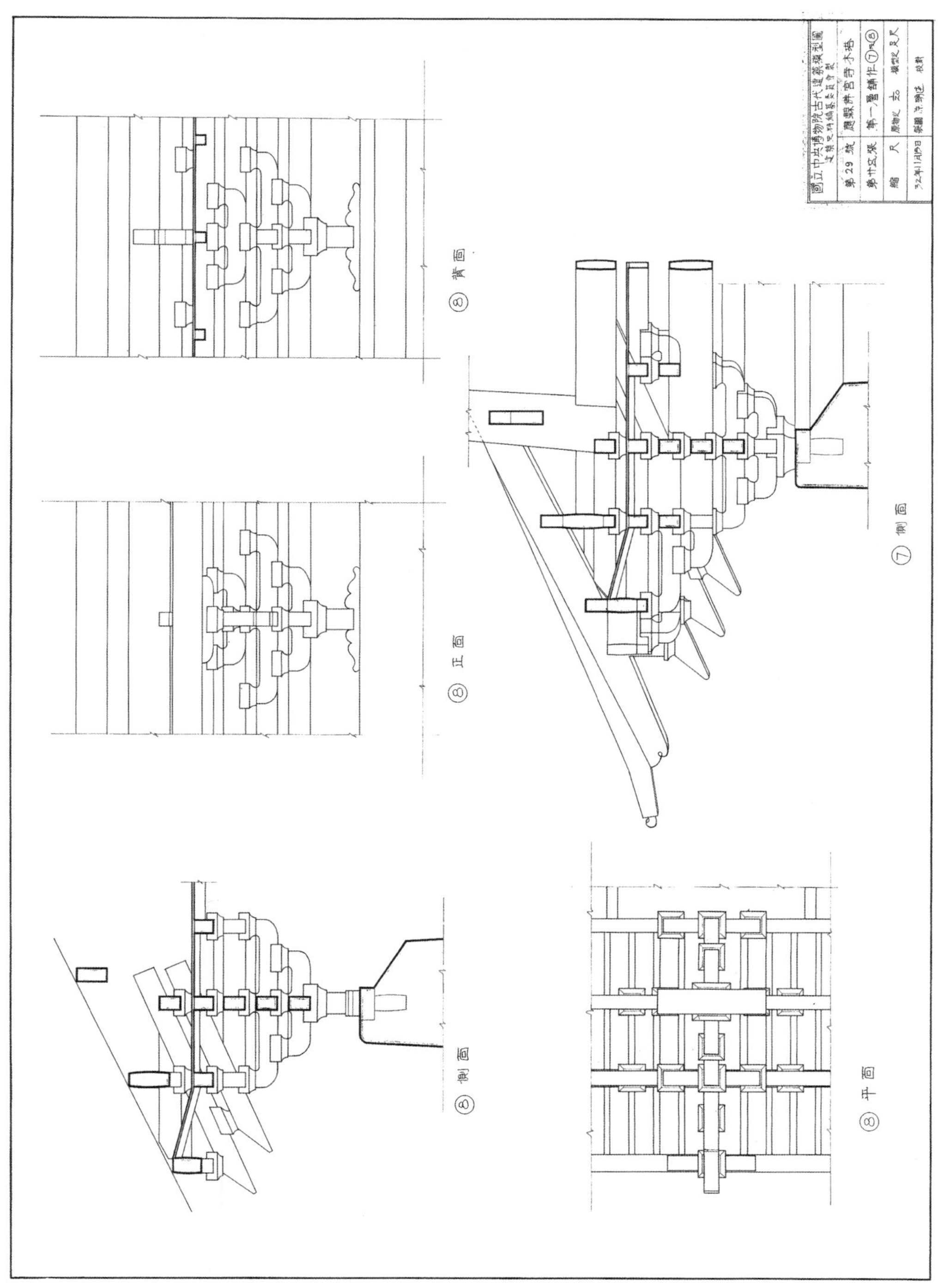


第29号–25 应县佛宫寺木塔第一层铺作7及8（1943年11月15日）

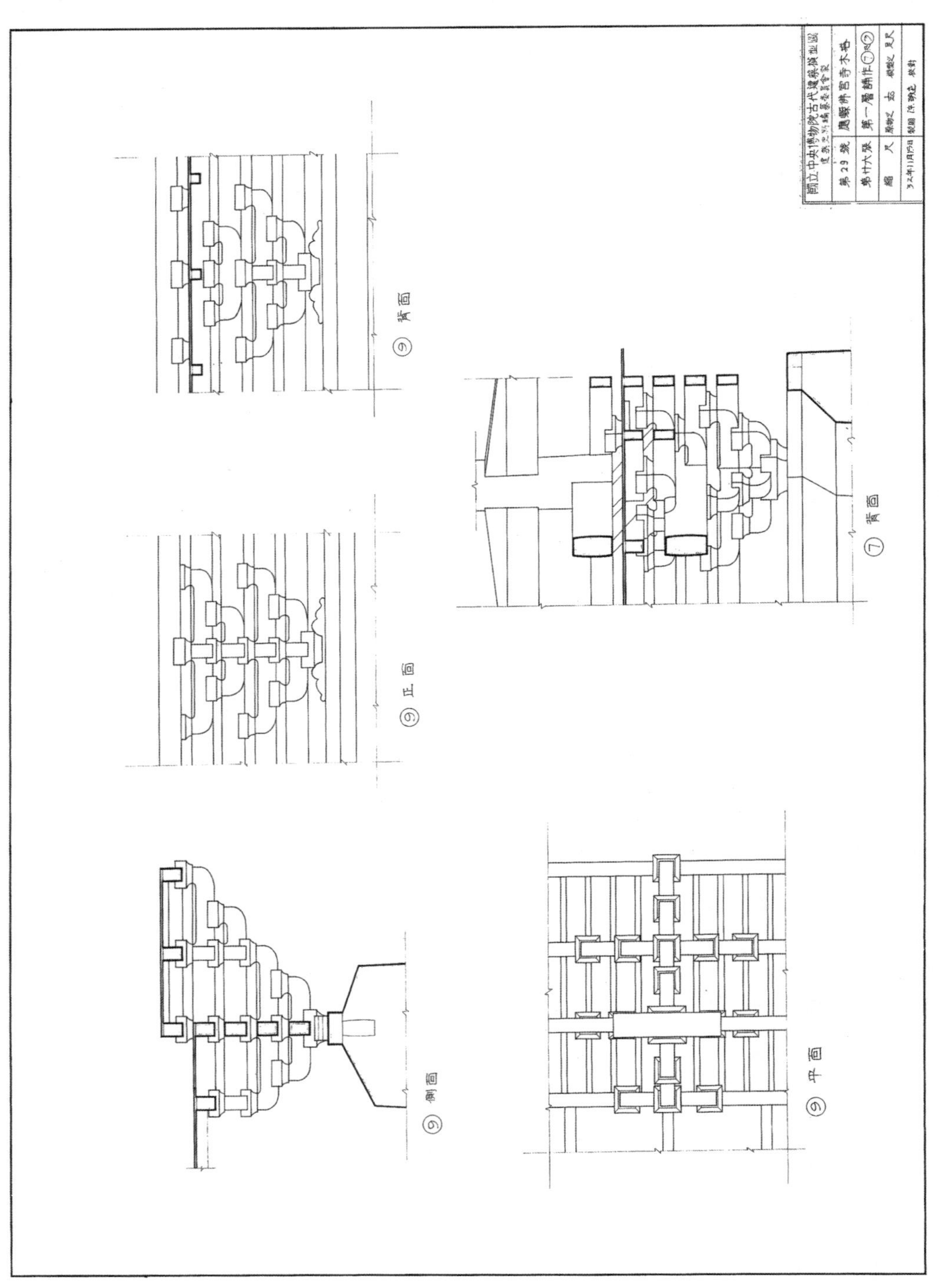

第29号-26 应县佛宫寺木塔第一层铺作7及9（1943年11月15日）

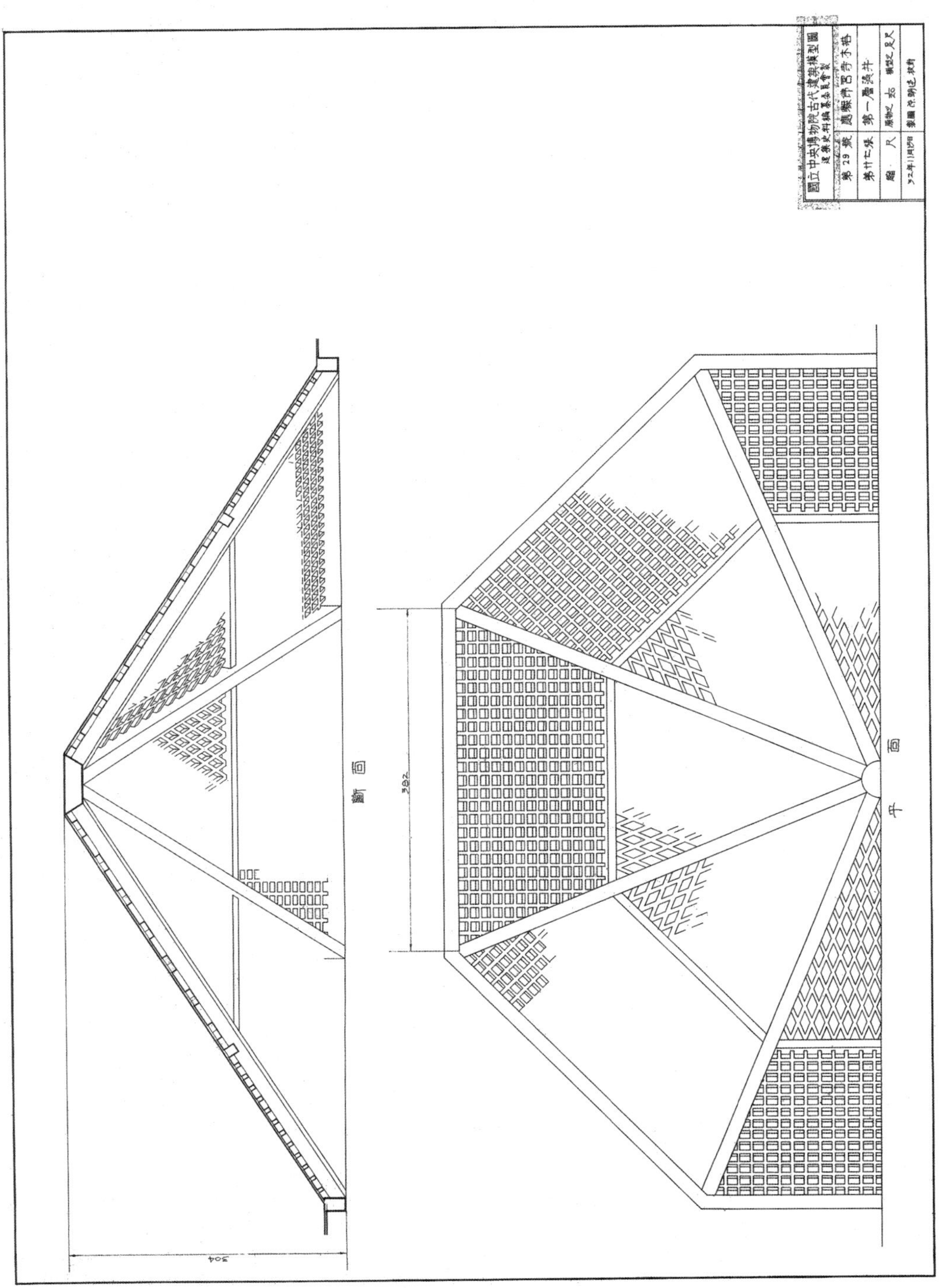


第29号—27　应县佛宫寺木塔第一层藻井（1943年11月15日）

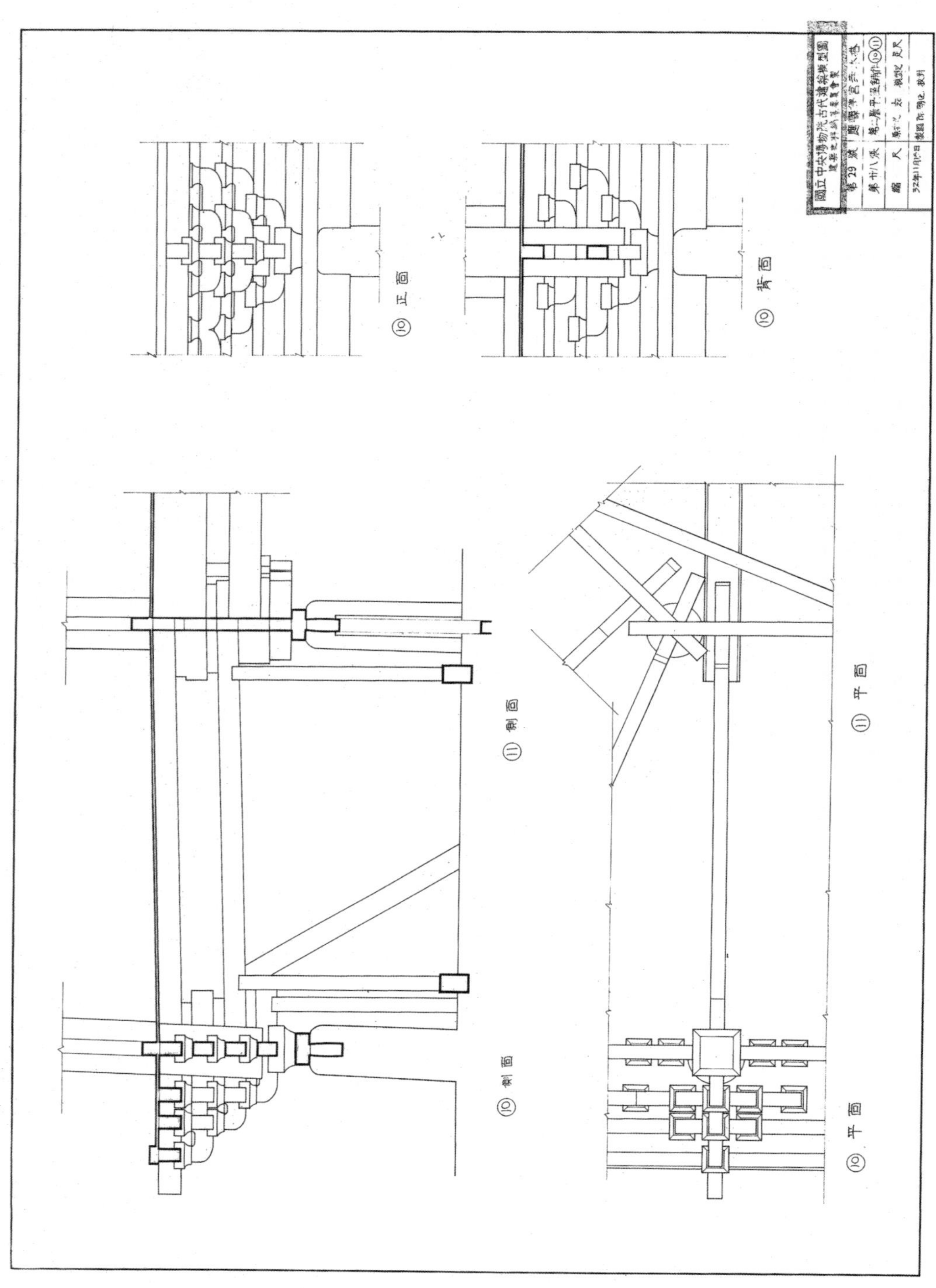


第29号–28 应县佛宫寺木塔第二层平坐铺作10及11（1943年11月15日）

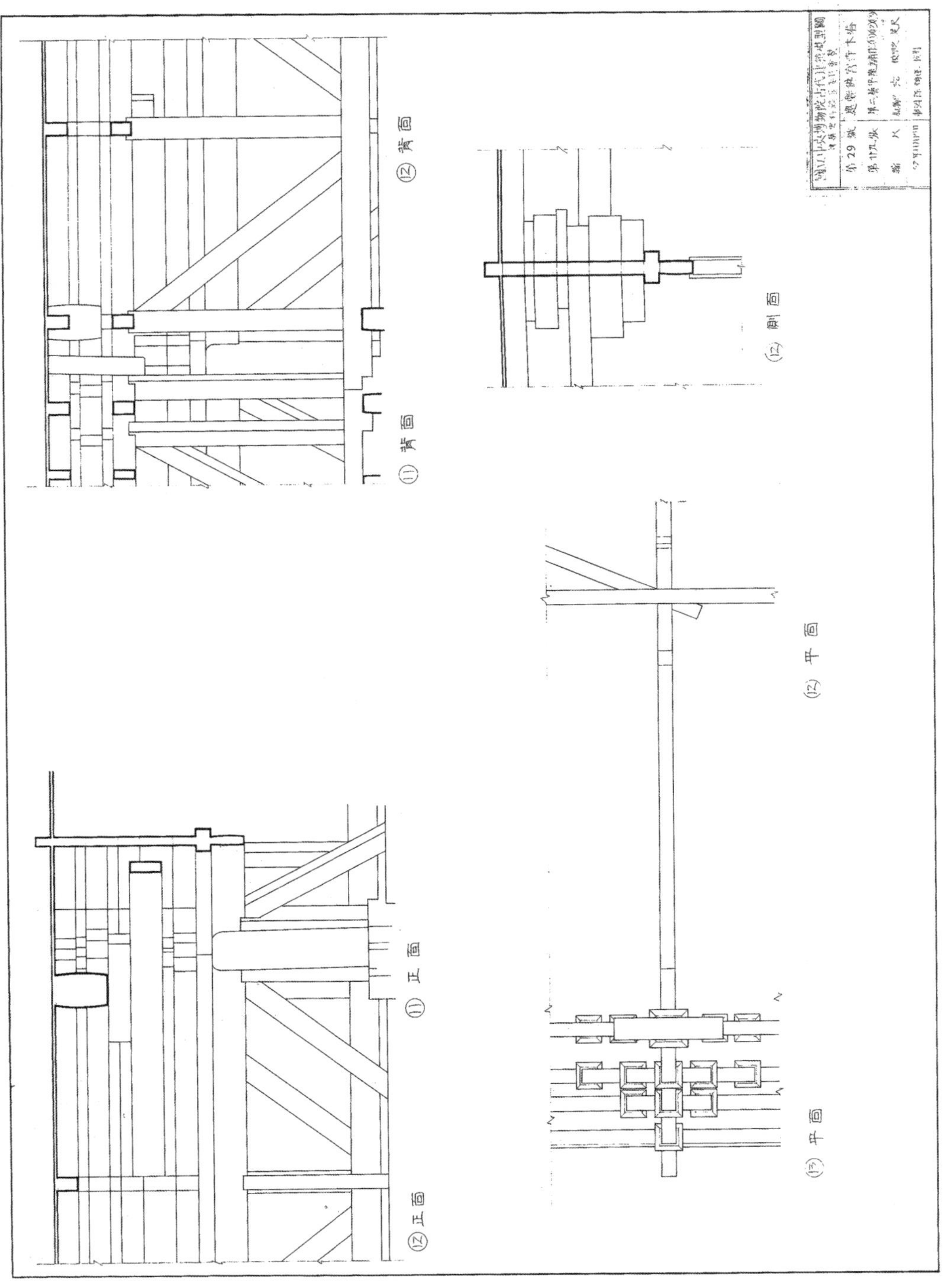


第29号-29　应县佛宫寺木塔第二层平坐铺作11、12、13（1943年11月15日）

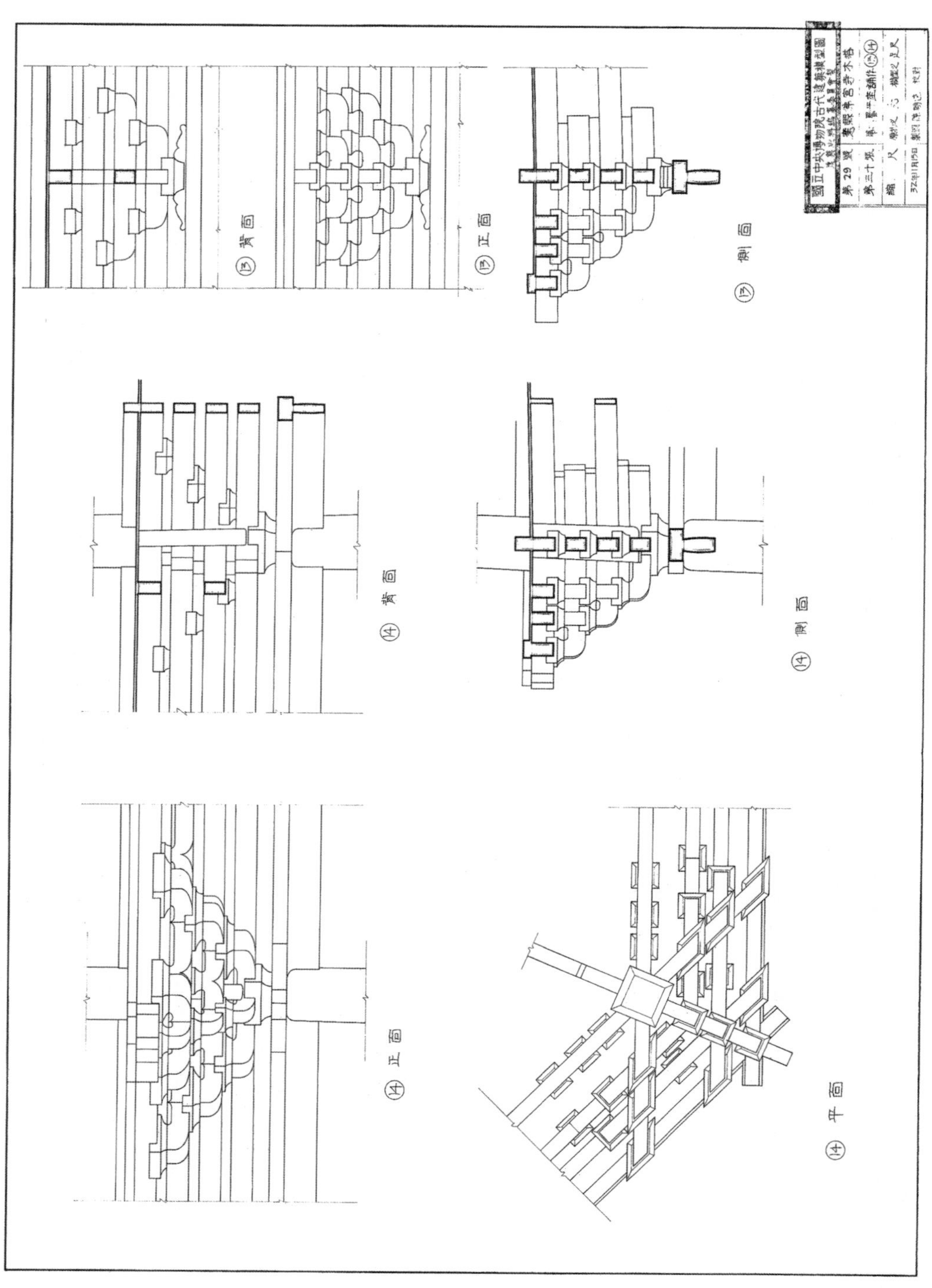


第29号—30 应县佛宫寺木塔第二层平坐铺作13及14（1943年11月15日）

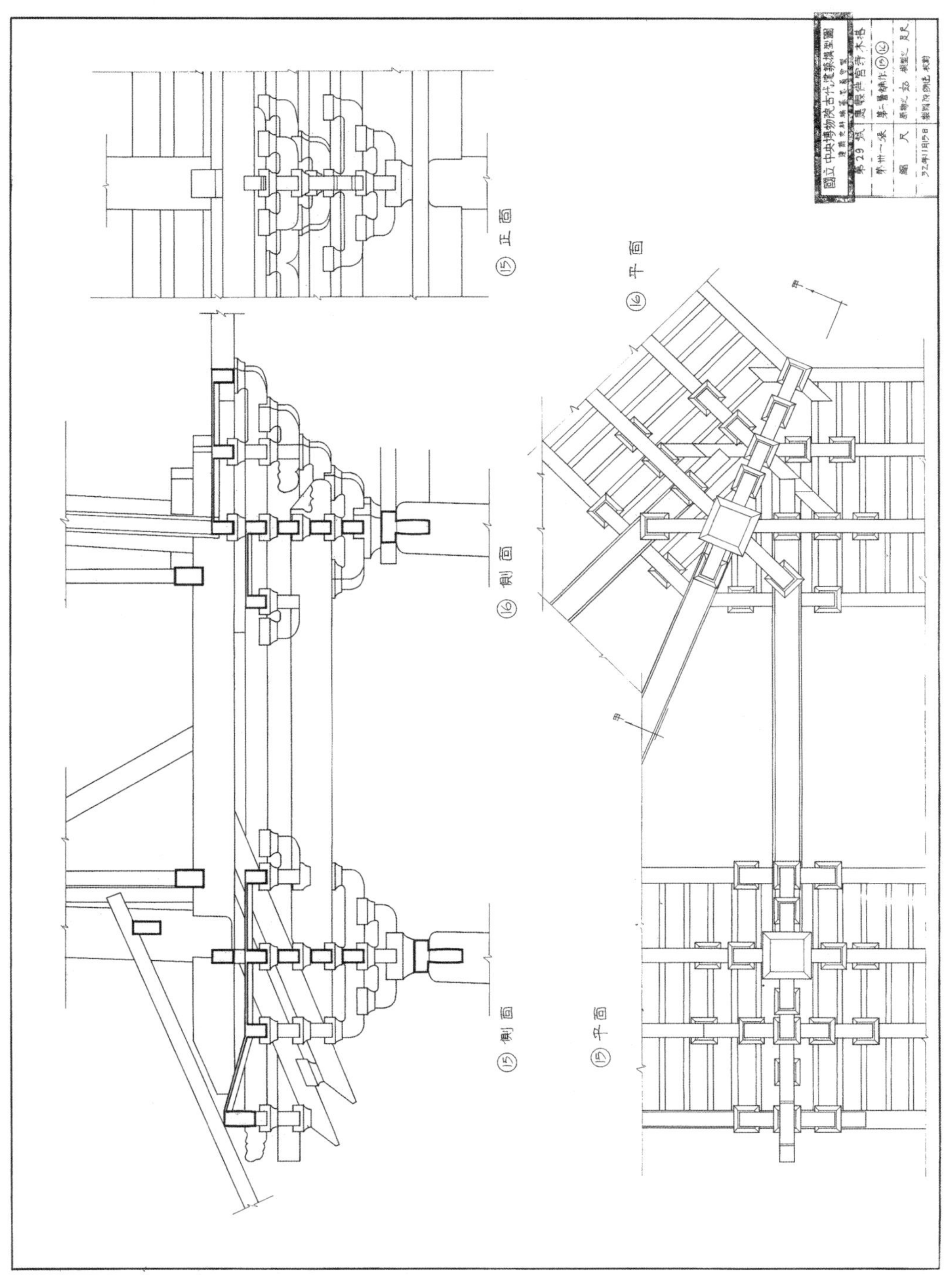


第29号-31　应县佛宫寺木塔第二层铺作15及16（1943年11月15日）

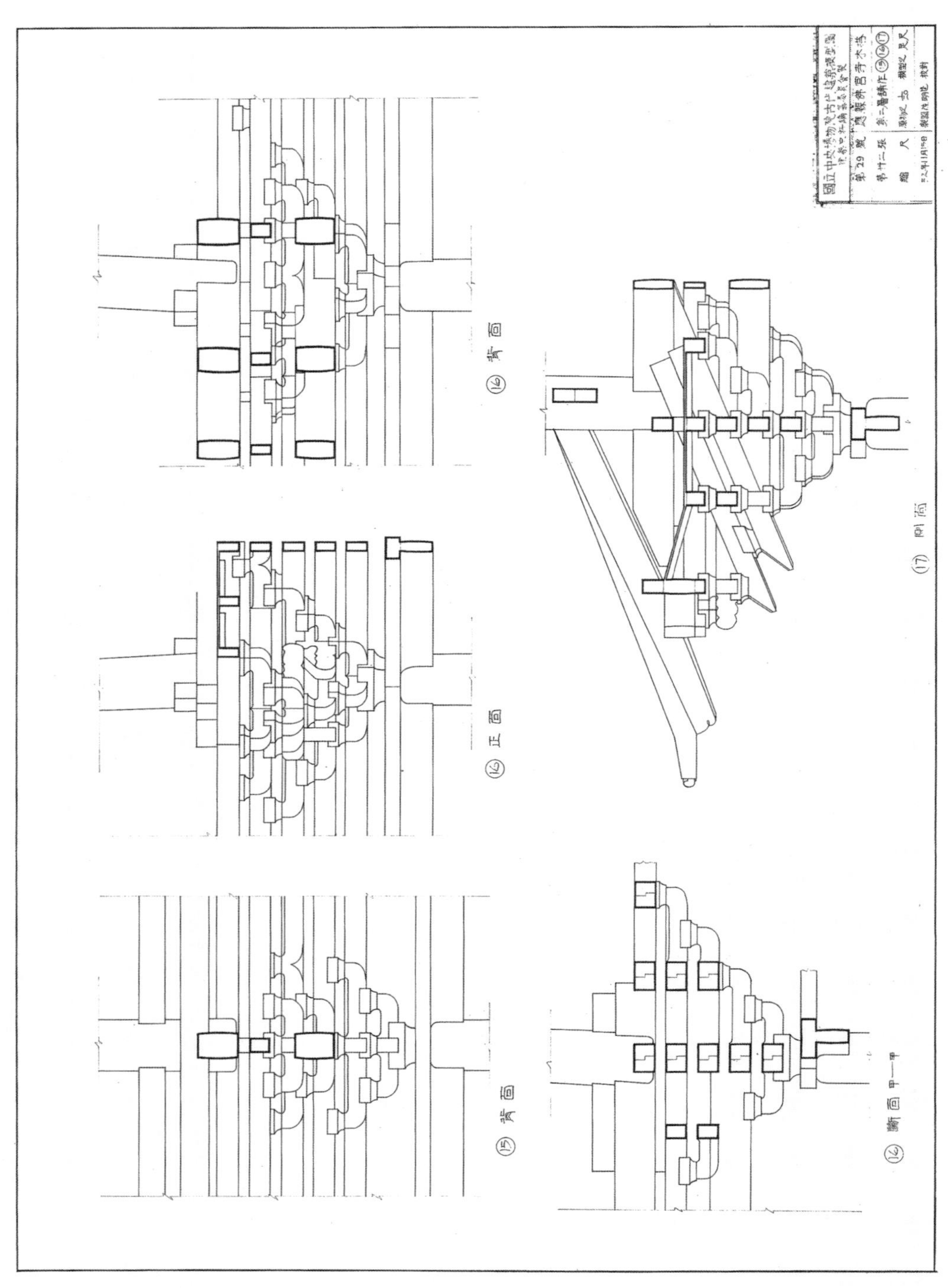


第29号-32　应县佛宫寺木塔第二层铺作15、16、17（1943年11月15日）

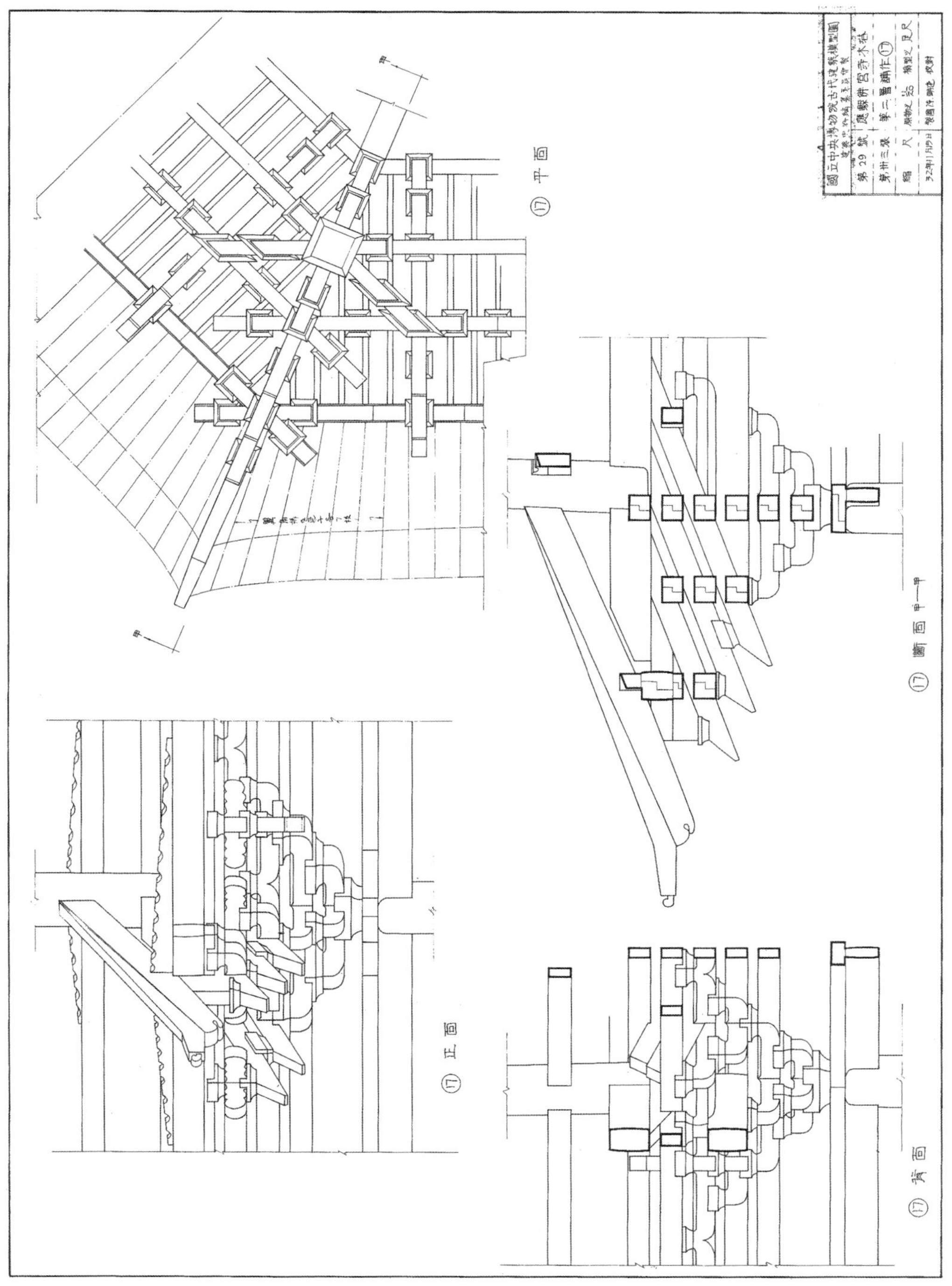


第29号—33 应县佛宫寺木塔第二层铺作17（1943年11月15日）

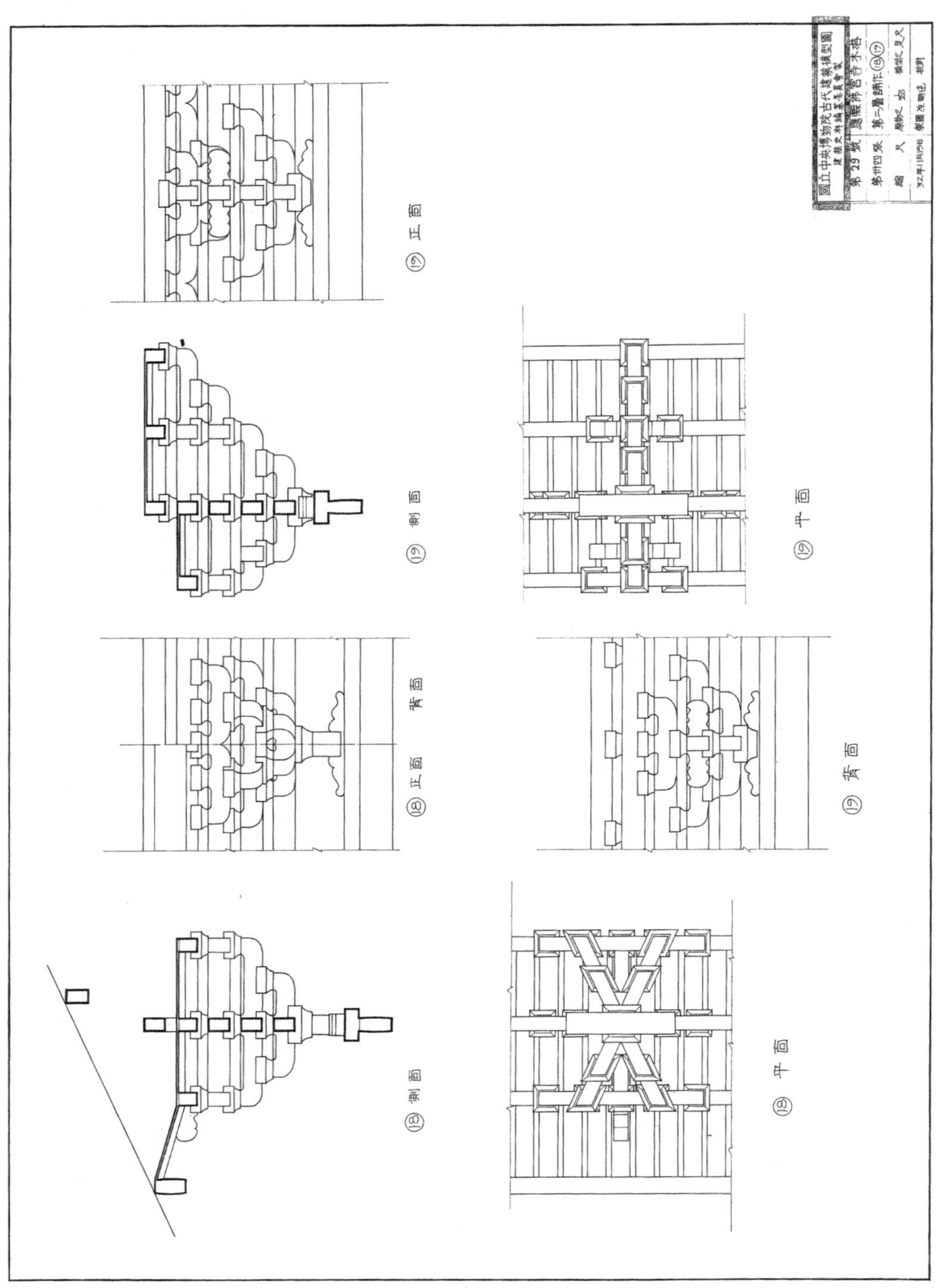


第29号-34　应县佛宫寺木塔第二层铺作18及19（1943年11月15日）

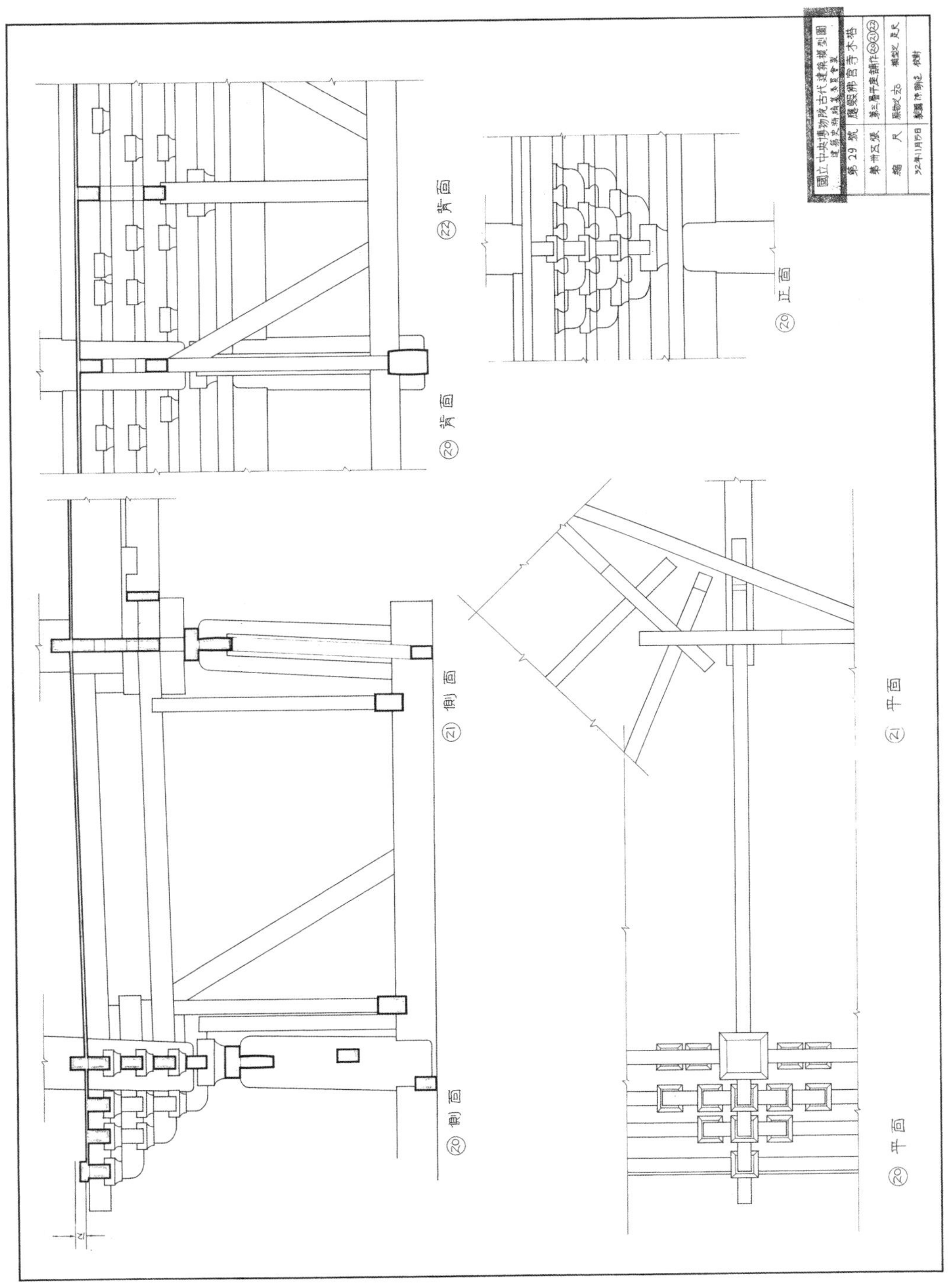


第29号-35　应县佛宫寺木塔第三层平坐铺作20、21、22（1943年11月15日）

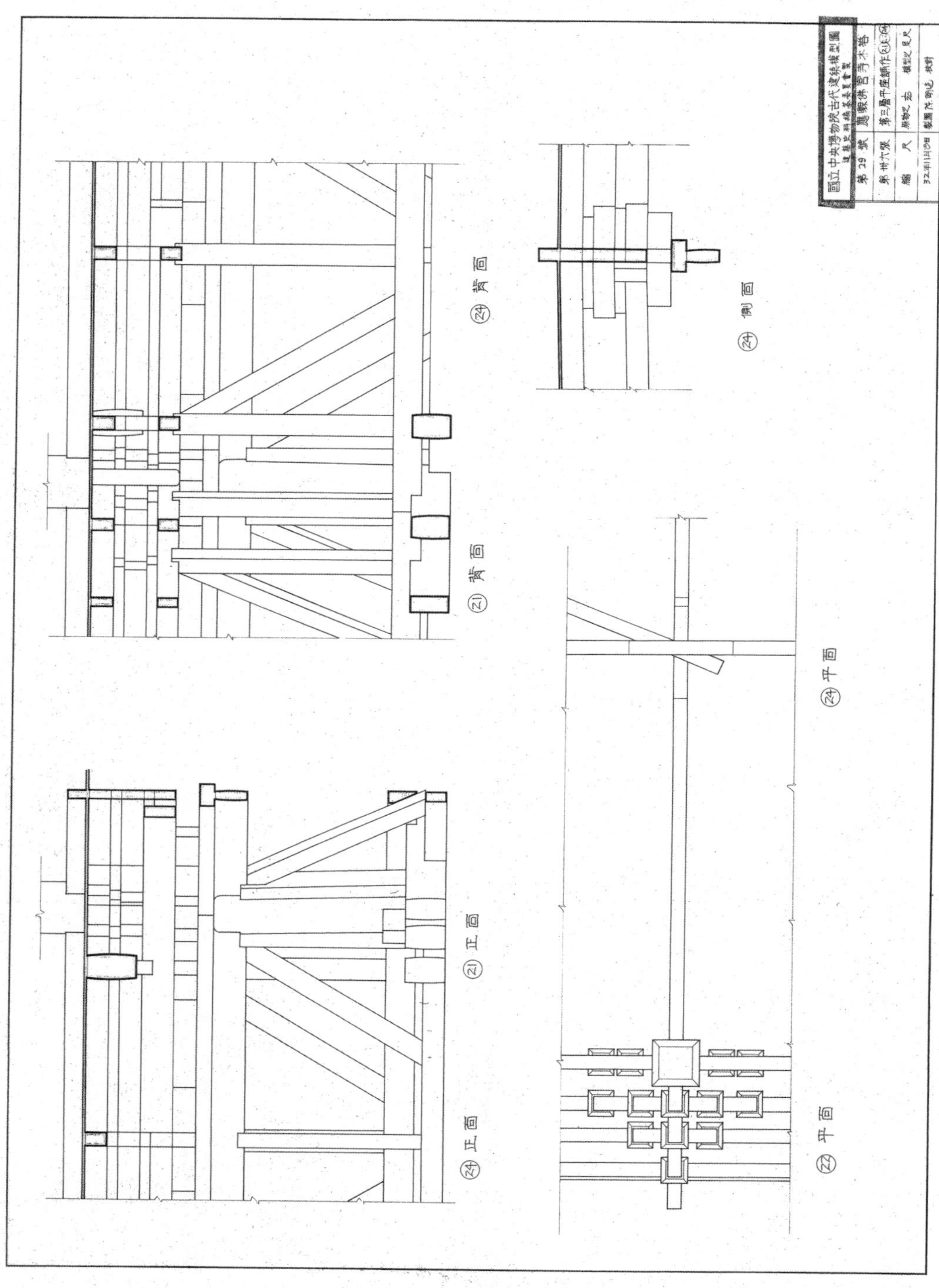


第29号-36　应县佛宫寺木塔第三层平坐铺作21、22、24（1943年11月15日）

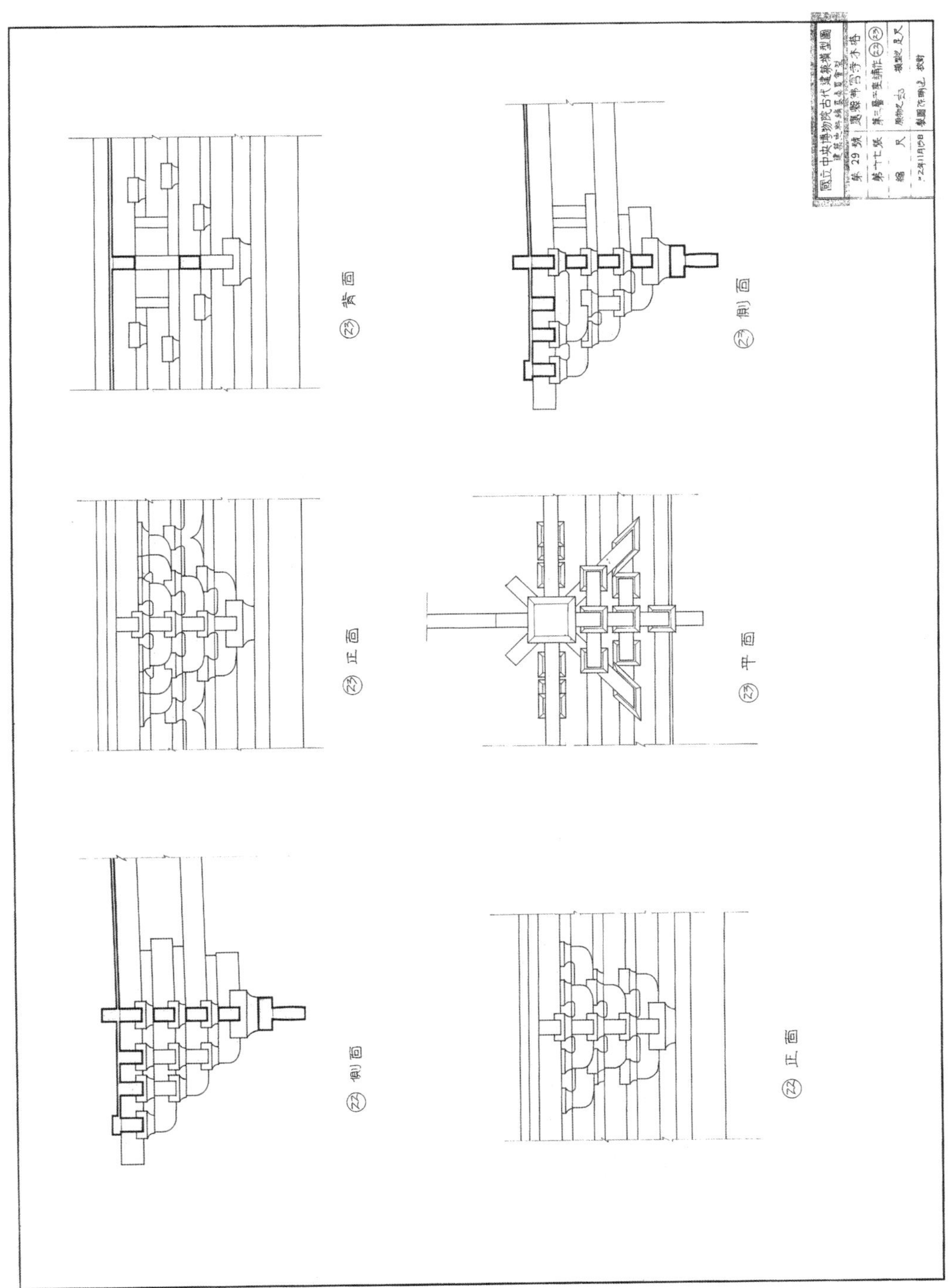


第29号–37　应县佛宫寺木塔第三层平坐铺作22及23（1943年11月15日）

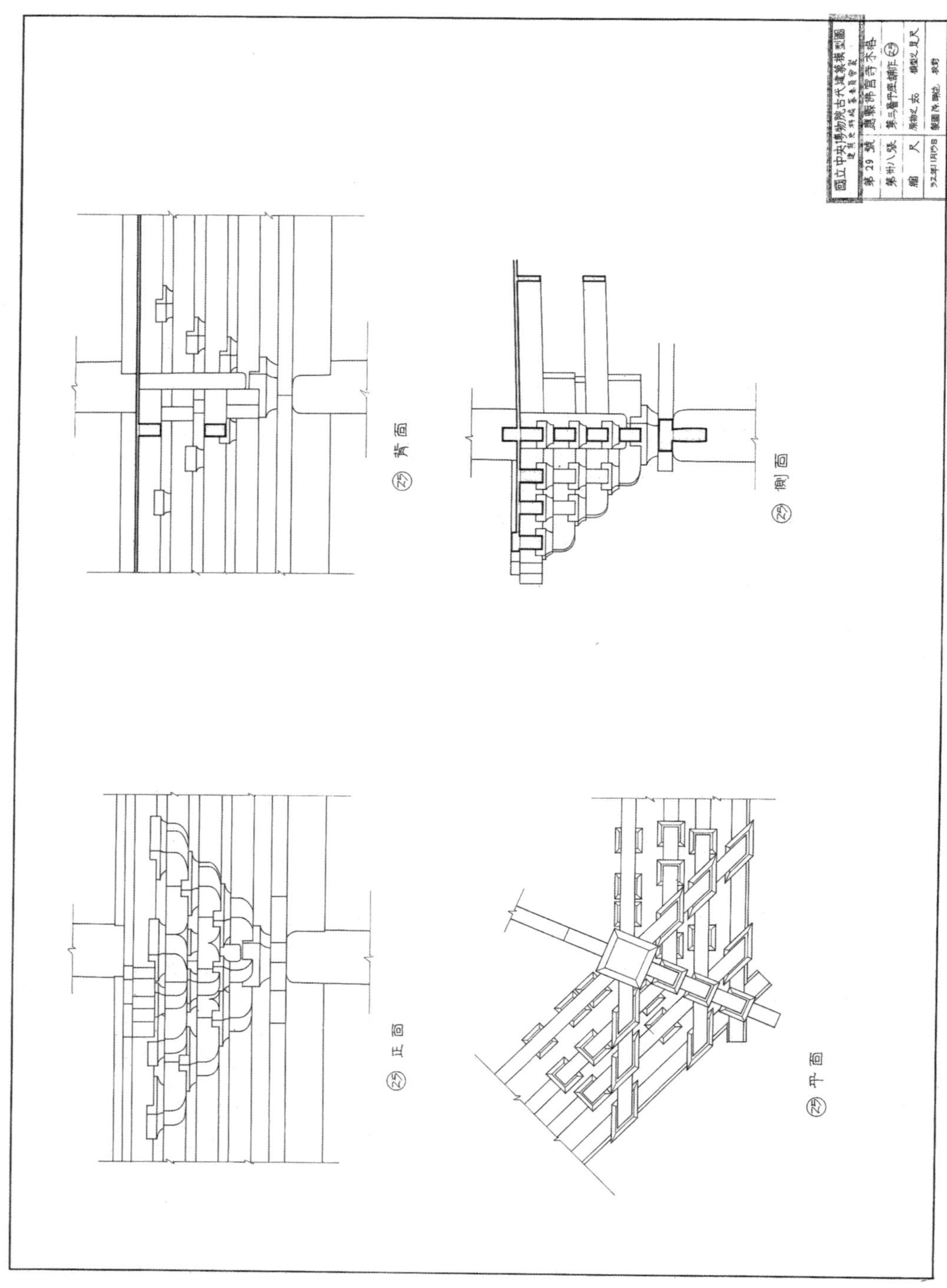


第29号-38 应县佛宫寺木塔第三层平坐铺作25（1943年11月15日）

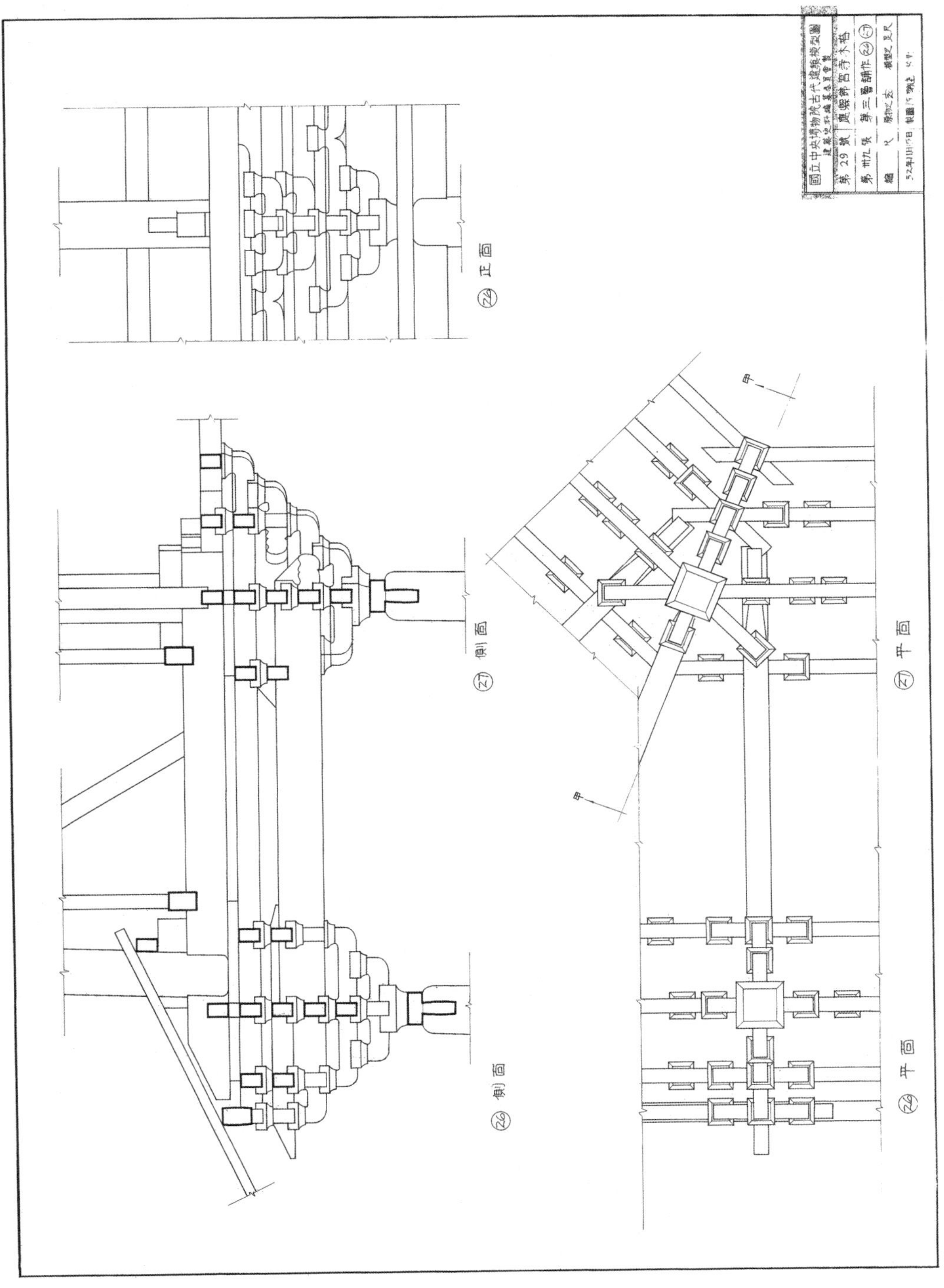


第29号-39　应县佛宫寺木塔第三层铺作26及27（1943年11月15日）

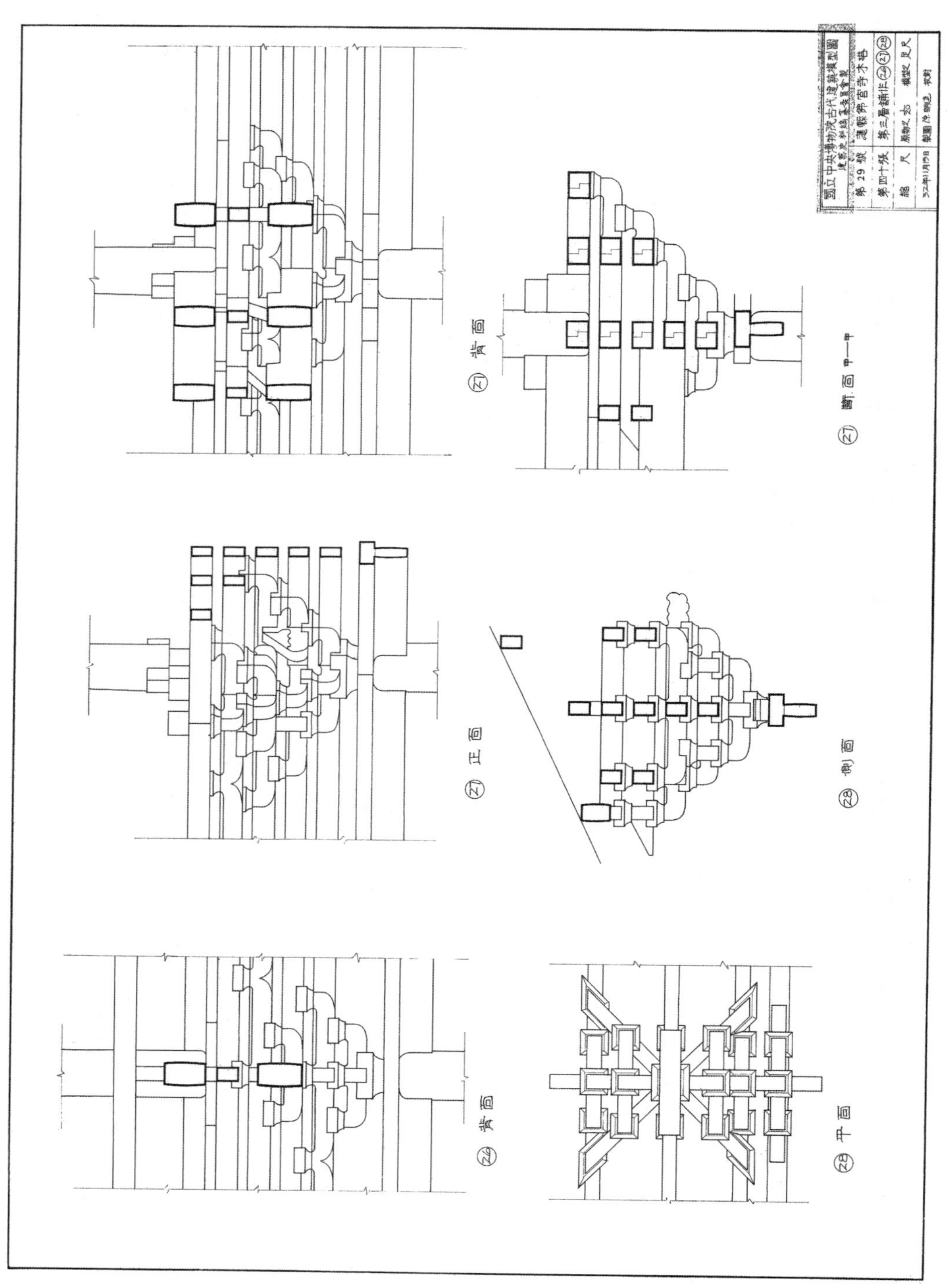


第29号-40 应县佛宫寺木塔第三层铺作26、27、28（1943年11月15日）

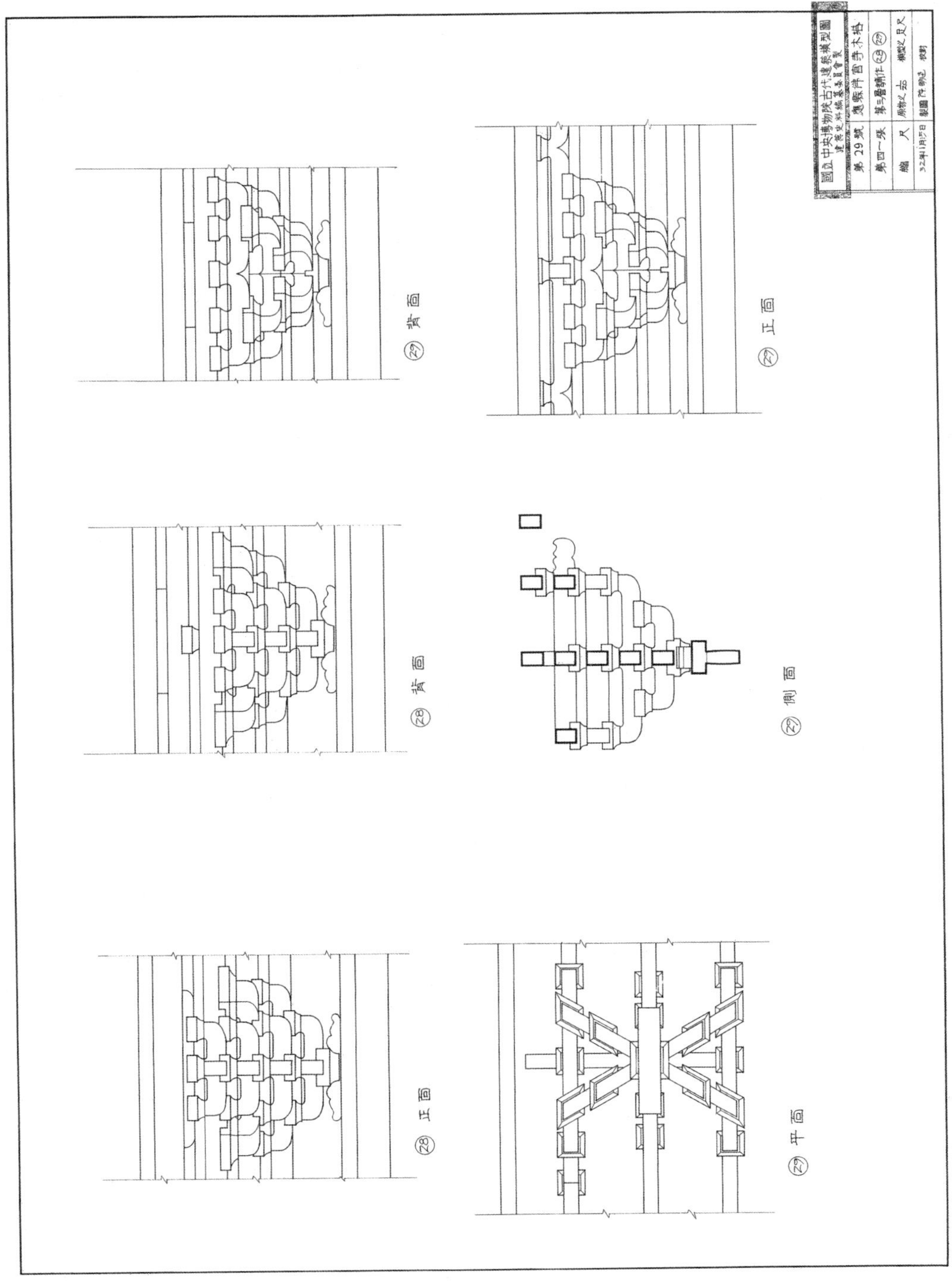


第29号-41 应县佛宫寺木塔第三层铺作28及29（1943年11月15日）

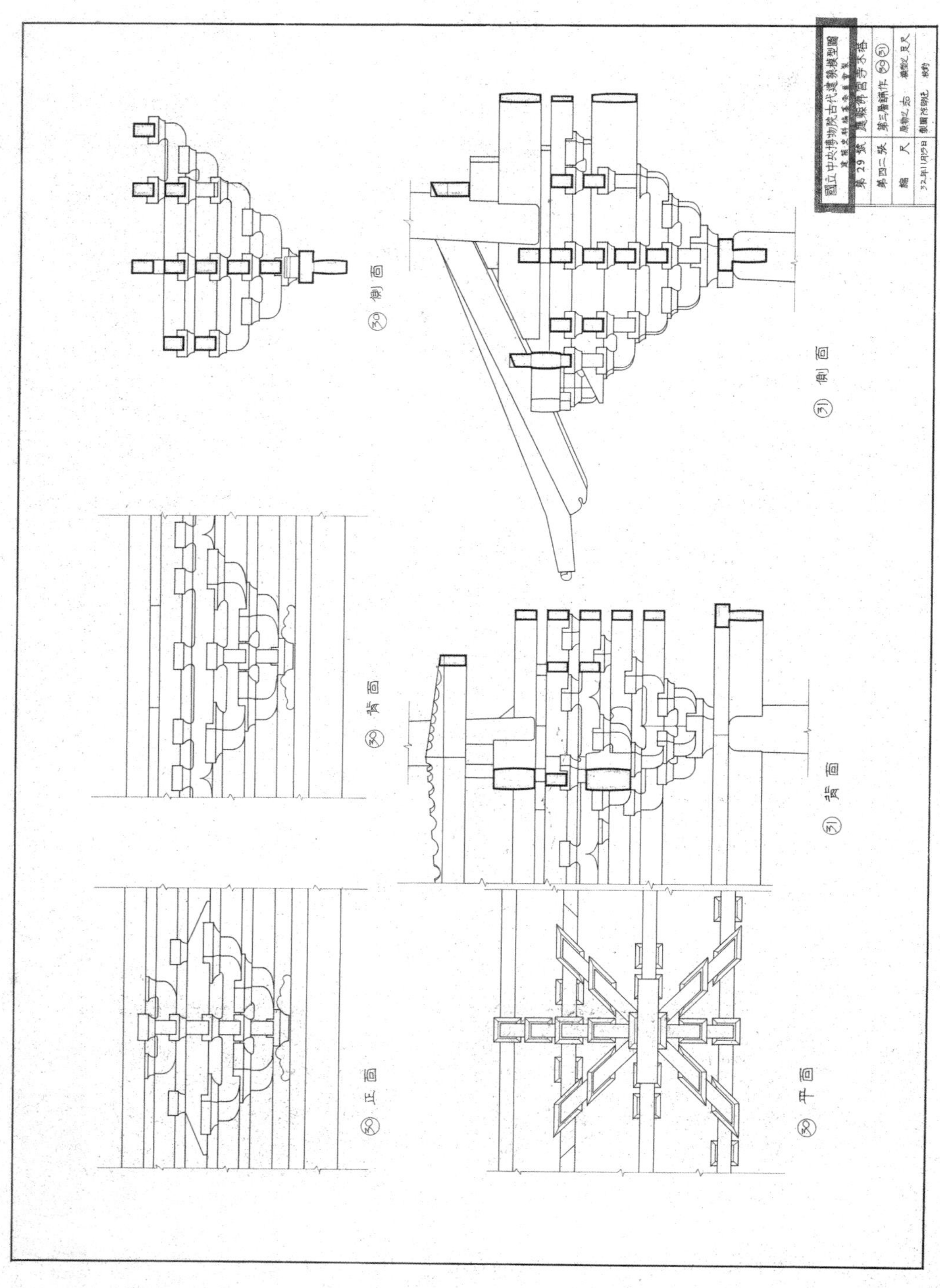


第29号-42 应县佛宫寺木塔第二层铺作30及31（1943年11月15日）

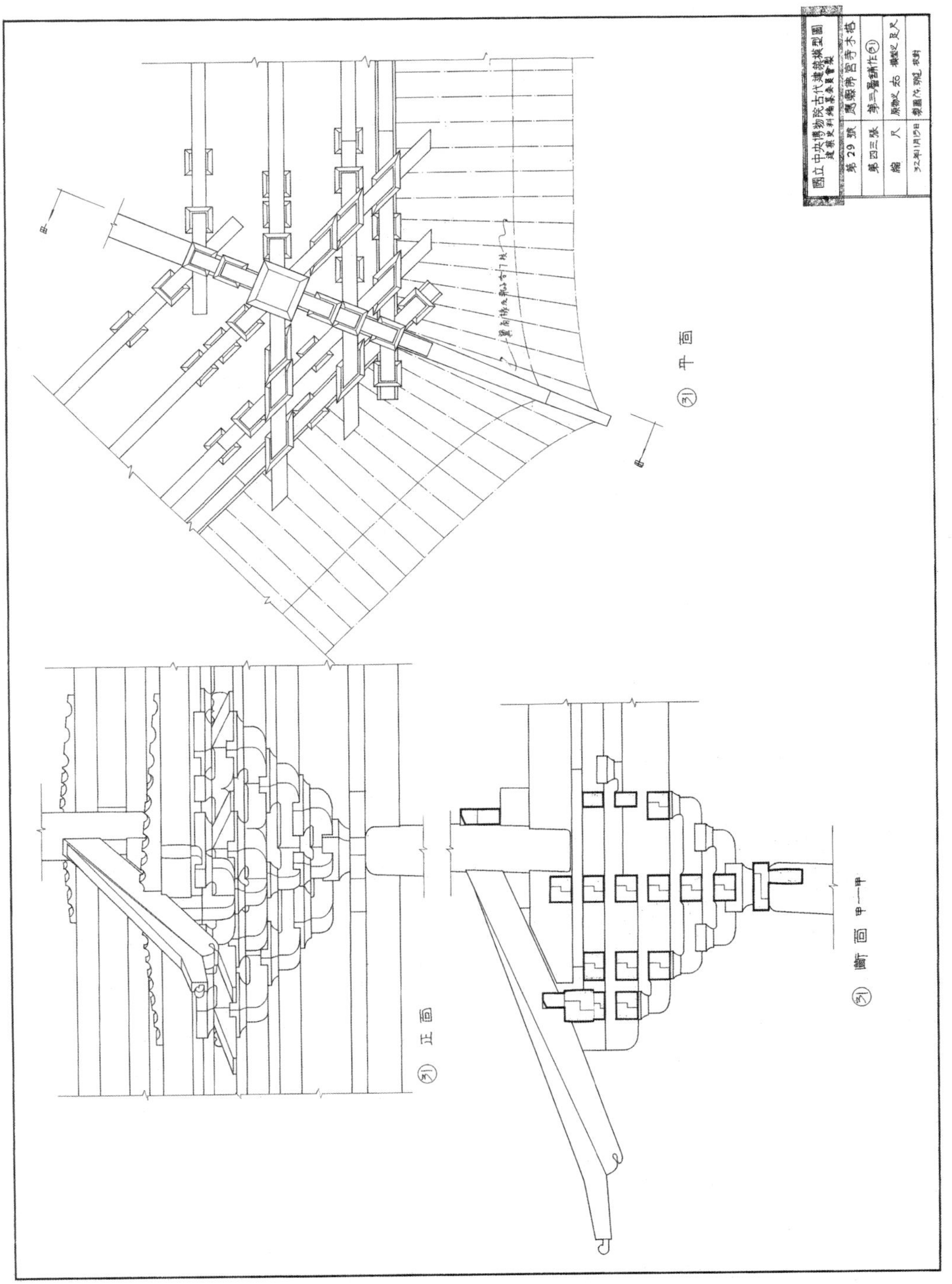


第29号-43 应县佛宫寺木塔第三层铺作31（1943年11月15日）

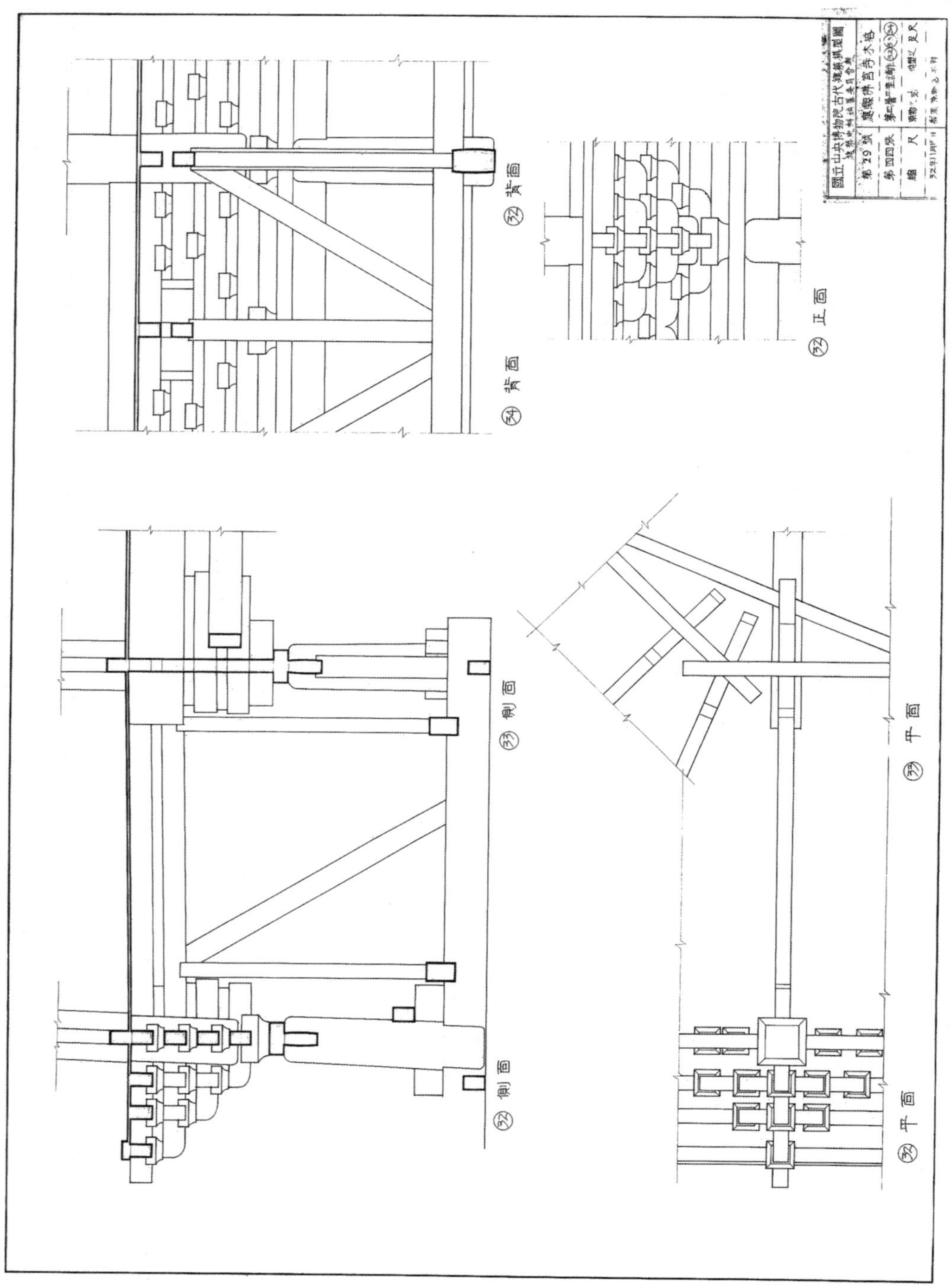

第29号－44　应县佛宫寺木塔第四层平坐铺作32、33、34（1943年11月15日）

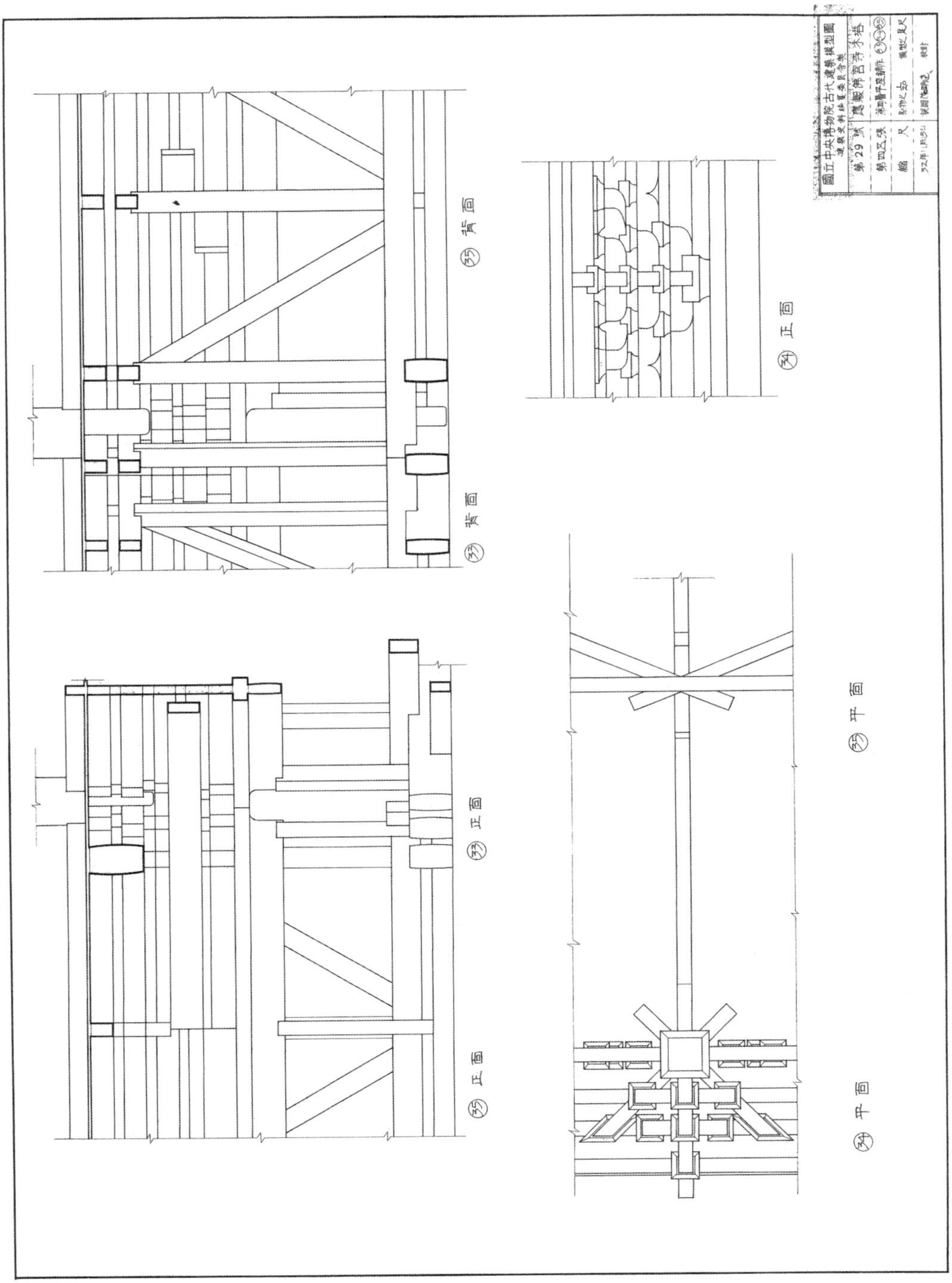


第29号–45　应县佛宫寺木塔第四层平坐铺作33、34、35（1943年11月15日）

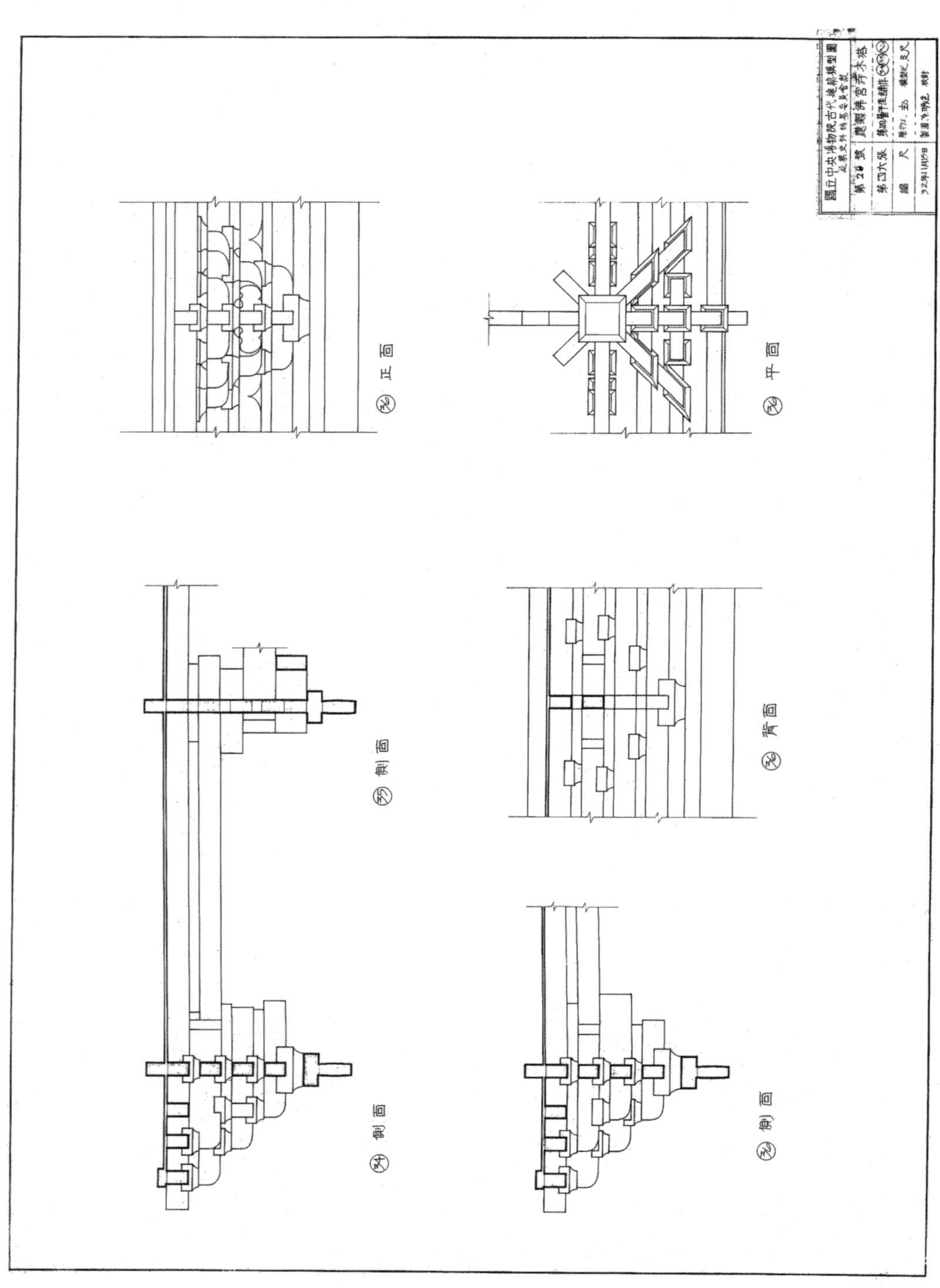


第29号-46　应县佛宫寺木塔第四层平坐铺作34、35、36（1943年11月15日）

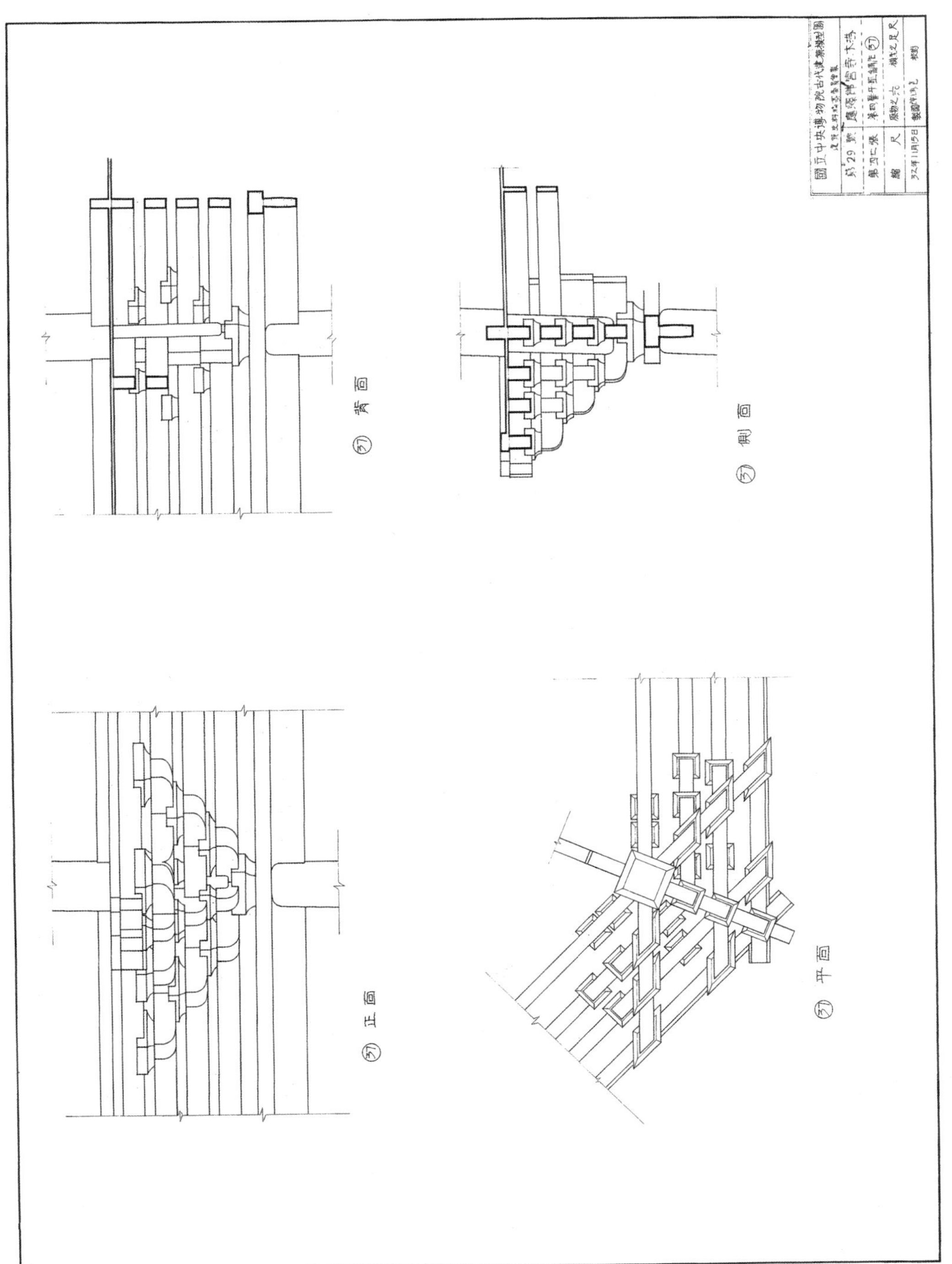


第29号-47　应县佛宫寺木塔第四层平坐铺作37（1943年11月15日）

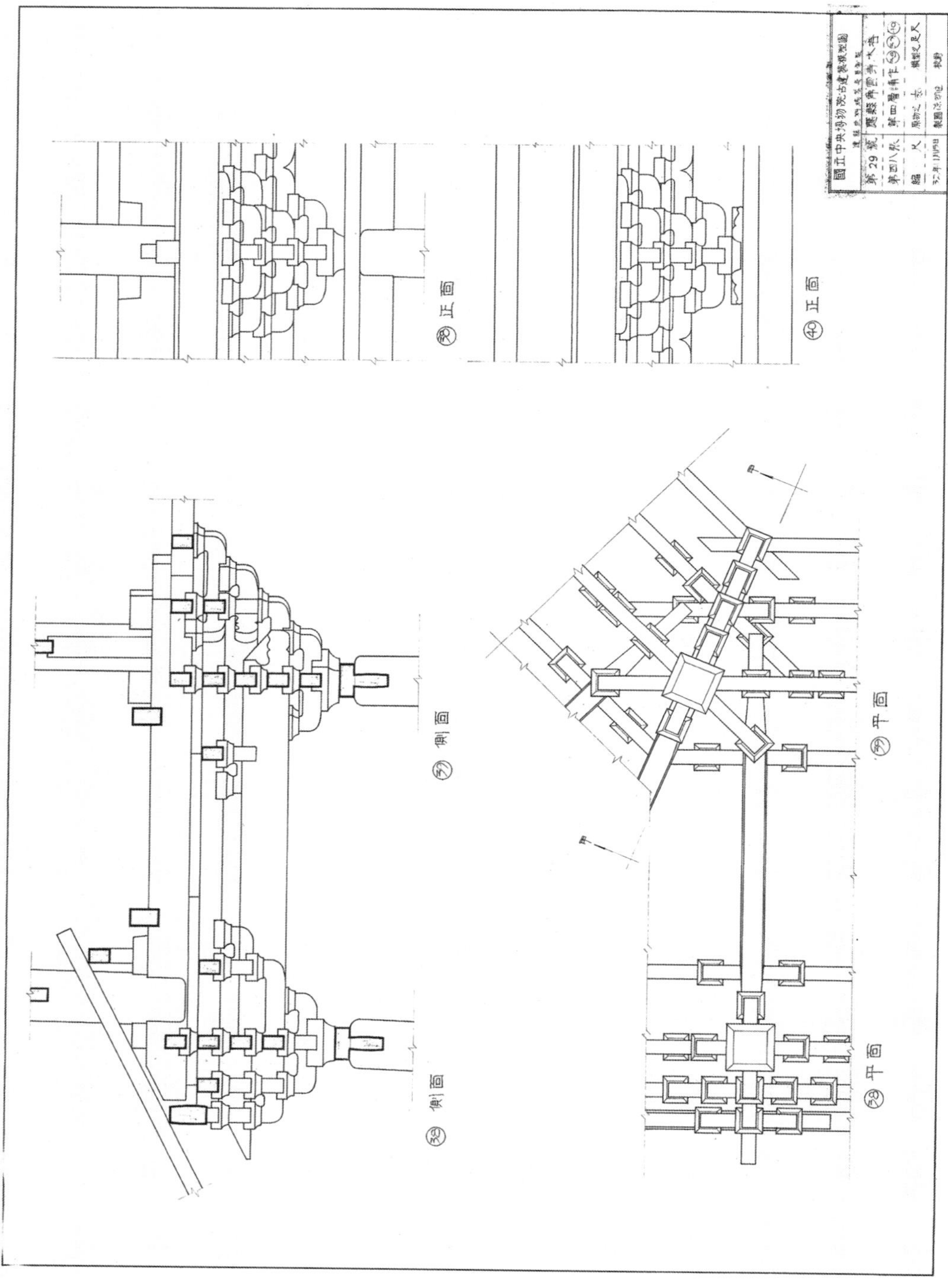

第29号-48 应县佛宫寺木塔第四层铺作38、39、40（1943年11月15日）

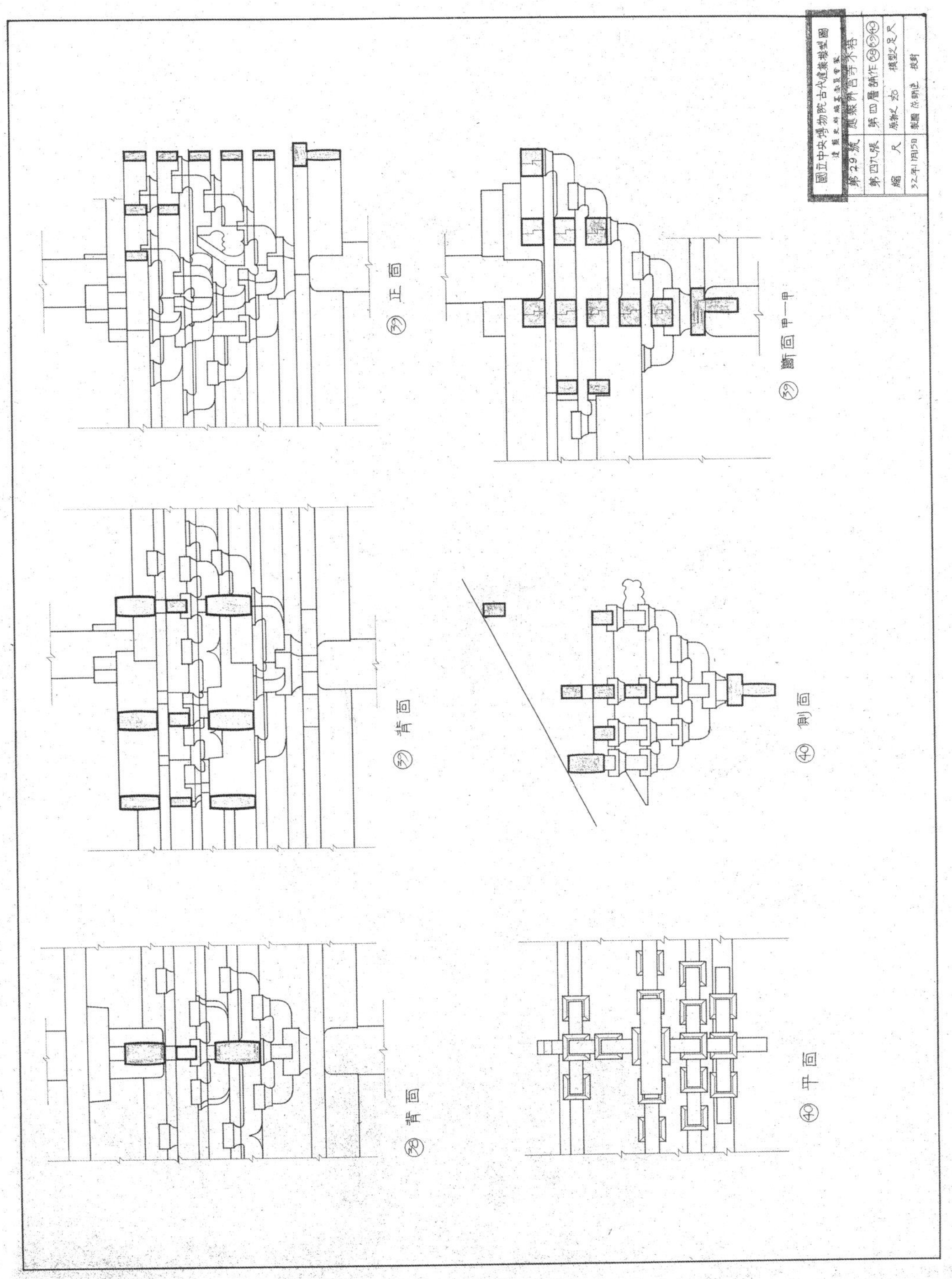


第29号-49 应县佛宫寺木塔第四层铺作38、39、40（1943年11月15日）

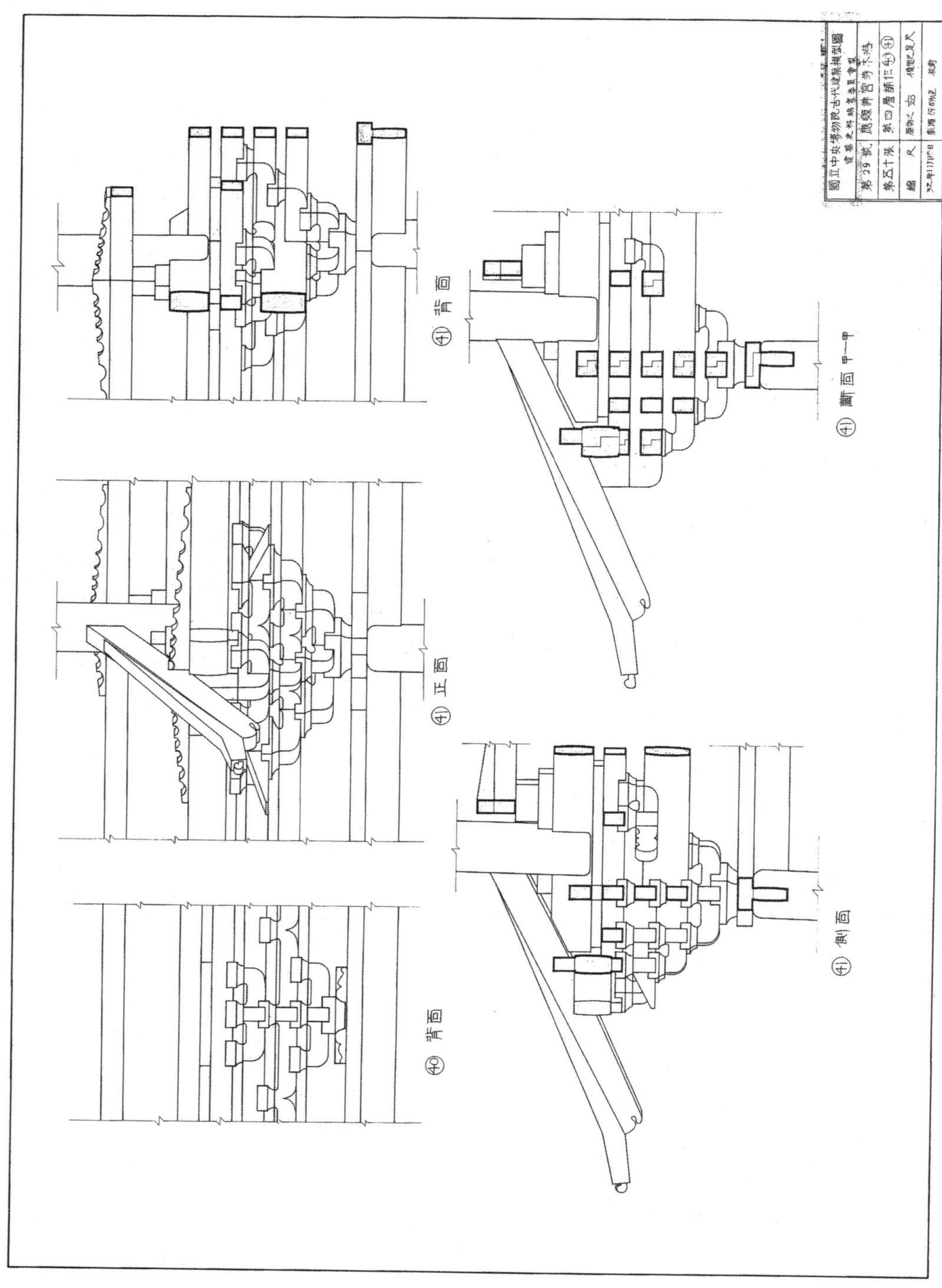


第29号-50 应县佛宫寺木塔第四层铺作40及41（1943年11月15日）

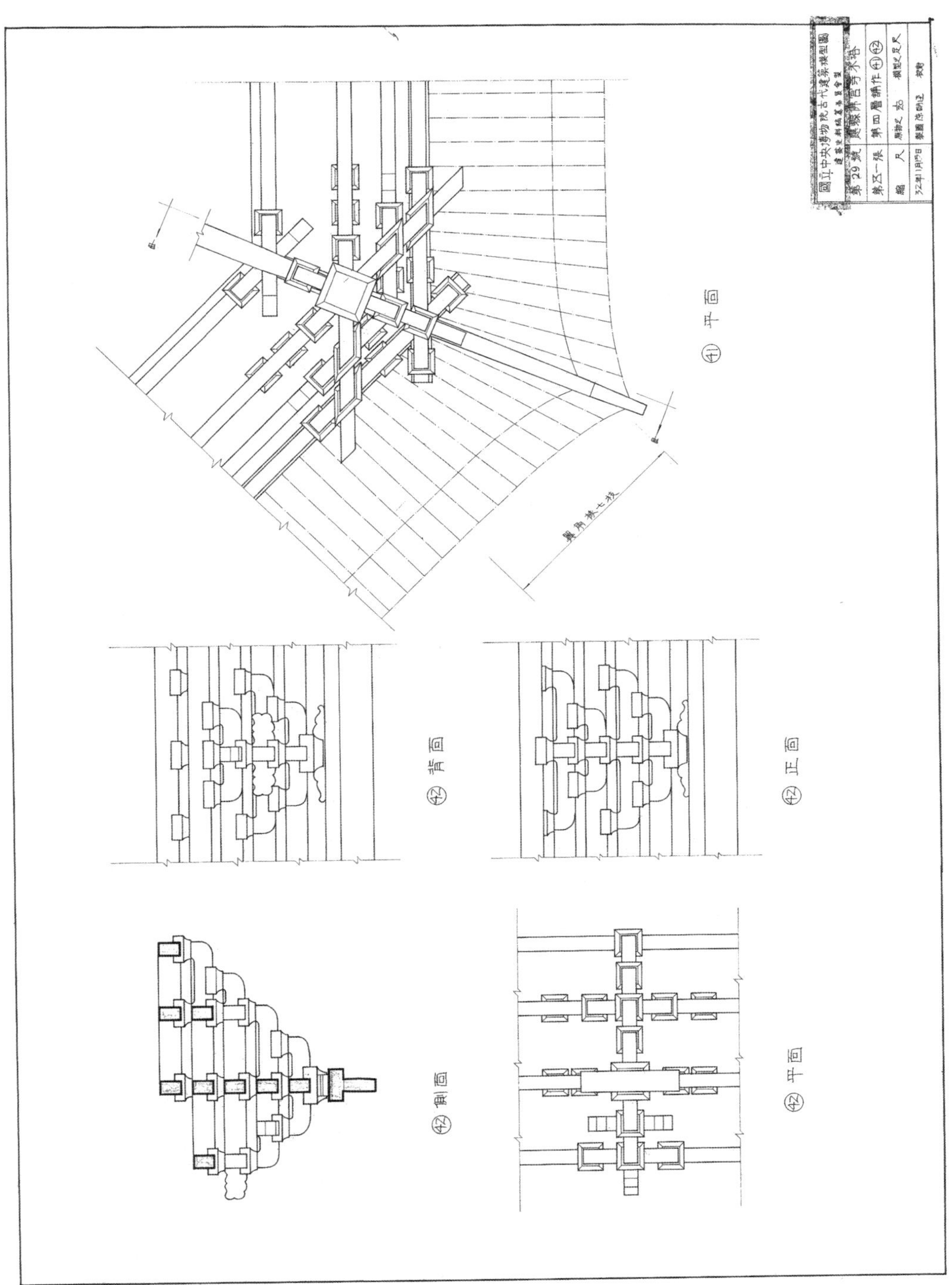


第29号-51　应县佛宫寺木塔第四层铺作41及42（1943年11月15日）

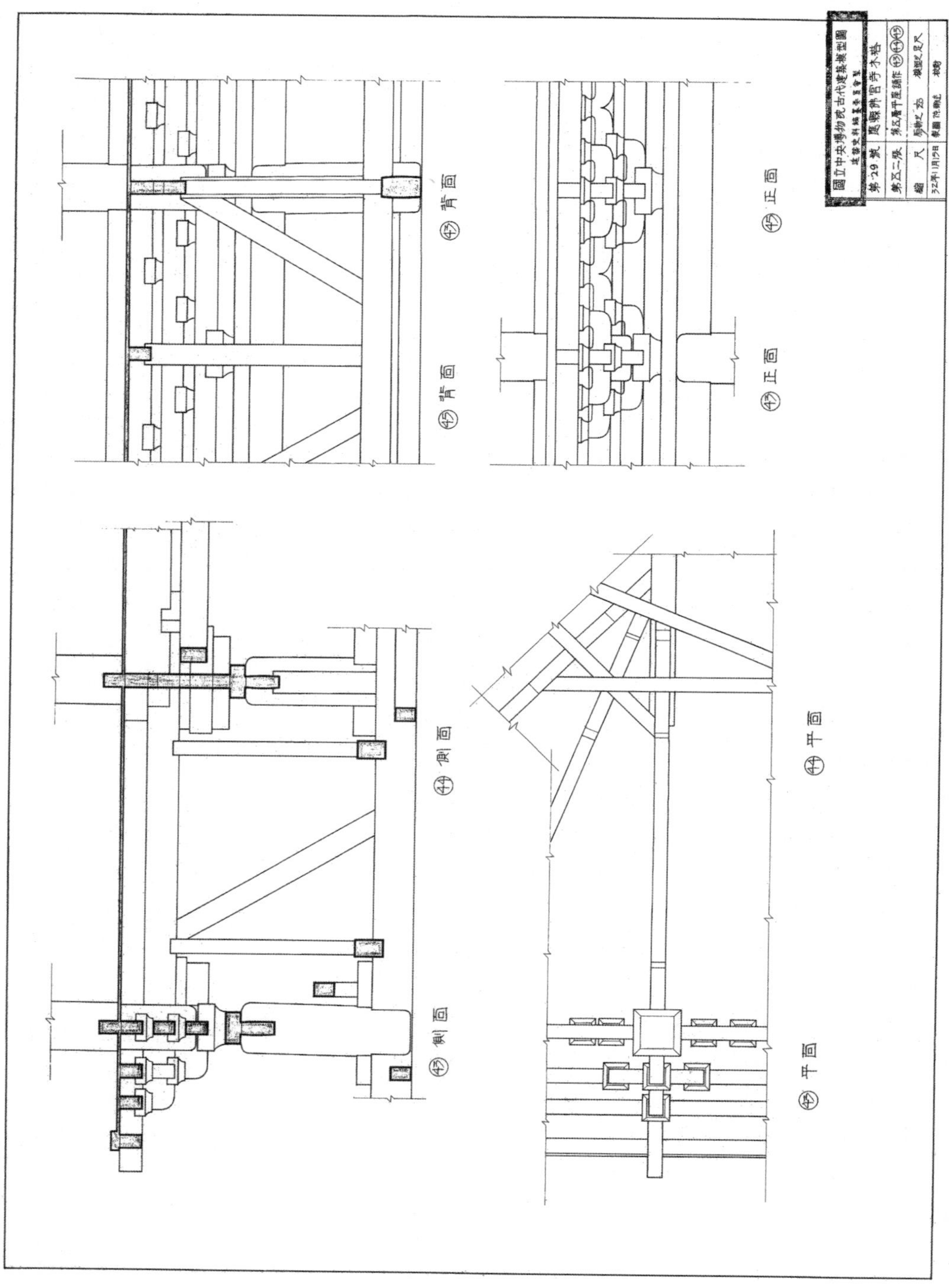


第29号 -52 应县佛宫寺木塔第五层平坐铺作43、44、45（1943年11月15日）

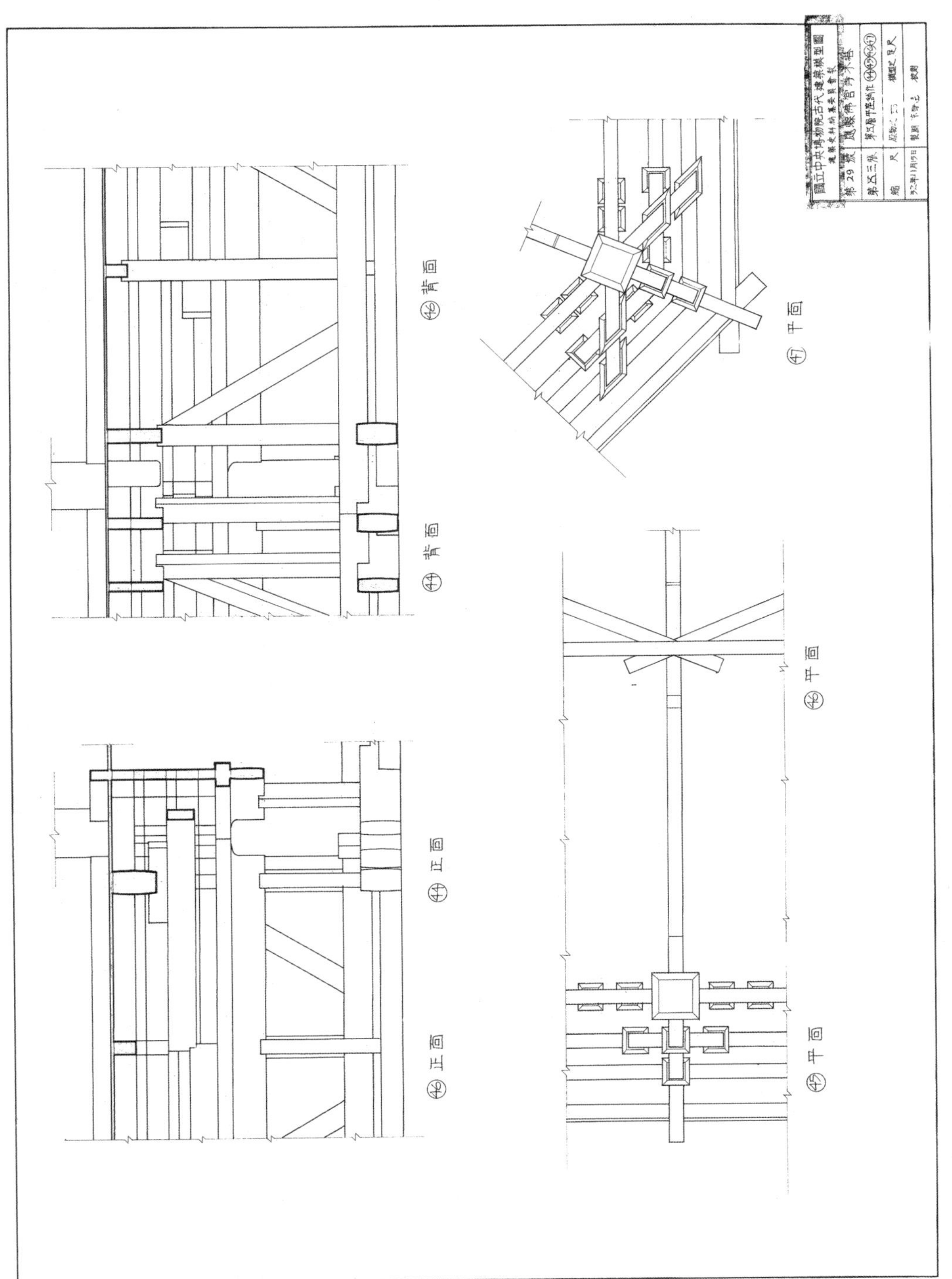


第29号-53 应县佛宫寺木塔第五层平坐铺作44、45、46、47（1943年11月15日）

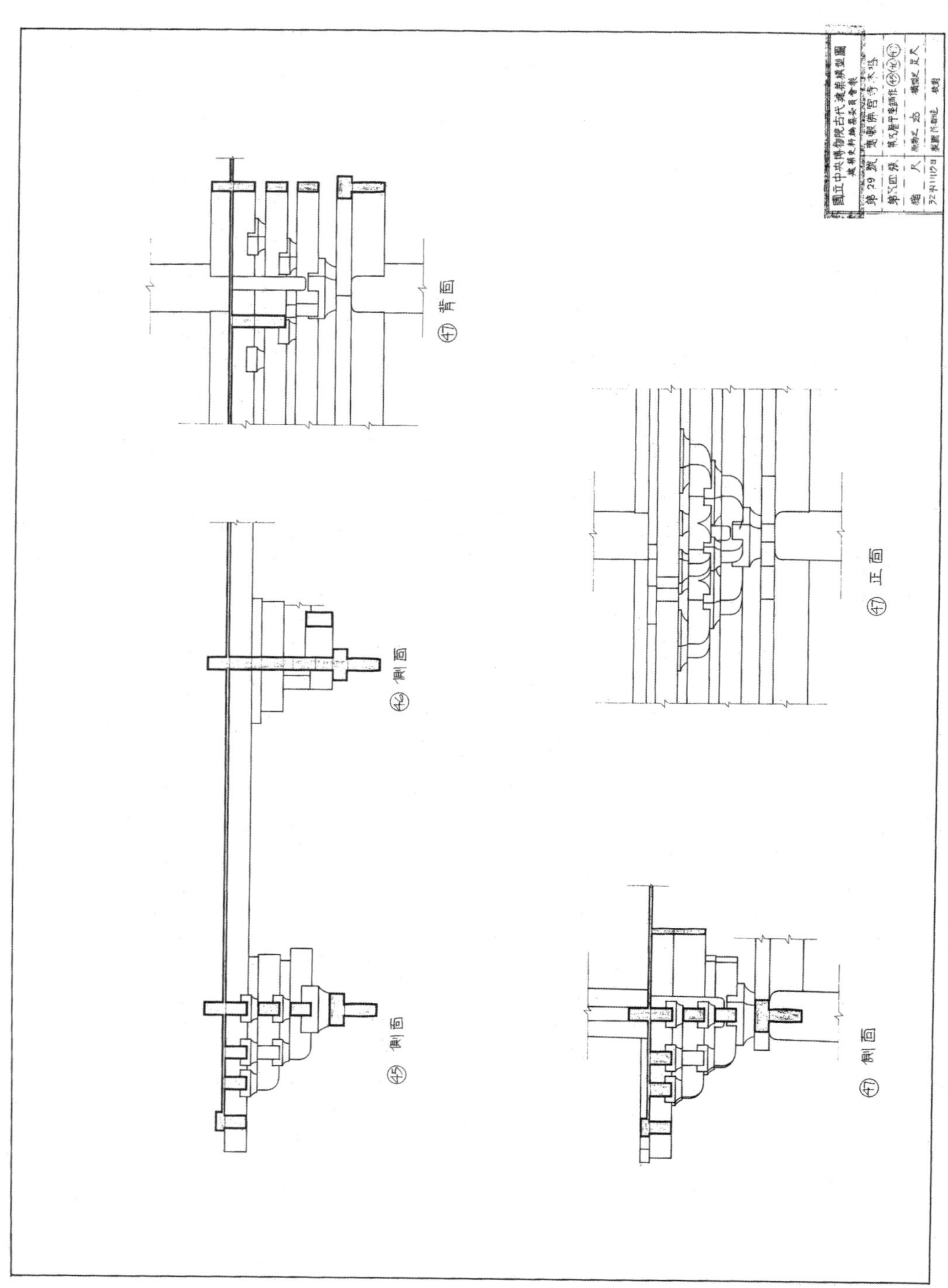


第29号－54　应县佛宫寺木塔第五层平坐铺作45、46、47（1943年11月15日）

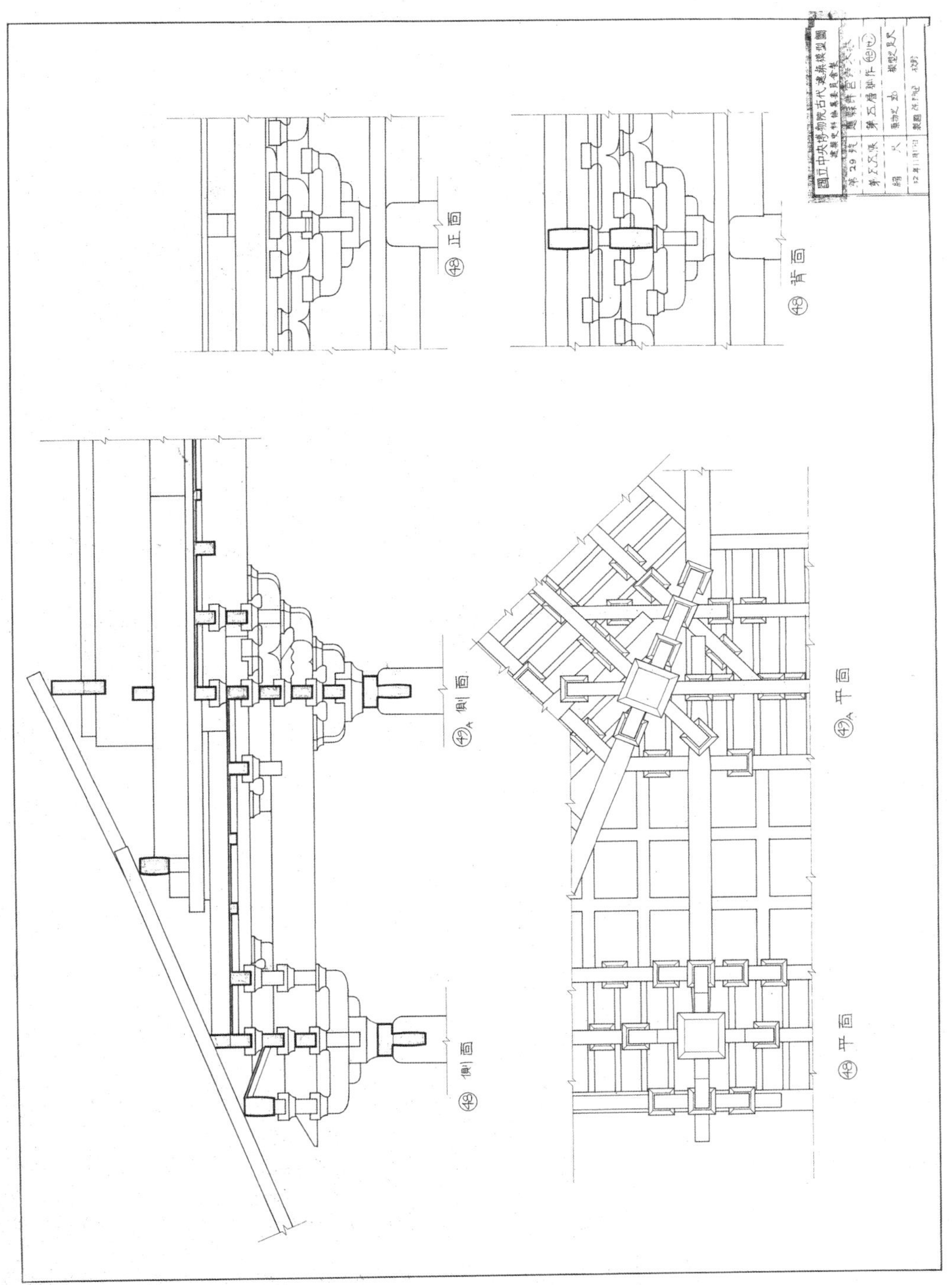


第29号-55 应县佛宫寺木塔第五层铺作48及49（1943年11月15日）

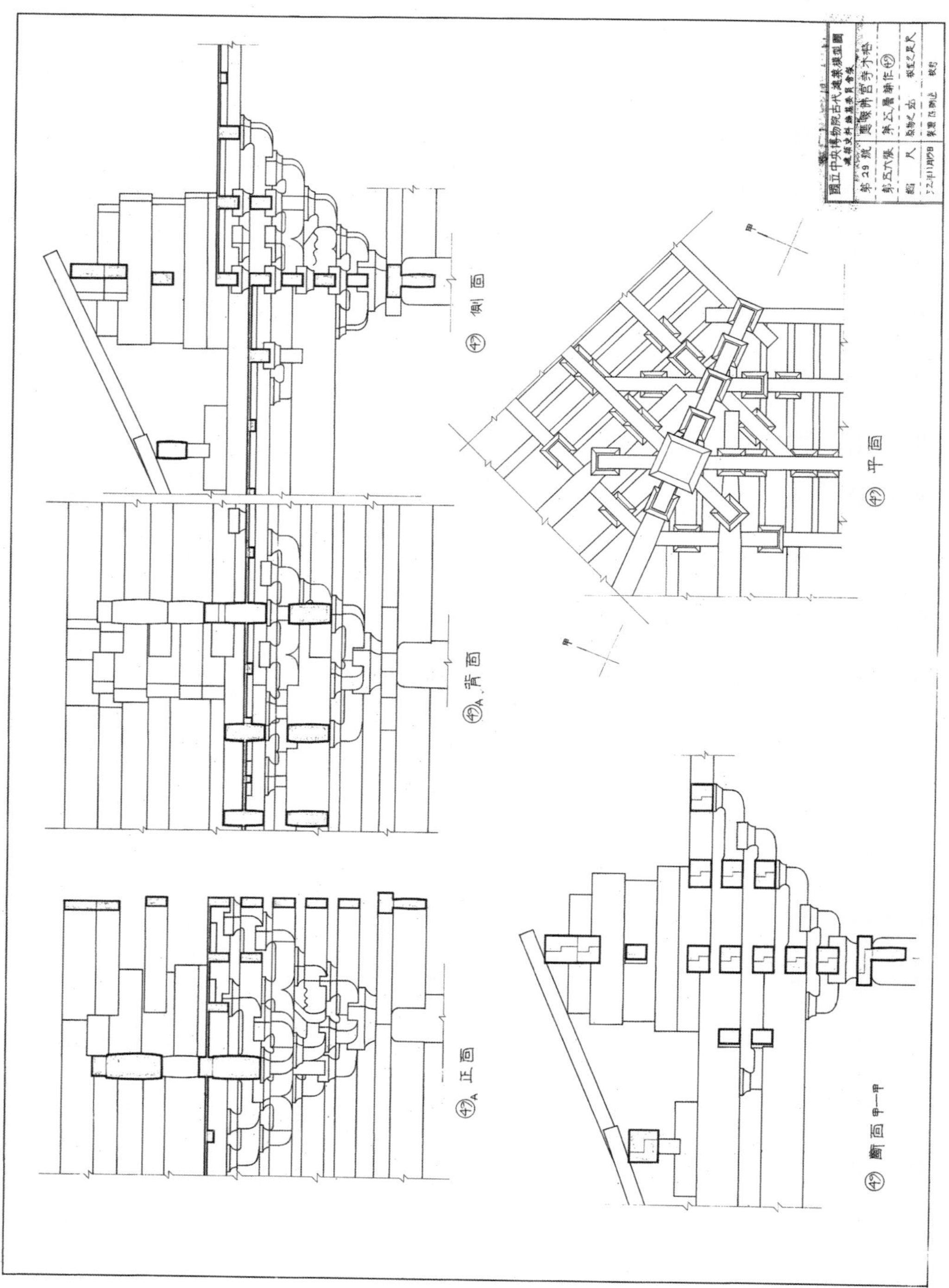


第29号-56　应县佛宫寺木塔第五层铺作49（1943年11月15日）

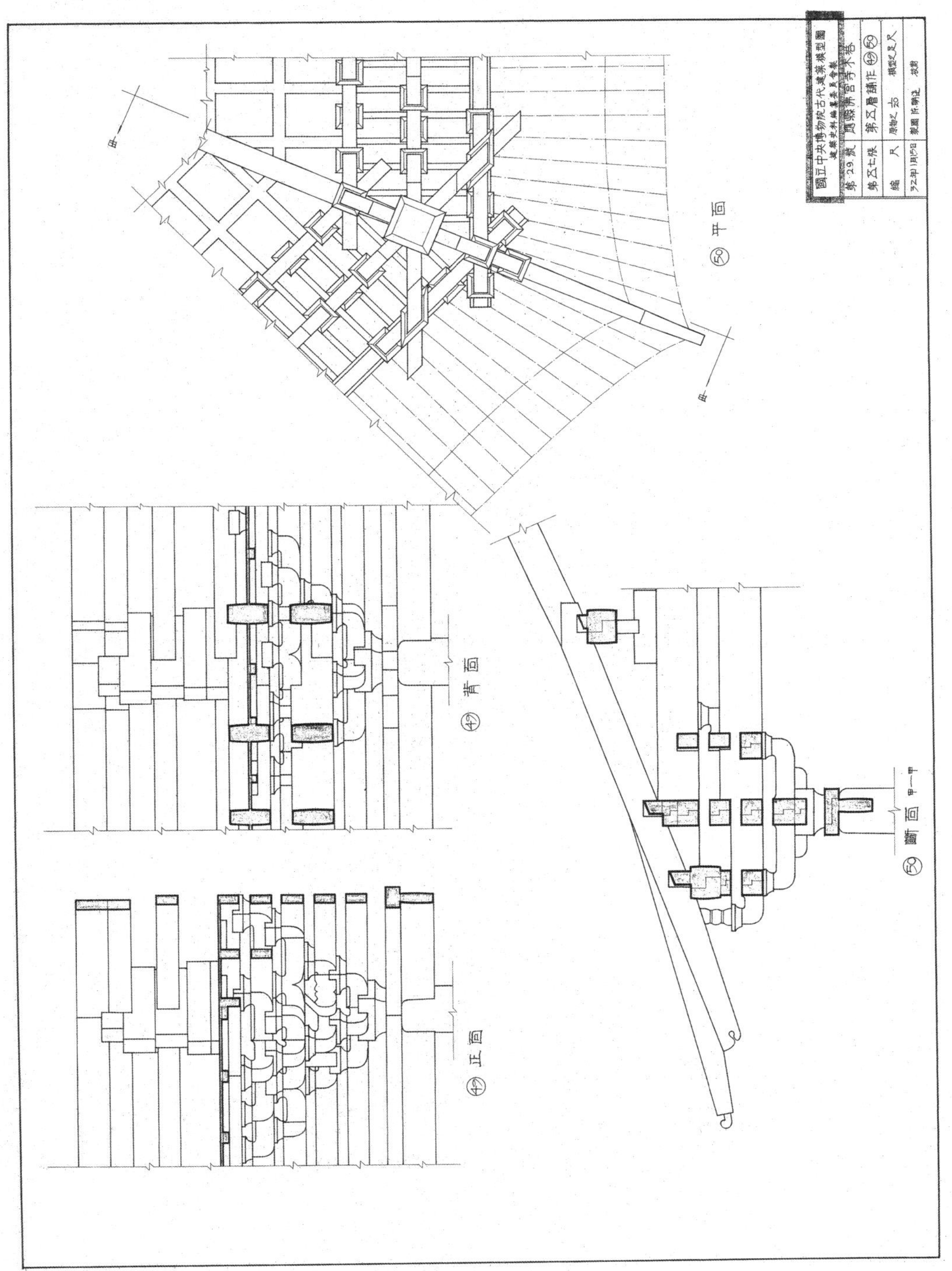


第29号-57　应县佛宫寺木塔第五层铺作49及50（1943年11月15日）

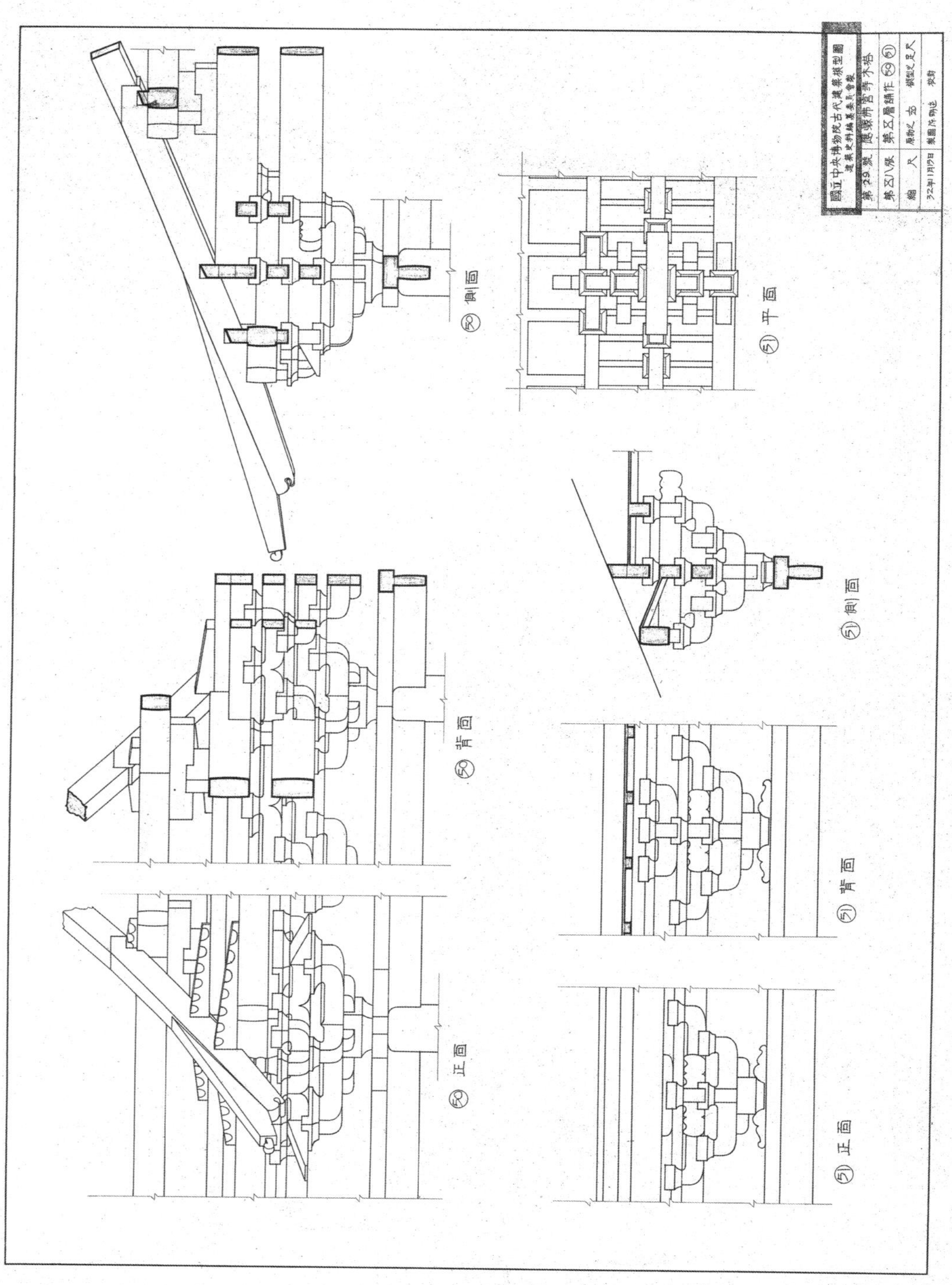


第29号-58　应县佛宫寺木塔第五层铺作50及51（1943年11月15日）

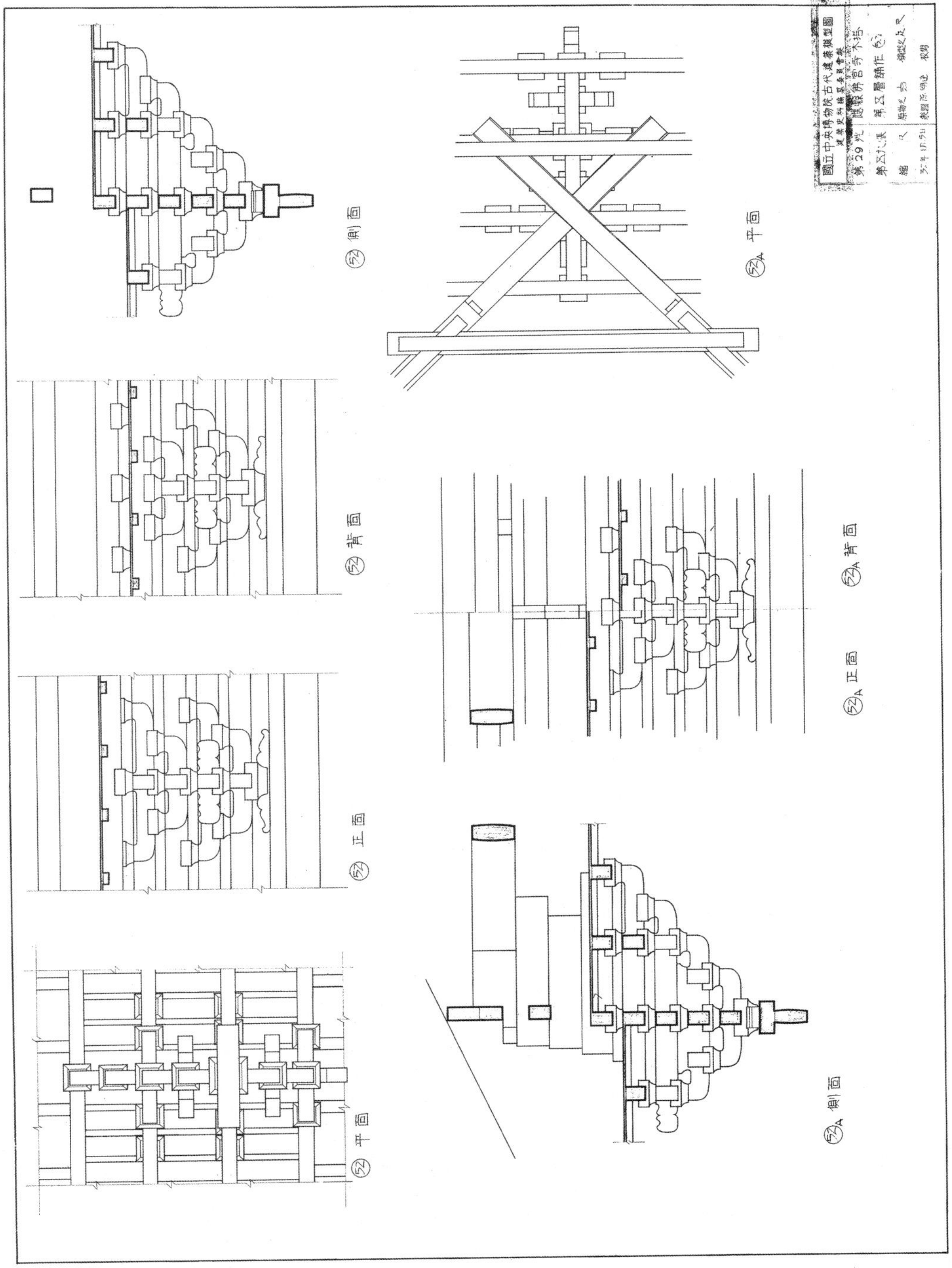


第29号-59 应县佛宫寺木塔第五层铺作52（1943年11月15日）

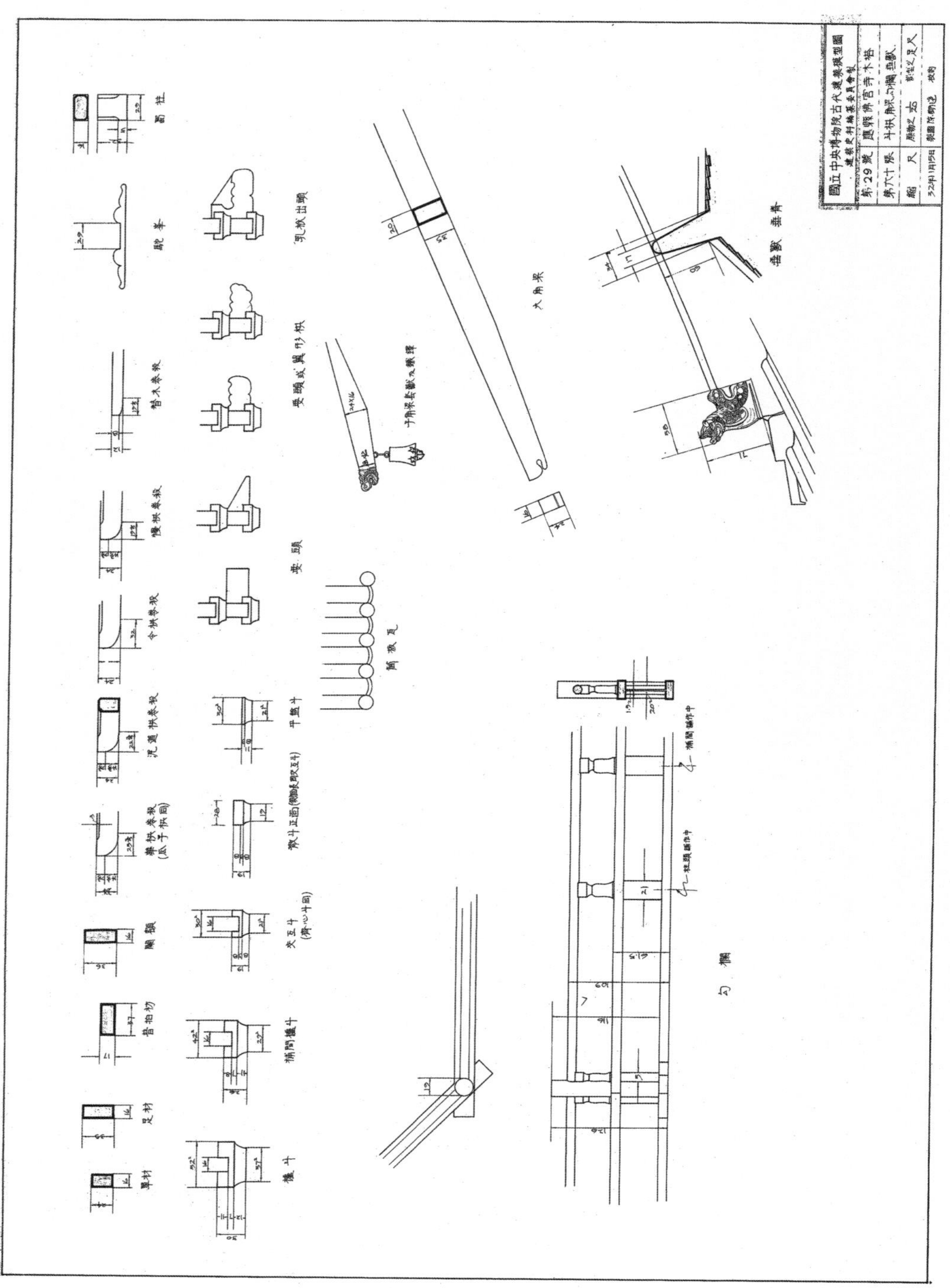

第29号-60　应县佛宫寺木塔斗拱、角梁、钩阑、垂兽（1943年11月15日）

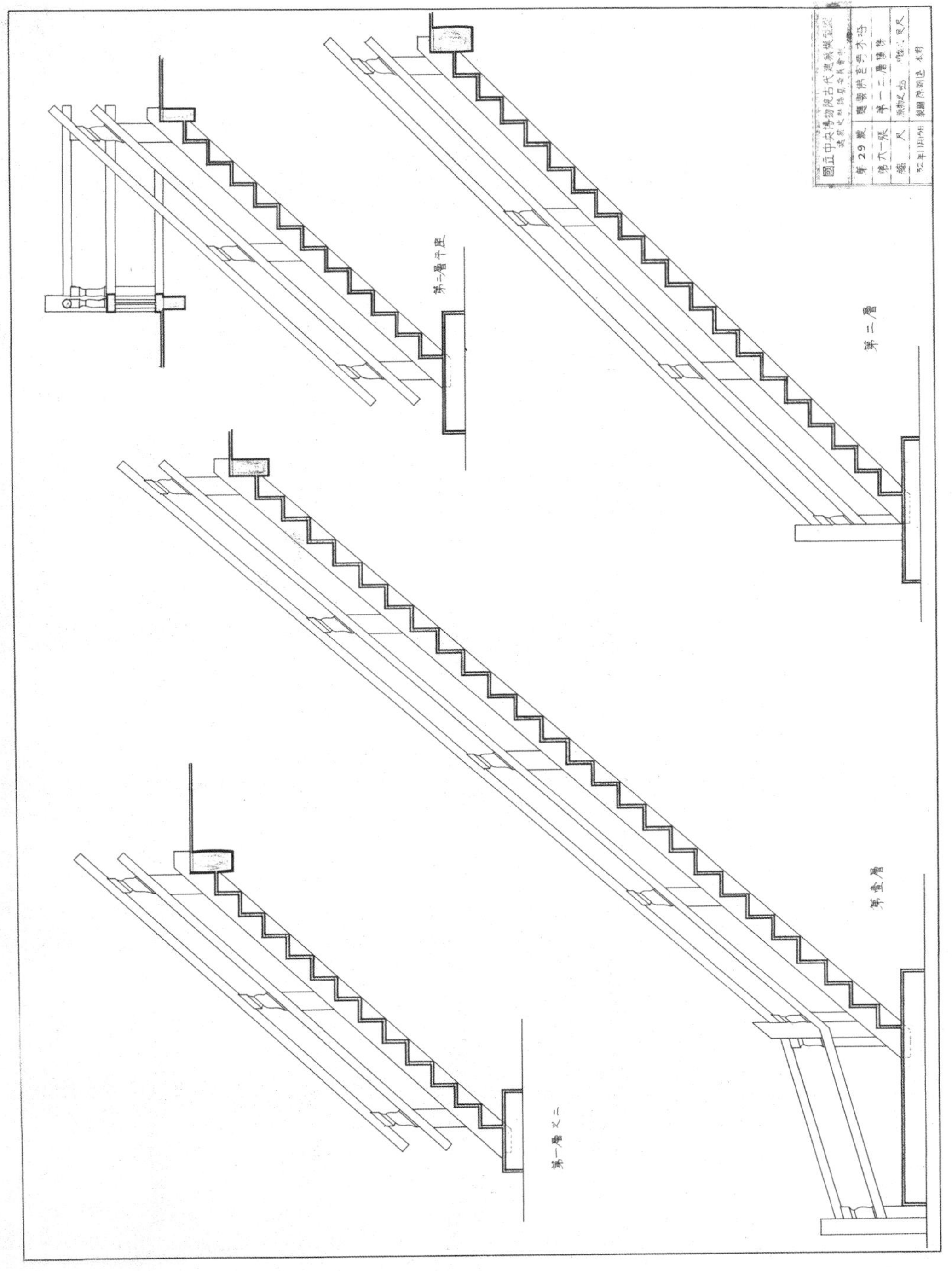

第29号-61　应县佛宫寺木塔第一、二层楼梯（1943年11月15日）

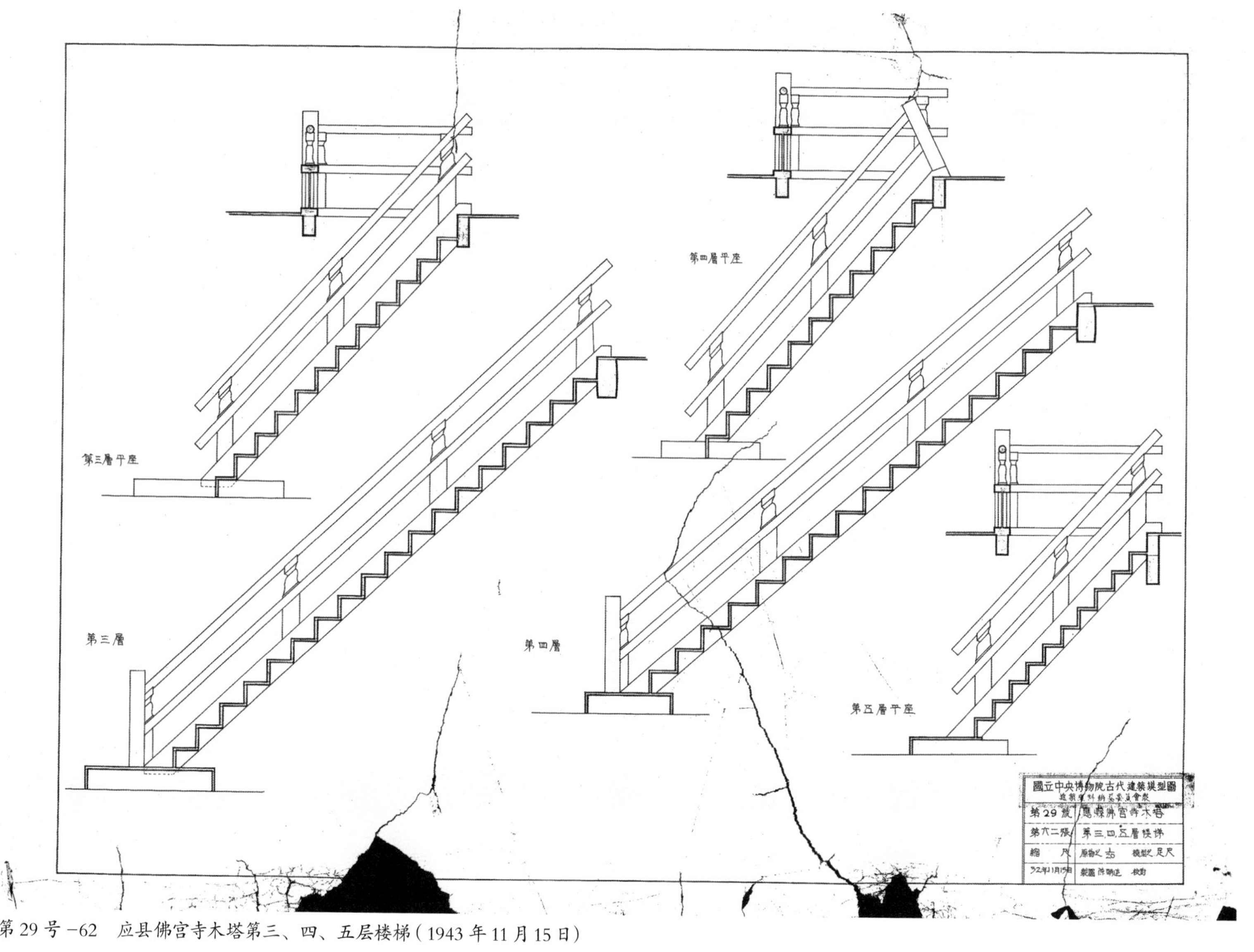


第29号-62 应县佛宫寺木塔第三、四、五层楼梯（1943年11月15日）

# 整理说明

据《刘敦桢全集》、林洙《中国营造学社史略》等记载，中国营造学社于1941年编入中央博物院筹备处，在其编制内设“建筑史料编纂委员会”，梁思成、刘敦桢任此委员会正、副主任，陈明达、莫宗江任“史料编纂专门委员”（大致相当于曾昭燏、夏鼐等就任的中央博物院“设计专门委员”职务）。这一时期，学社的一项重要工作是绘制古建筑模型图，其目的有二：借以总结以往的古建筑调查测绘成果；为重要的建筑实例建立技术档案，万一这些建筑瑰宝遭战火损毁，能有复原重建的依据。据陈明达先生生前回忆，工作之初，系由刘敦桢、梁思成、刘致平、陈明达、莫宗江等共同商议，拟定需要绘制模型图的项目名单，具体绘制工作则主要由莫宗江、陈明达二人承担。其间因莫宗江需协助梁思成撰写《中国建筑史》、刘致平另有专攻（研究清真寺建筑、民居建筑等，并在同济大学兼课），此工作有中断之虞。刘敦桢认为写建筑通史为时尚早，不主张放弃其他工作，而力主继续绘制模型图，故此工作得以持续（后又有卢绳、叶仲玑、王世襄等也曾参与其事）。本卷收录的有明确的陈明达签字的这8种、77张图，即是这项工作的成绩之一。

据目前笔者所掌握的情况看，除这8种、77张图外，南京博物院现存一套共24种、总张数224张的模型图晒蓝副本（上述陈明达所绘也包括在内，原绘图纸稿尚下落不明），而天津大学建筑学院、中国文化遗产研究院图书馆和笔者也留有部分副本。

笔者曾于2019年在南京博物院查阅了全部存本，发现：大概受个人工作习惯左右，这批图纸中只有一部分有绘图者的明确的签字，而且都是陈明达先生所签，大部分则在图签制图者一栏付之阙如。

按这批图原有编号为“第×号”“第×张”，可知“第×号”为项目序号，“第×张”为具体项目的张数，如“赵州大石桥第16号第2张立面”，即赵州大石桥模型图为模型图的第16个项目，其第2张图为立面图。原图均标注“国立中央博物院古代建筑模型图——建筑史料编纂委员会制”。有明确时间记录者，除无署名之“清式九檩单檐庑殿周围廊大木等”（注明“民国三十二年12月1日绘制”）10种外，另8种均为陈明达所绘，计有：四川汉阙3种（冯焕阙、沈府君阙和高颐阙），“民国三十二年十月三十一日（1943 年 10 月 31 日）制图”；四川汉代崖墓 4 种（彭山 176 号崖墓、彭山 460 号崖墓、彭山 530 号崖墓和乐山白崖崖墓），“民国三十二年十月三十一日（1943 年 10 月 31 日）制图”；应县木塔，“民国三十二年十一月十五日（1943 年 11 月 15 日）制图”。陈明达所绘这 8 种凡 77 张图的签字日期仅署 1943 年 10 月 31 日、11 月 15 日两个日期，按常理判断，这似乎不是绘图的时间，而是完成或签收的日期。又从陈明达经历看，他大致于 1942 年 11 月完成彭山崖墓发掘工作，则这 77 张图的绘制时间，极有可能在 1942 年 12 月至 1943 年 11 月之间（同期还完成了《彭山崖墓》《四川汉代崖墓》这两部书稿的写作）。从时间上看，绘制应县木塔模型图，极有可能是陈明达离开学社前的最后一项工作。

粗览其余无签名及日期之图，从项目内容和字体风格上大致判断：佛光寺文殊殿、佛光寺东大殿、雨华宫、旧州坝白塔、赵州安济桥等 5 种凡 42 张图，可基本确认为莫宗江先生绘制；孝堂山石室、定兴北齐石柱、登封告成镇周公测景台等 3 种凡 3 张图，有抗战前刘敦桢署名旧图，此次绘模型图，或为陈明达、莫宗江据旧图摹绘，基本上反映了刘敦桢先生的绘图风格；“云南一颗印民居”图 1 种凡 3 张，似可确认为刘致平手笔；云南安宁曹溪寺、昆明真庆观、四川七曲山文昌宫等 3 种凡 24 张图，似应在陈明达、莫宗江二人之间；其余“清式做法图样”“宋营造法式图样”“宜宾旧州坝宋墓”“西安灞河桥”“灌县安澜桥”等 12 种凡 87 张图，似乎分别出自梁思成、卢绳、王世襄等手笔。

现将目前已知“国立中央博物院古代建筑模型图目录”附后，供有兴趣者查阅、研究（制图者栏中除陈明达签字的 8 种凡 77 张外，其余绘制者均属笔者按笔迹和其他文献记载推测，故以“？”号标示）。

整理者

## 国立中央博物院古代建筑模型图目录

（中央博物院建筑史料编纂委员会制）

| 原总编号 | 张数 | 名称 | 缩尺 | 日期 | 制图者 |
|---|---|---|---|---|---|
| 1 | 12 | 清式斗口单昂、单翘品字斗栱图样等 | 12.5 厘米 =1 雍正营造尺 | | 梁思成、卢绳? |
| 2 | 12 | 清式七檩歇山转角周围廊大木等 | 12.5 厘米 = 清匠尺 1 尺 | | 卢绳? |
| 3 | 13 | 清式九檩单檐庑殿周围廊大木等 | 12.5 厘米 = 清匠尺 1 尺 | 民国三十二年 12 月 1 日 | 卢绳? |
| 4 | 7 | 七檩悬山大木小式等 | 12.5 厘米 = 清匠尺 1 尺 | | 梁思成、卢绳? |
| 5 | 6 | 七檩硬山大木小式等 | 12.5 厘米 = 清匠尺 1 尺 | | 卢绳? |
| 6 | 2 | 清式陆柱圆亭大木等 | 12.5 厘米 = 清匠尺 1 尺 | | 卢绳? |
| 7 | 3 | 清式三檩垂花门大木等 | 12.5 厘米 = 清匠尺 1 尺 | | 卢绳? |
| 8 | 2 | 宋代测量仪器 | | | 陈明达? |
| 9 | 9 | 宋式四铺作等 | 12.5 厘米 = 宋匠尺 1 尺 | | 卢绳? |
| 10 | 12 | 山西五台佛光寺文殊殿 | 1：4（所注尺寸以厘米为单位） | | 莫宗江? |
| 11 | 8 | 云南安宁县曹溪寺 | 1：2（所注尺寸以厘米为单位） | | 陈明达或莫宗江? |
| 12 | 8 | 昆明真庆观大殿 | 1：2（所注尺寸以厘米为单位）<br>（1：40，实物） | | 陈明达或莫宗江? |
| 13 | 8 | 梓潼县七曲山文昌宫天尊殿 | 1：2（所注尺寸以厘米为单位） | | 陈明达或莫宗江? |
| 14 | 1 | 肥城孝堂山郭巨祠石室 | | | 据刘敦桢原图摹绘? |
| 15 | 1 | 河北定兴北齐石柱 | 1：2（所注尺寸以厘米为单位） | | 据刘敦桢原图摹绘? |

续表

| 原总编号 | 张数 | 名称 | 缩尺 | 日期 | 制图者 |
|---|---|---|---|---|---|
| 16 | 2 | 赵县大石桥 | 1：2（所注尺寸以厘米为单位） | | 莫宗江或陈明达 |
| 17 | 8 | 宜宾旧州坝白塔 | 1：2（所注尺寸以厘米为单位） | | 莫宗江或卢绳 |
| 18 | 3 | 宜宾旧州坝宋墓 | 1：3（所注尺寸以厘米为单位） | | 莫宗江或王世襄 |
| 19 | 1 | 登封告成镇周公测景台 | 1：5（所注尺寸以厘米为单位） | | 陈明达? |
| 20 | 1 | 西安灞河桥 | 1：5（所注尺寸以厘米为单位） | | 陈明达? |
| 21 | 5 | 灌县安澜桥 | 1：2（模型），1：50（实物） | | 陈明达? |
| 22 | 1 | 渠县冯焕阙 | 原物之1：10，模型之足尺 | 民国三十二年10月31日 | 陈明达 |
| 23 | 2 | 渠县沈府君阙 | 原物之1：10，模型之足尺 | 民国三十二年10月31日 | 陈明达 |
| 24 | 4 | 雅安高颐阙 | 原物之1：10，模型之足尺 | 民国三十二年10月31日 | 陈明达 |
| 25 | 2 | 彭山176号崖墓 | 原物之1：20，模型之1：2 | 民国三十二年10月31日 | 陈明达 |
| 26 | 2 | 彭山460号崖墓 | 原物之1：20，模型之1：2 | 民国三十二年10月31日 | 陈明达 |
| 27 | 2 | 彭山530号崖墓 | 原物之1：20，模型之1：2 | 民国三十二年10月31日 | 陈明达 |
| 28 | 2 | 乐山白崖崖墓 | 原物之1：40，模型之1：4 | 民国三十二年10月31日 | 陈明达 |
| 29 | 62 | 应县佛宫寺木塔 | 原物之1：80，模型之1：4 | 民国三十二年11月15日 | 陈明达 |
| 30 | 3 | 云南一颗印民居 | 按图放大一倍 | | 刘致平? |
| 31 | 12 | 佛光寺东大殿 | 1：1，1：2，1：4 | | 莫宗江? |
| 32 | 8 | 雨华宫 | 1：1，1：2（按图放大一倍） | | 莫宗江? |

# 贰　古建筑测稿及分析草图

## 易县开元寺实测记录图稿及测绘图稿

### 易县开元寺实测记录图稿

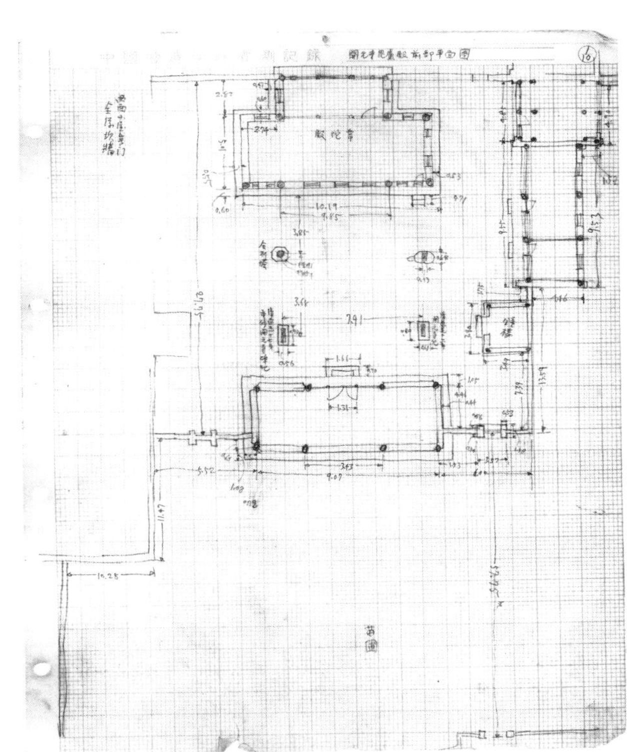

开元寺毗卢殿　前部平面

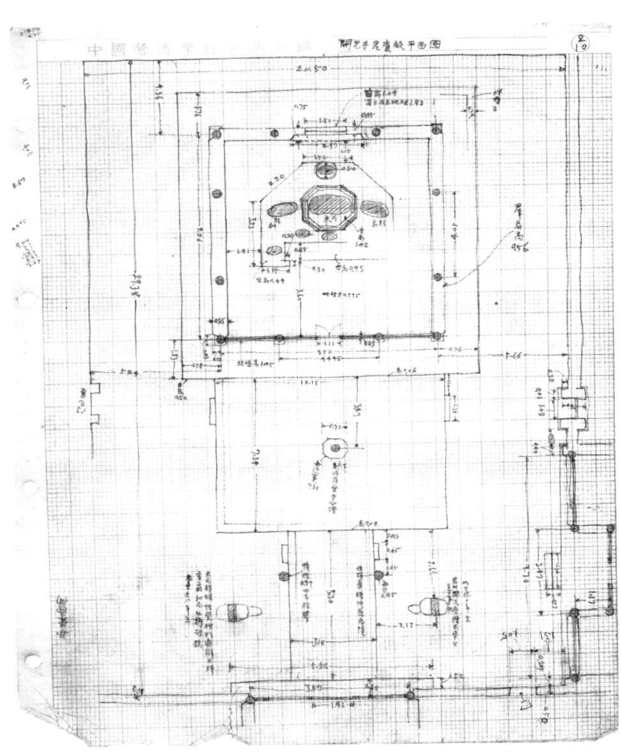

开元寺毗卢殿　平面

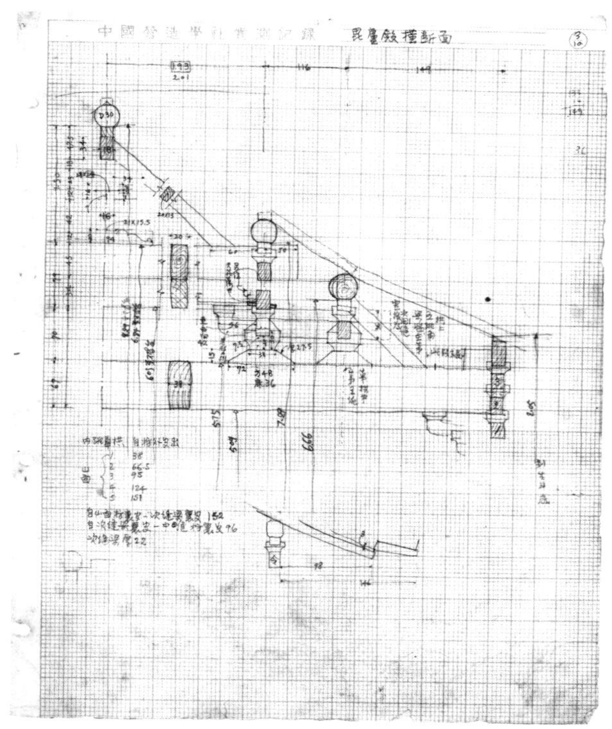

开元寺毗卢殿　横断面　举架

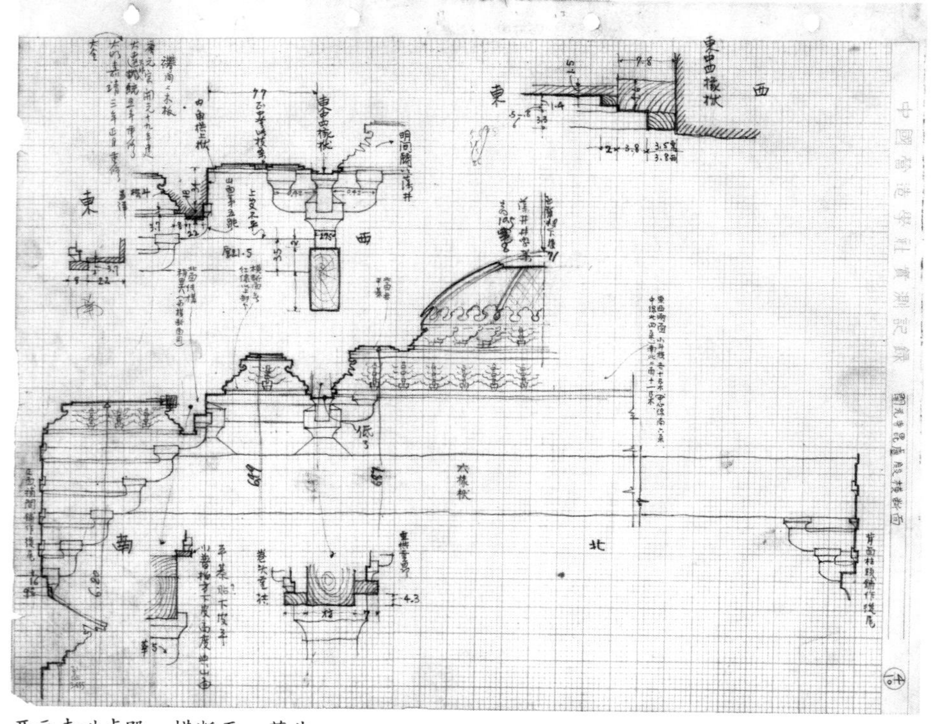

开元寺毗卢殿　横断面　藻井

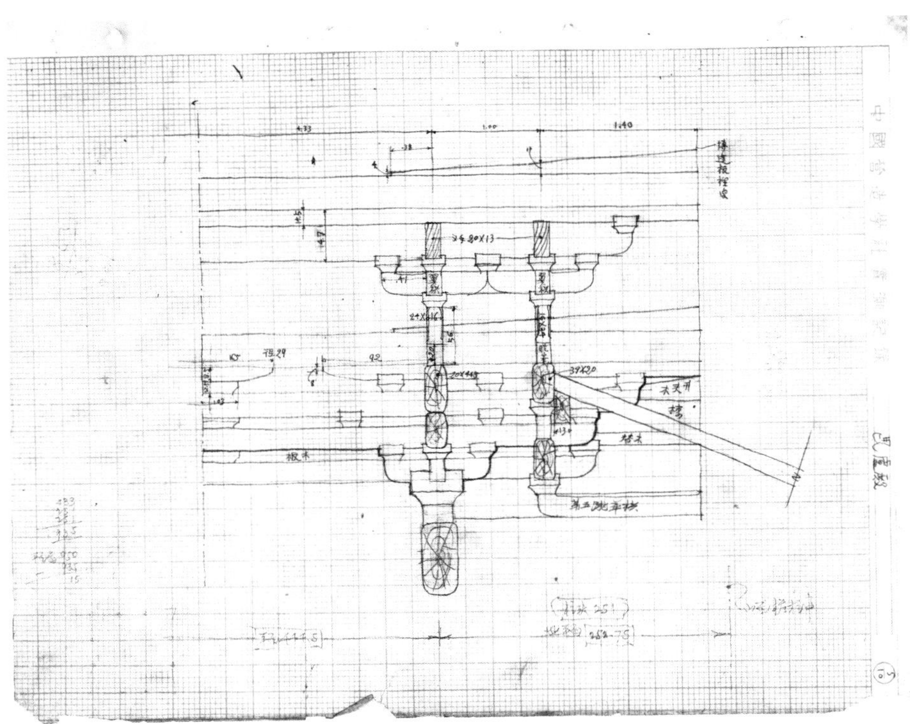

开元寺毗卢殿　铺作 1

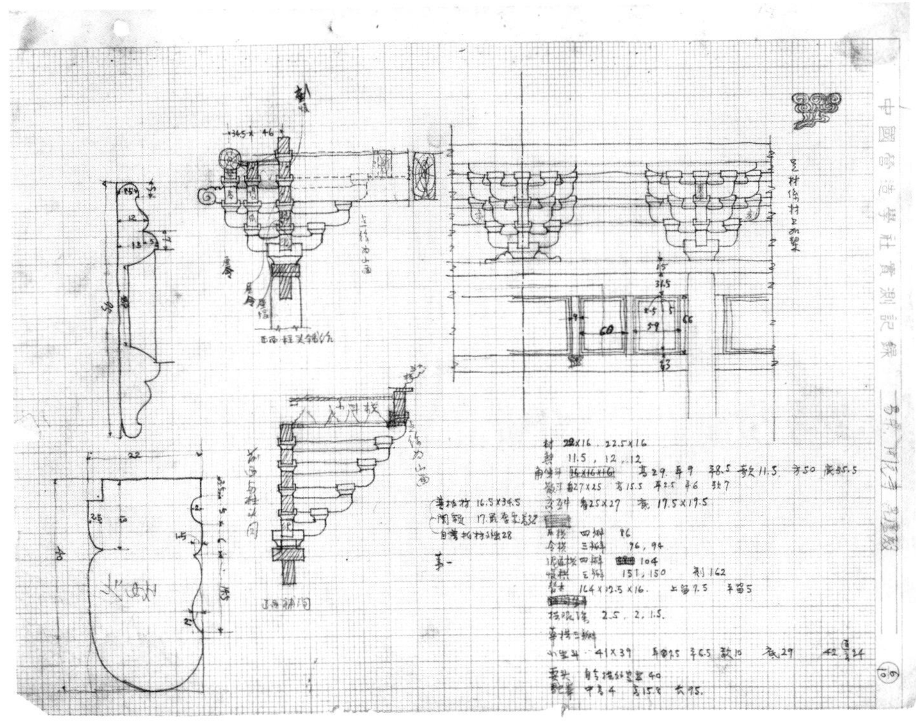

开元寺毗卢殿　铺作 2

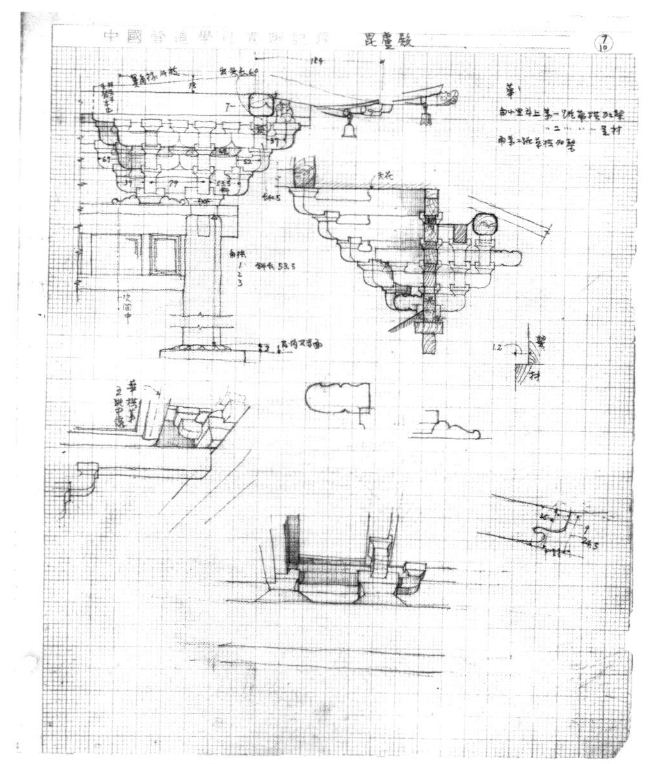

开元寺毗卢殿　铺作3

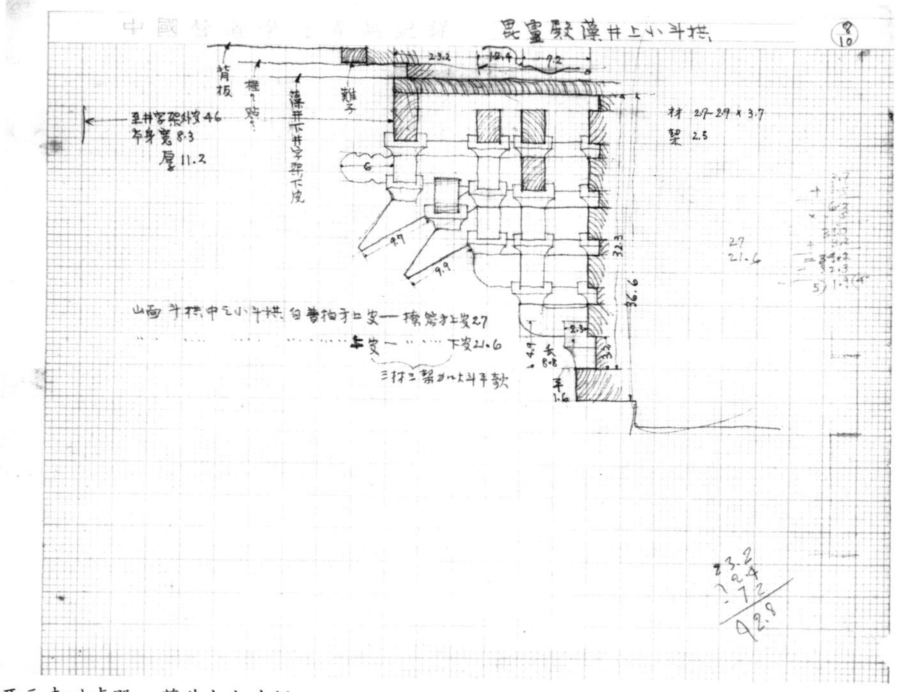

开元寺毗卢殿　藻井上小斗栱

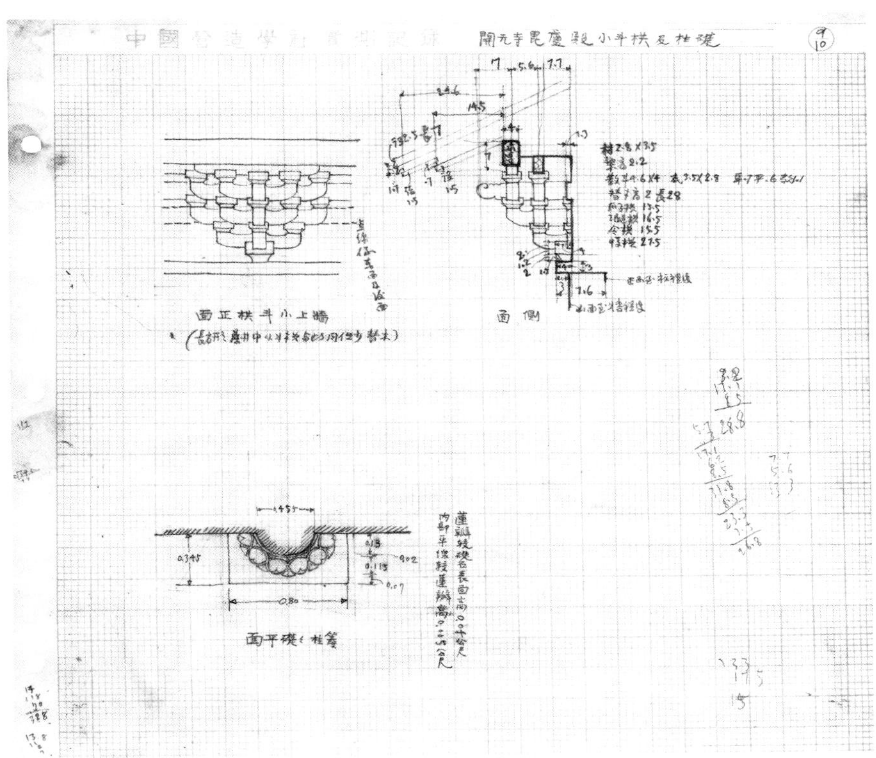

开元寺毗卢殿　小斗栱及柱础

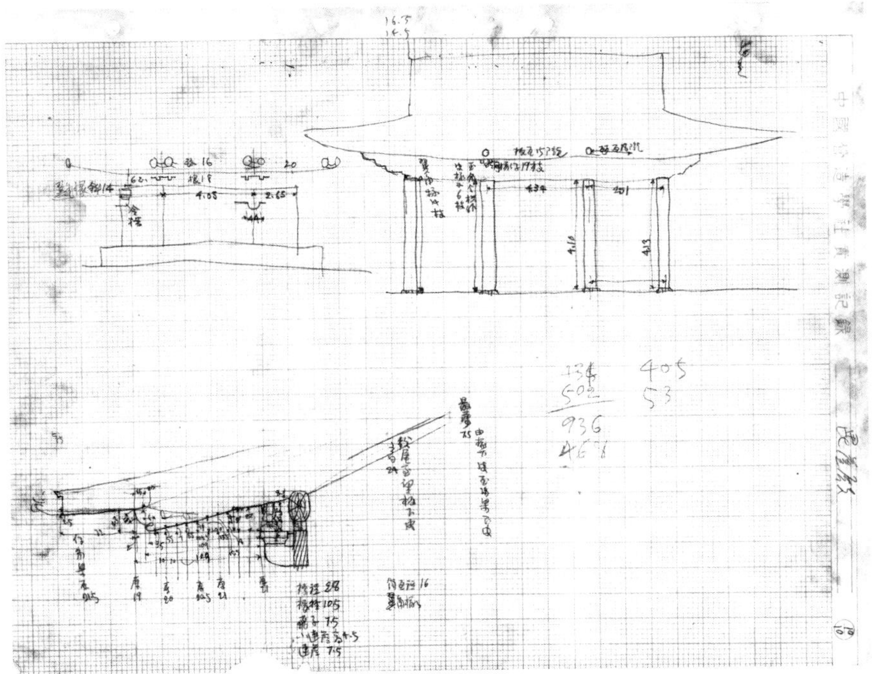

开元寺毗卢殿　正立面及细部

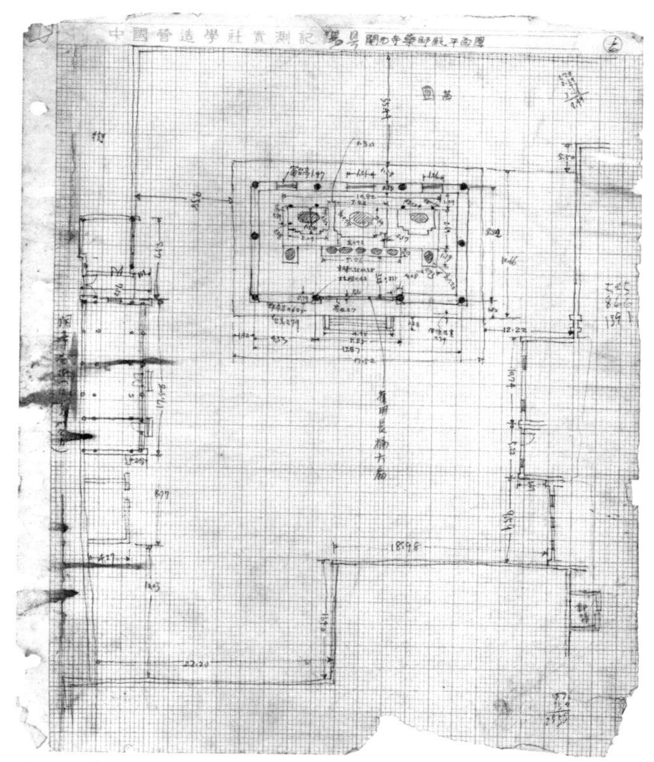

开元寺药师殿　平面

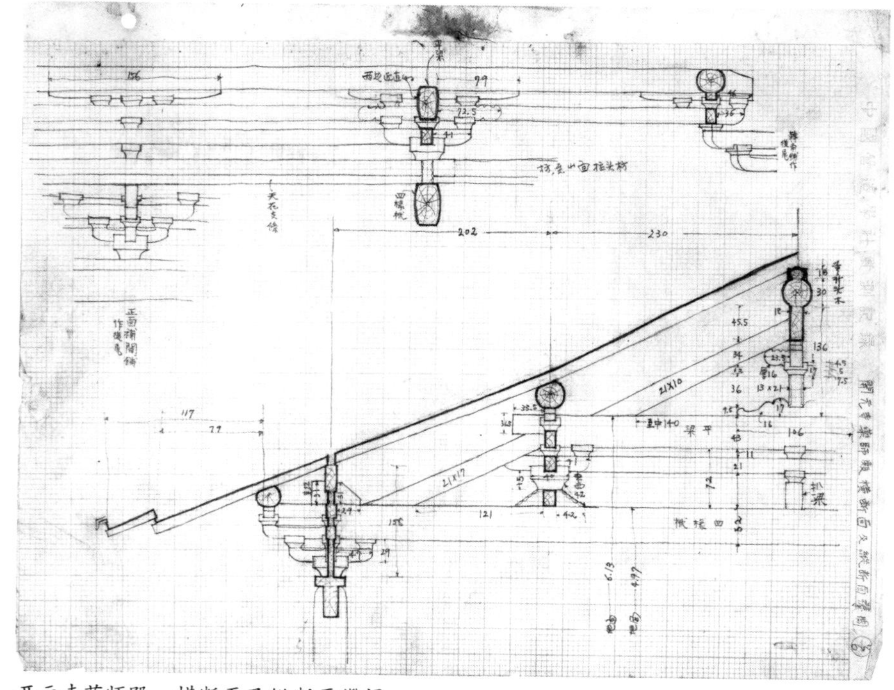

开元寺药师殿　横断面及纵断面襻间

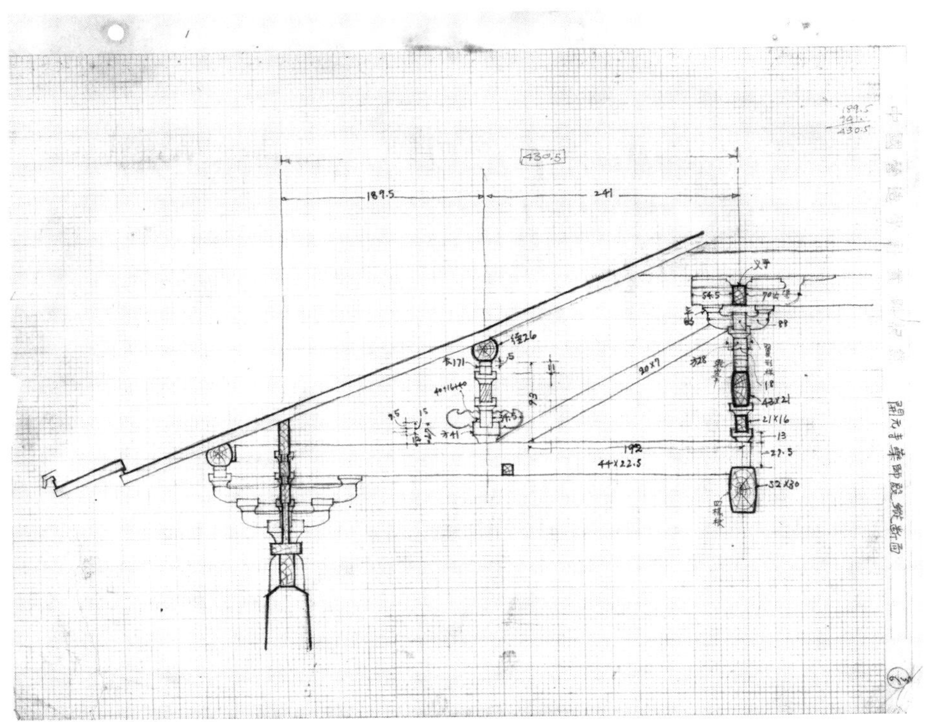
开元寺药师殿　纵断面

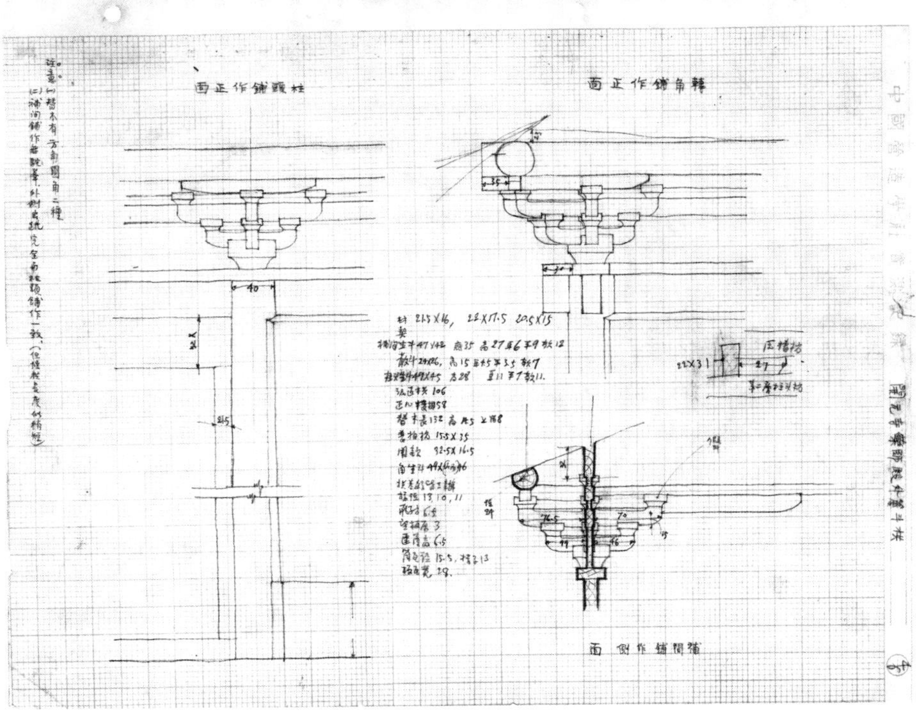
开元寺药师殿　外檐斗栱

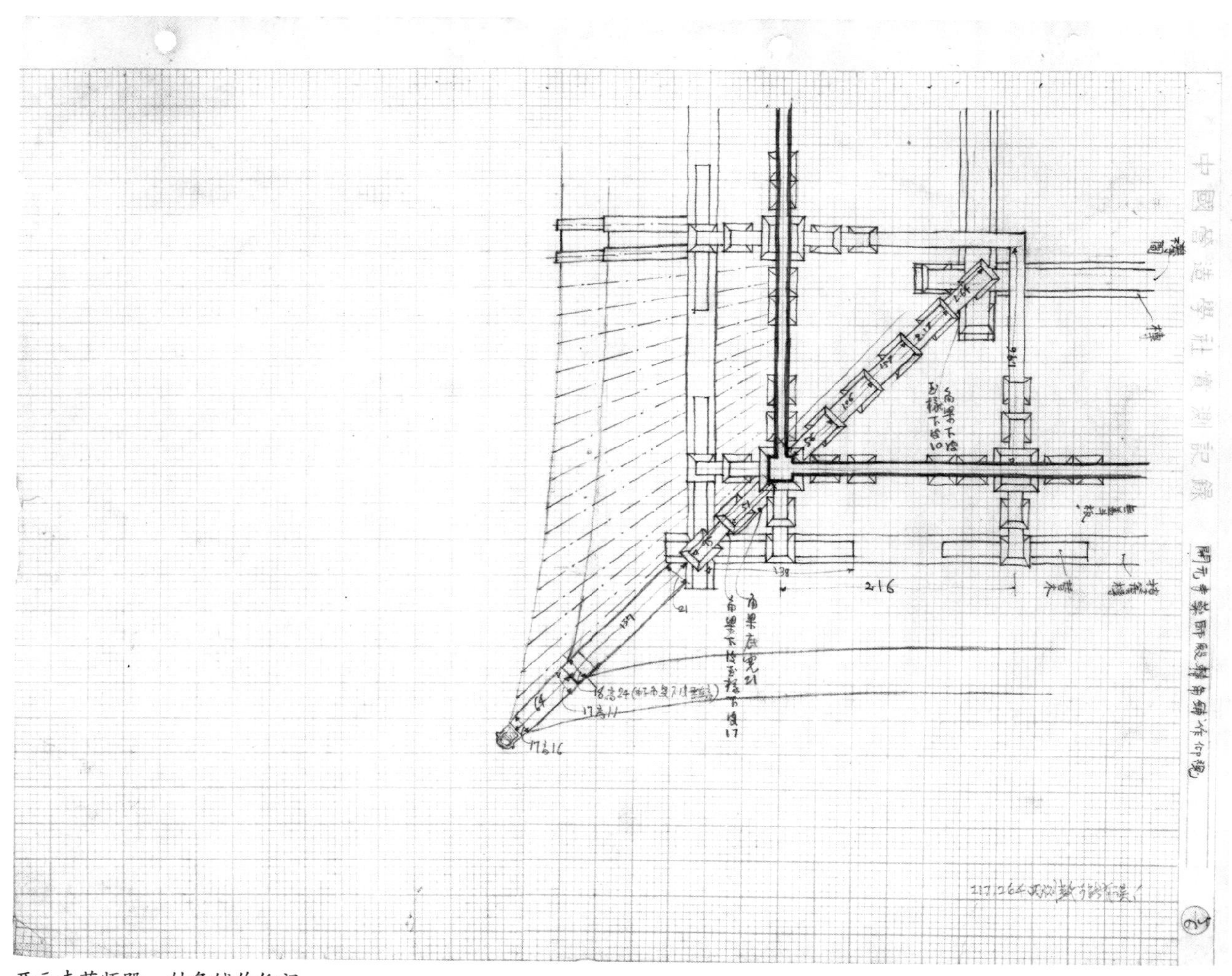

开元寺药师殿　转角铺作仰视

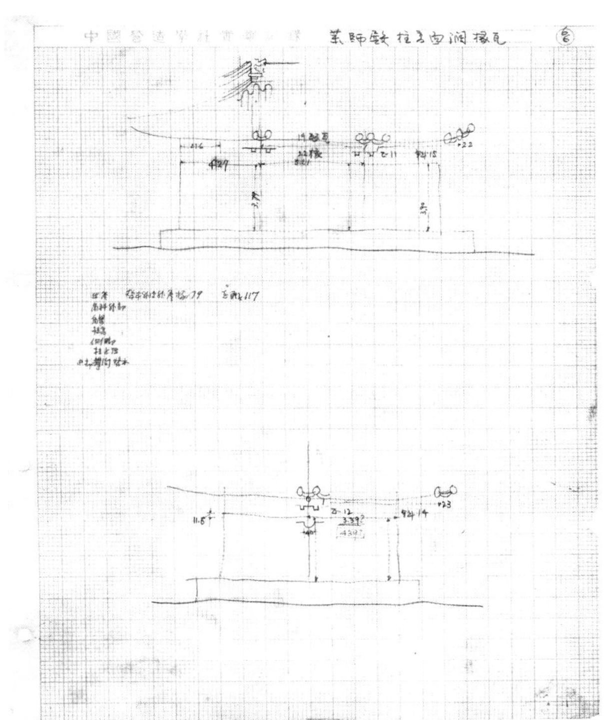
开元寺药师殿　柱高面阔椽瓦

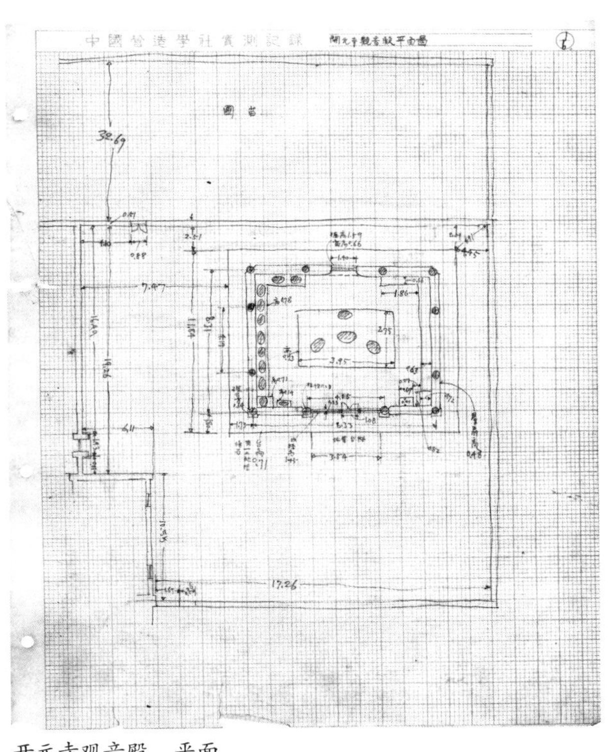
开元寺观音殿　平面

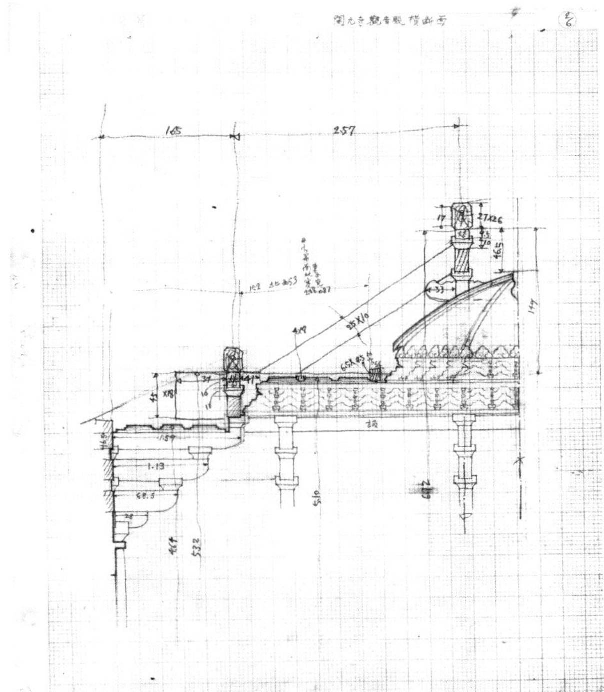
开元寺观音殿　横断面

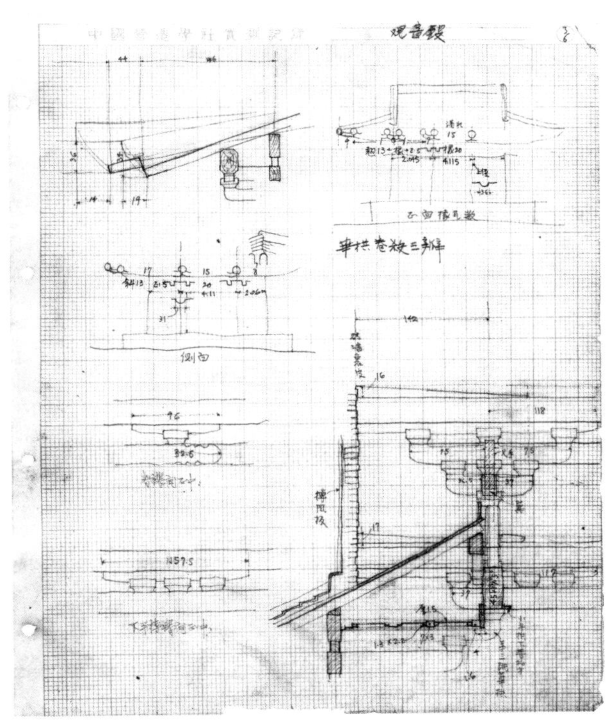
开元寺观音殿　正立面铺作

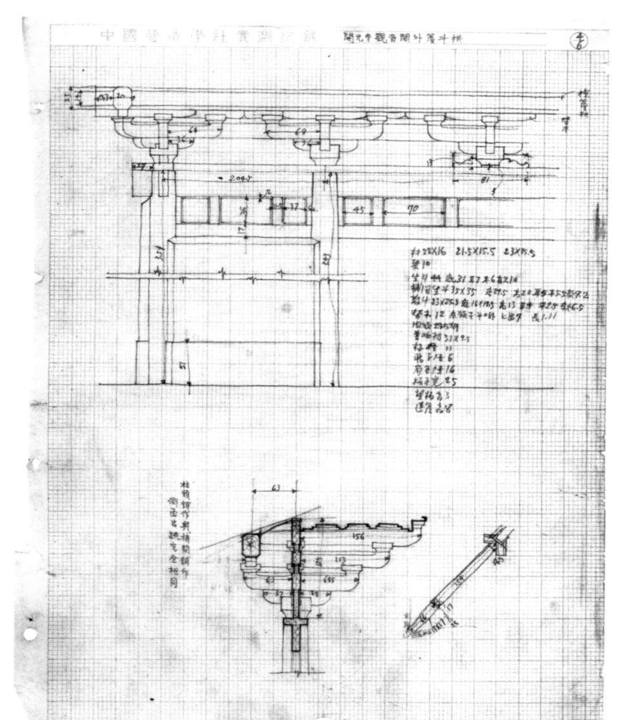

开元寺观音殿　外檐斗栱

开元寺观音殿　小斗栱

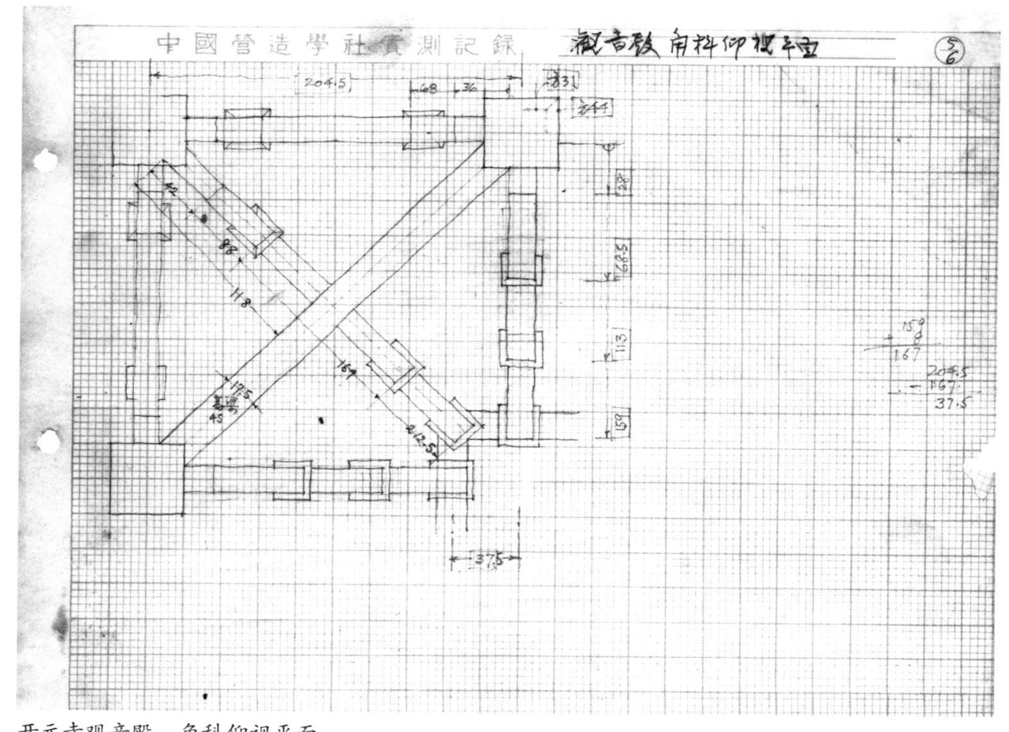


开元寺观音殿　角科仰视平面

# 易县开元寺测绘图稿

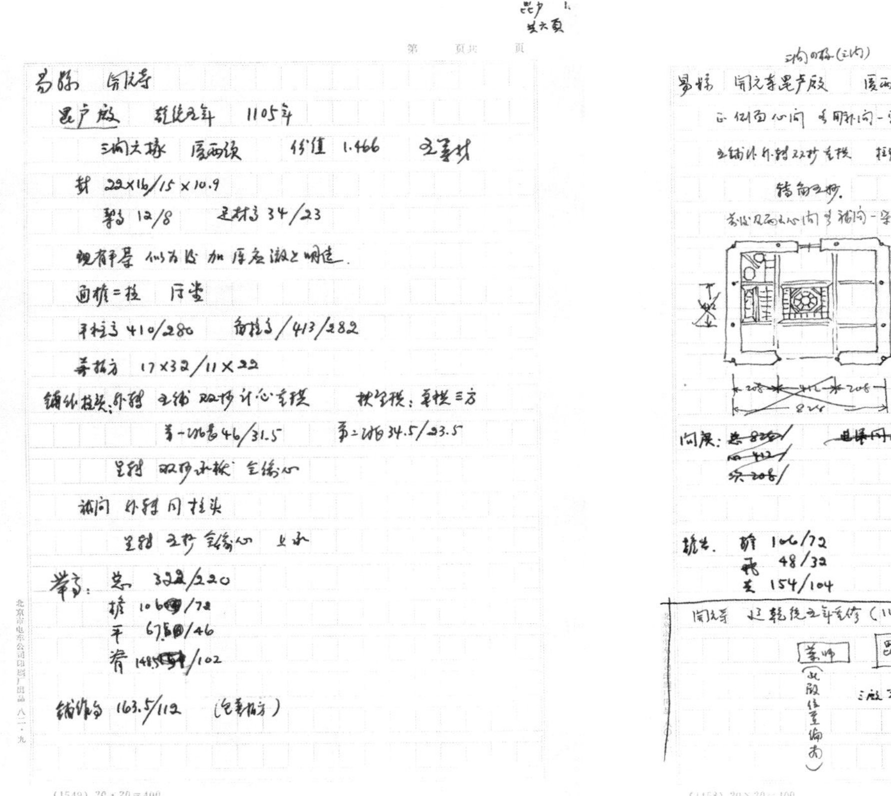

易县开元寺　毗卢殿 1

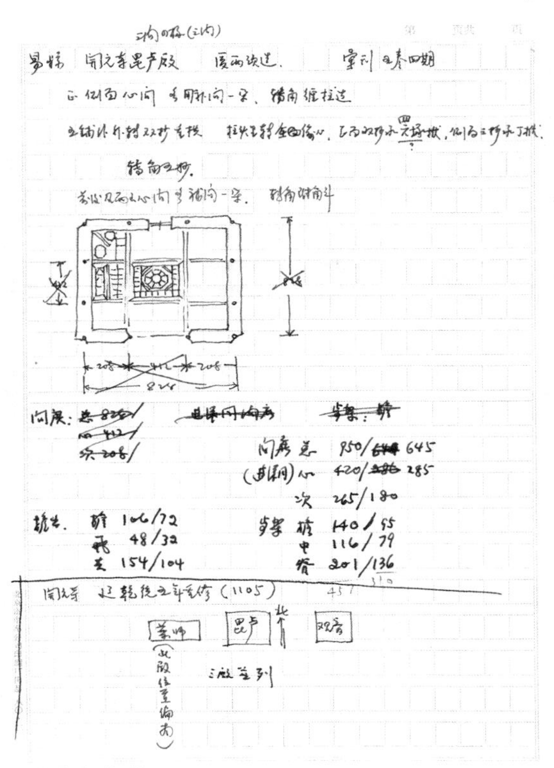

易县开元寺　毗卢殿 2

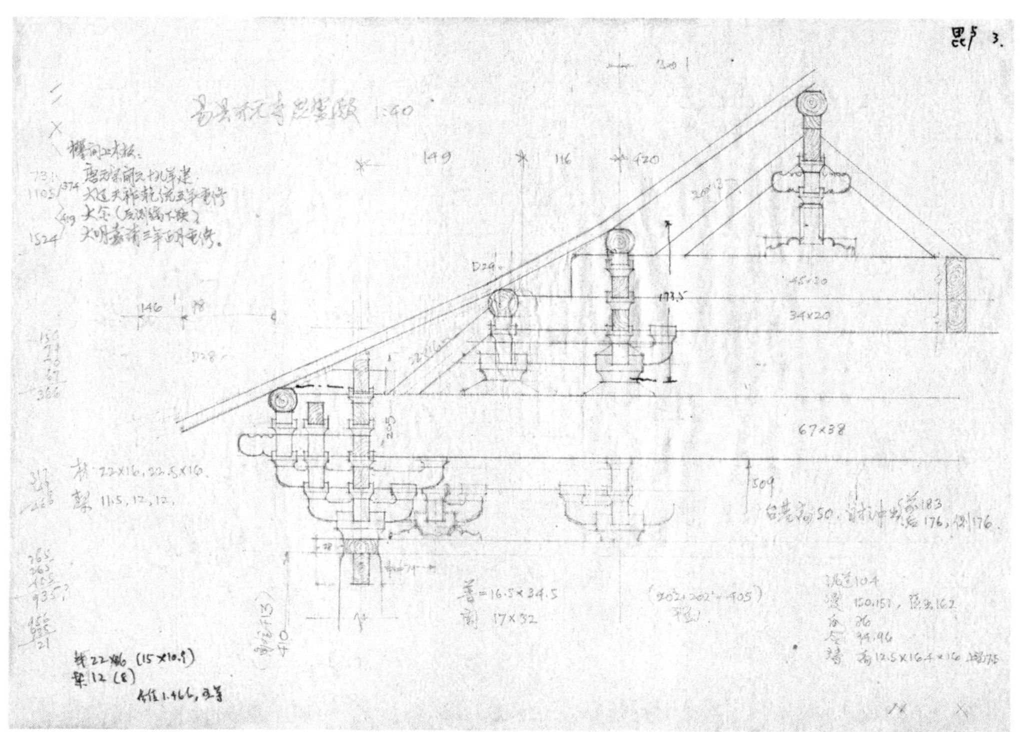

易县开元寺　毗卢殿 3

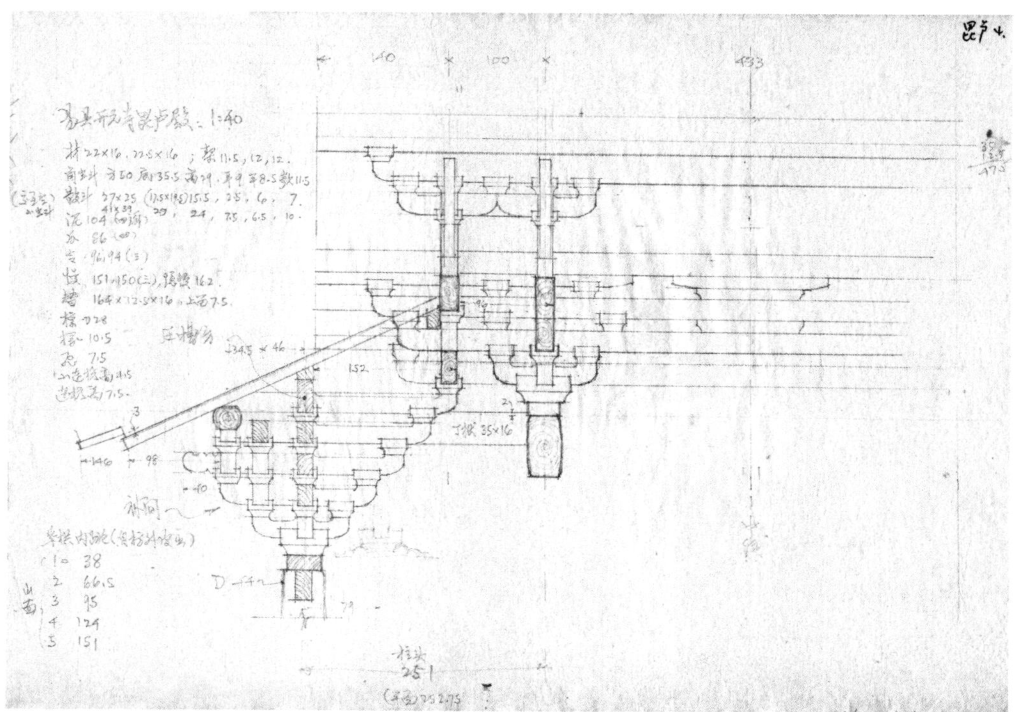

易县开元寺　毗卢殿 4

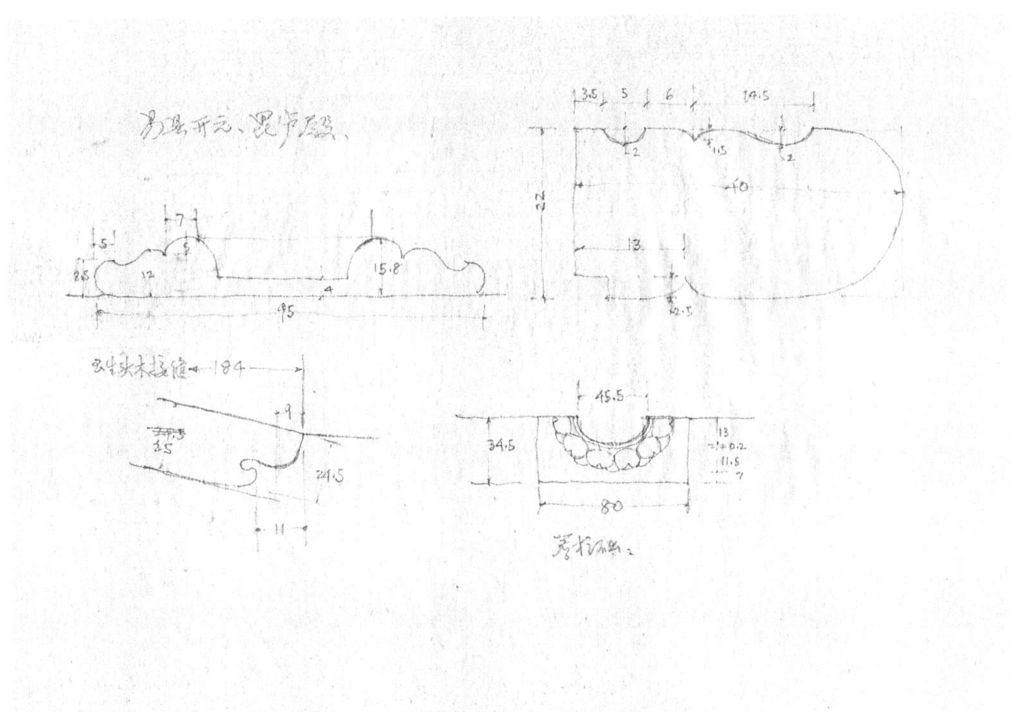

易县开元寺　毗卢殿 5

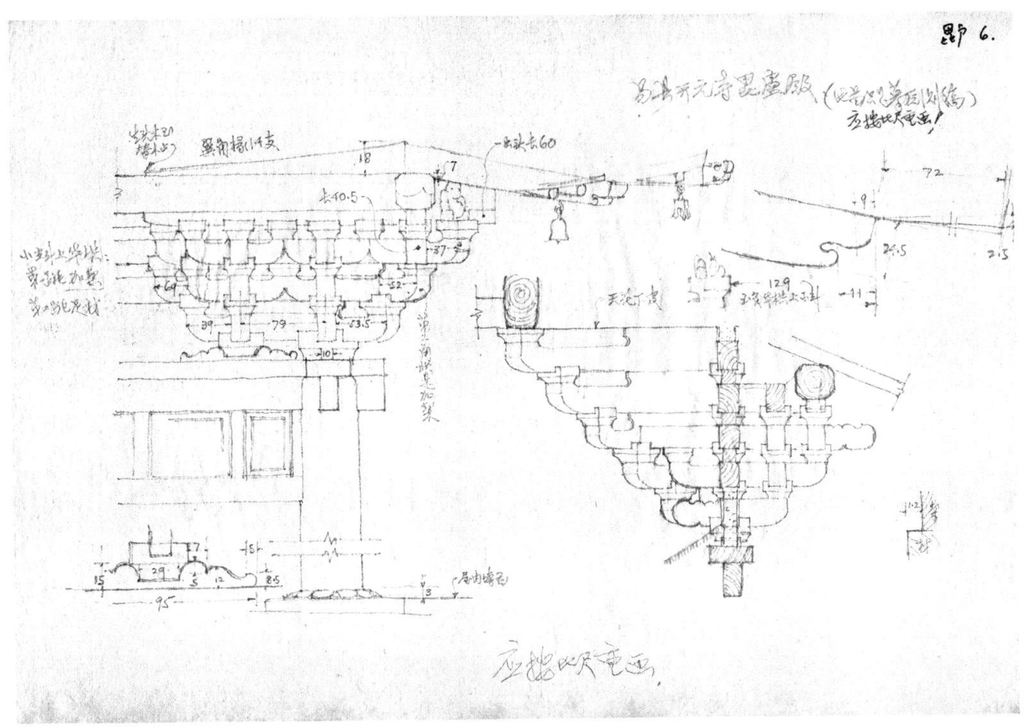

易县开元寺　毗卢殿 6

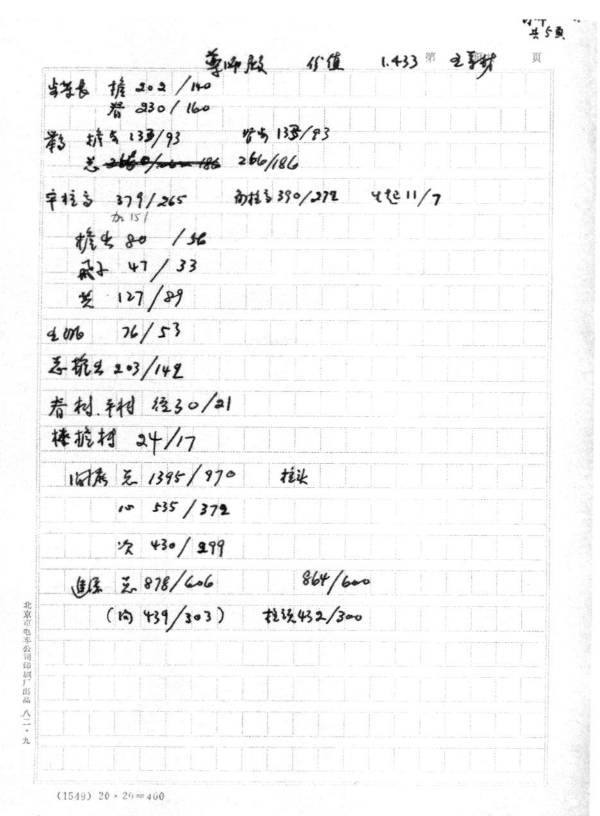

易县开元寺　药师殿 1

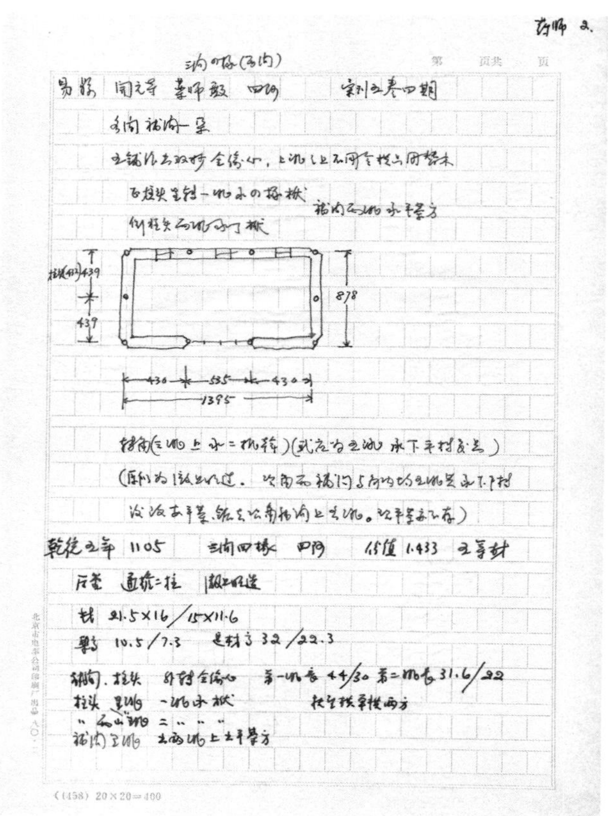

易县开元寺　药师殿 2

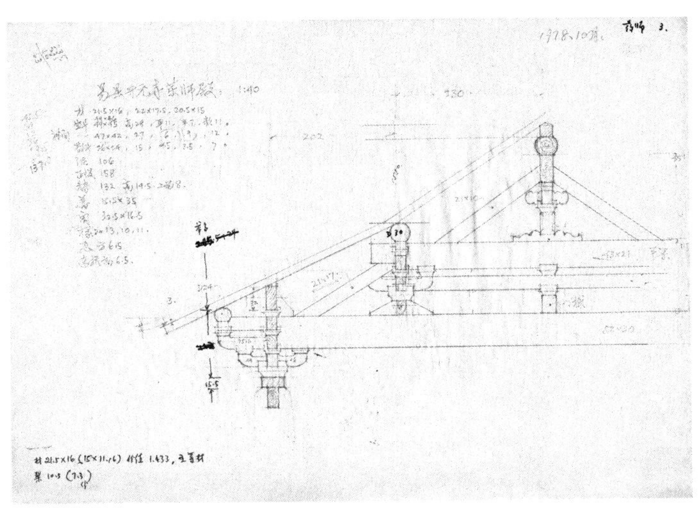

易县开元寺　药师殿 3

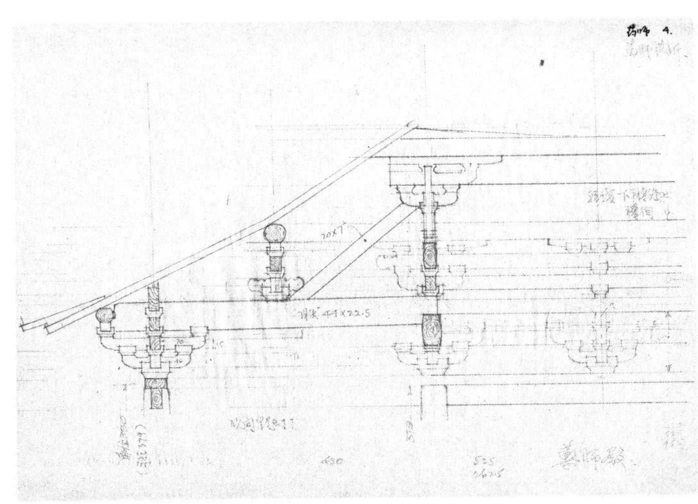

易县开元寺　药师殿 4

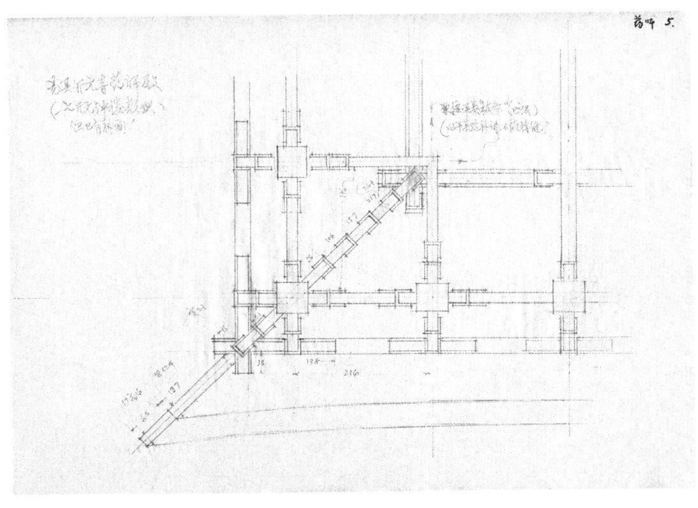

易县开元寺　药师殿 5

易县开元寺　观音殿 1

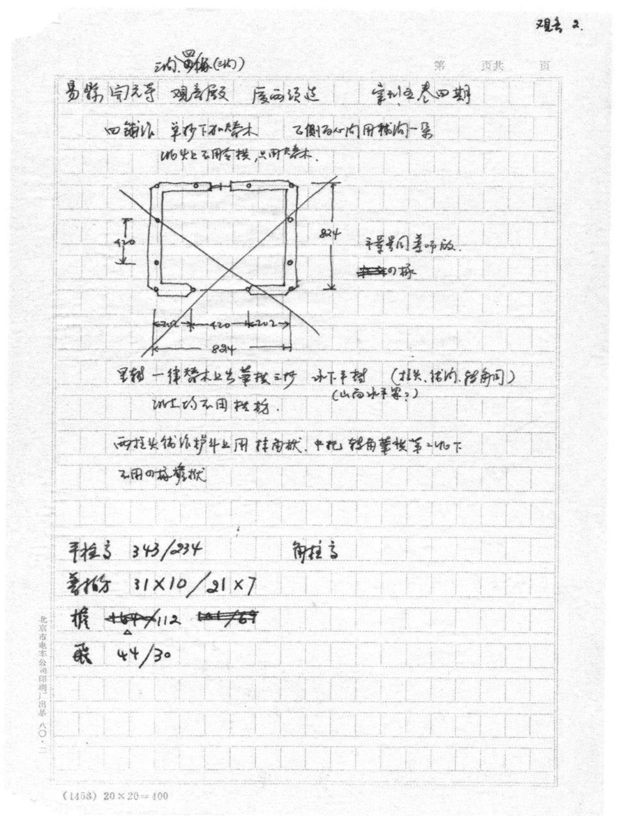

易县开元寺　观音殿 2

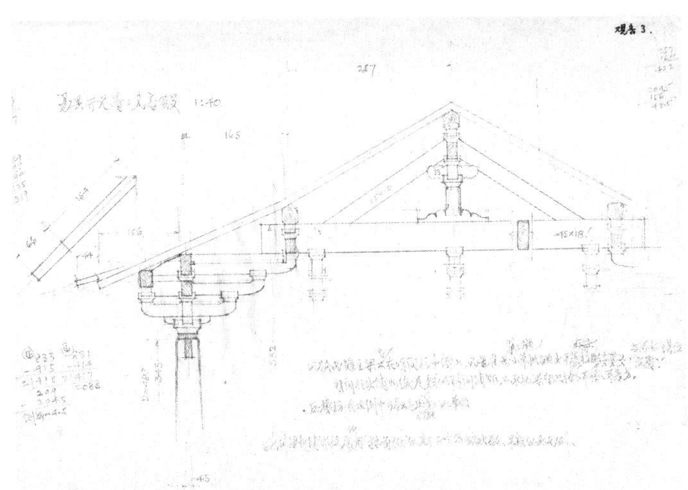

易县开元寺　观音殿 3

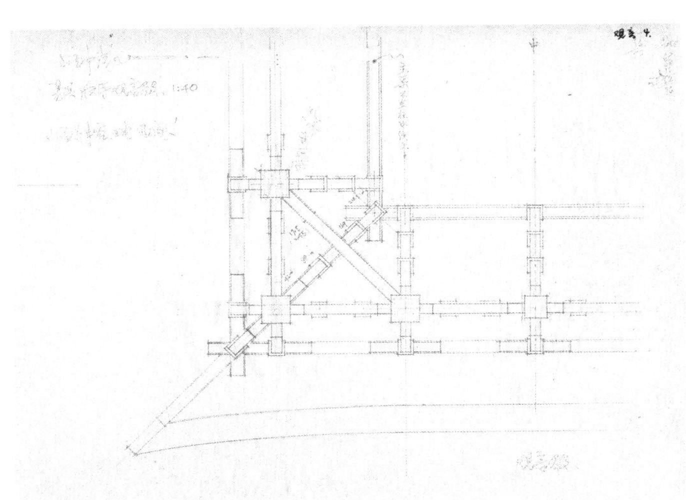

易县开元寺　观音殿 4

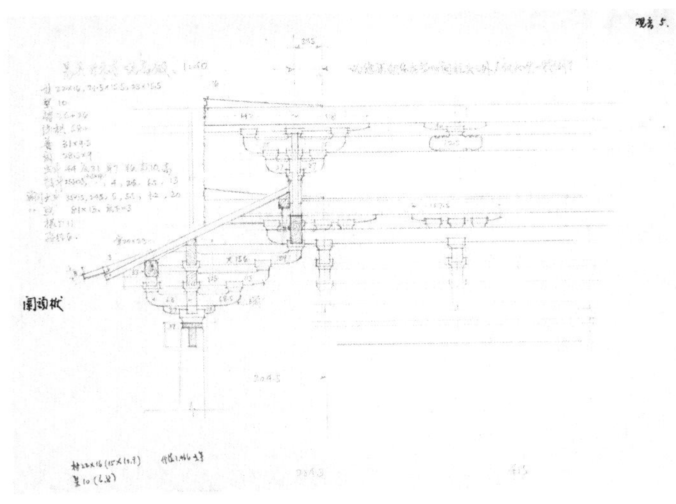

易县开元寺　观音殿 5

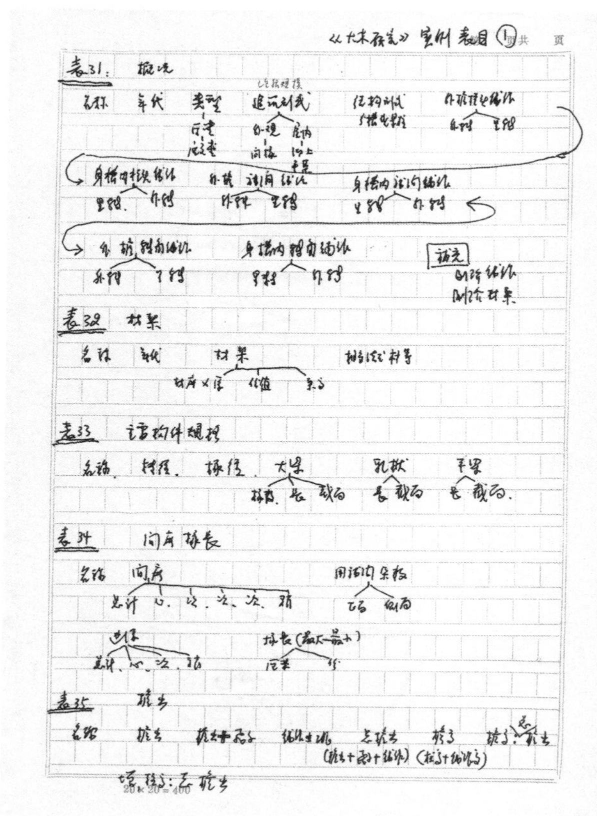

易县开元寺　拟列实测表 1

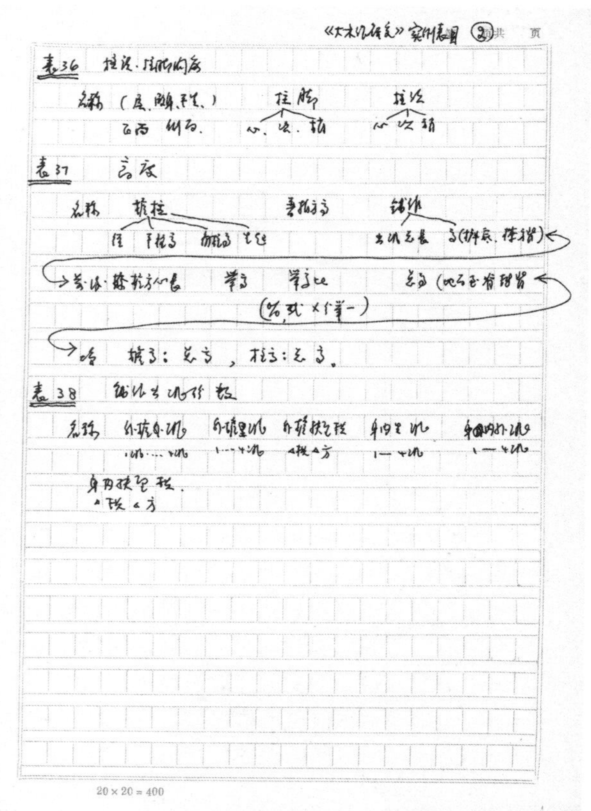

易县开元寺　拟列实测表 2

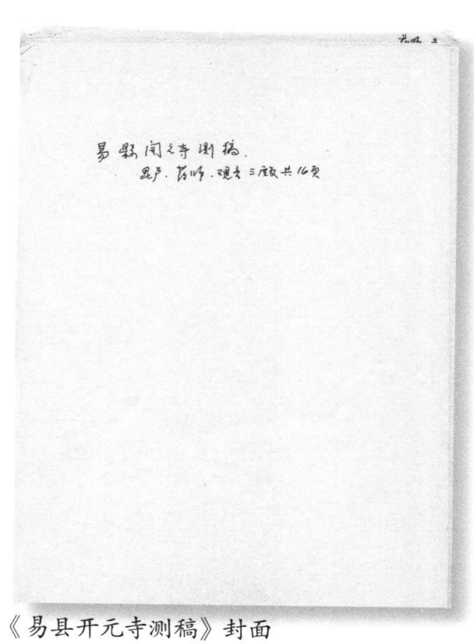

《易县开元寺测稿》封面

# 测绘图散稿

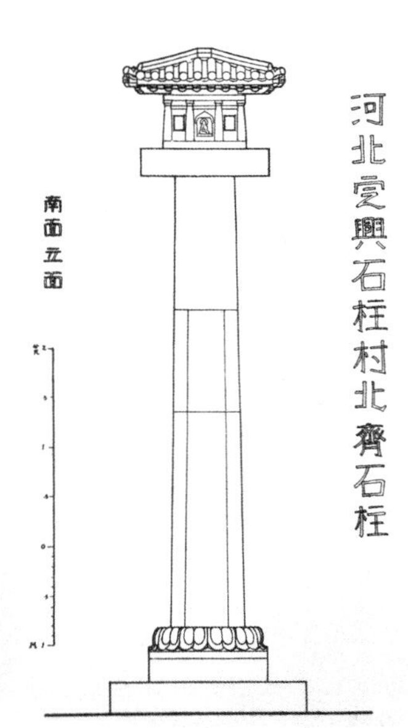


河北定兴北齐石柱　南立面（约 1934 年 9 月。以下至河南登封观星台诸图，均系为刘敦桢文章配图）

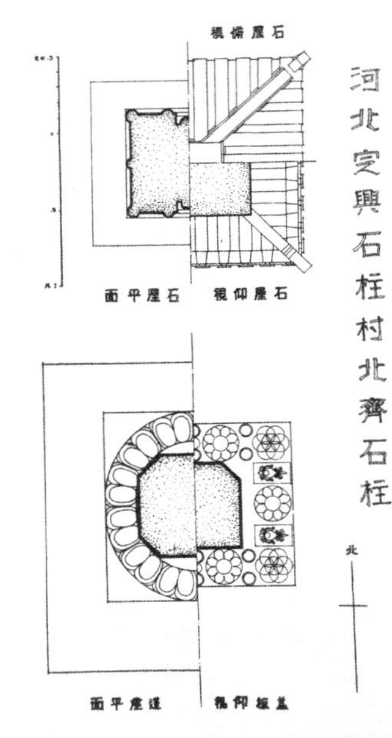


定兴北齐石柱　石屋及莲座平面（约 1934 年 9 月）

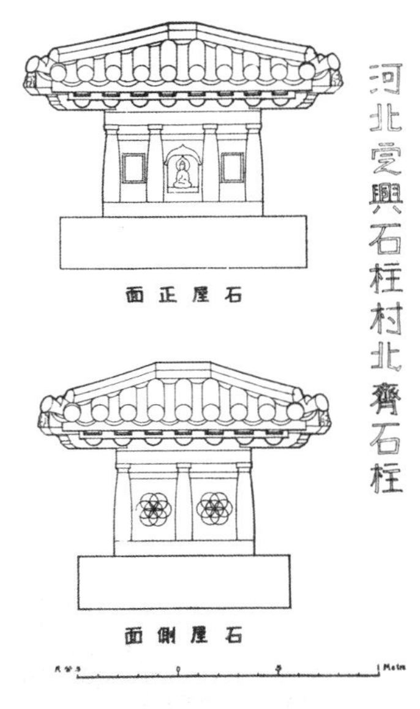


定兴北齐石柱　石屋正面、侧面（约 1934 年 9 月）

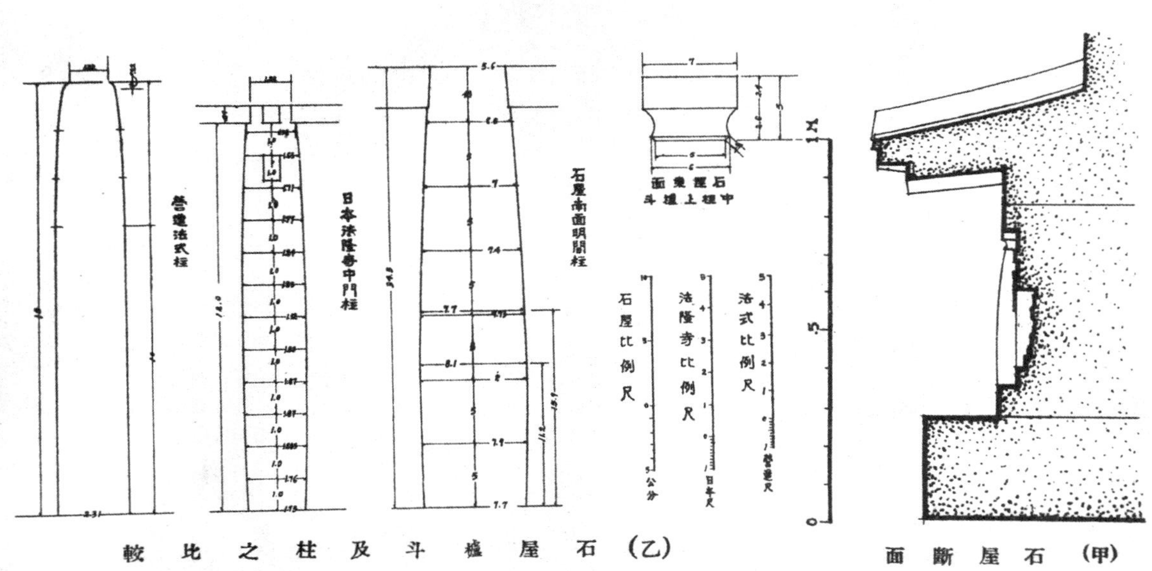


定兴北齐石柱　石屋断面、栌斗、柱（约 1934 年 9 月）

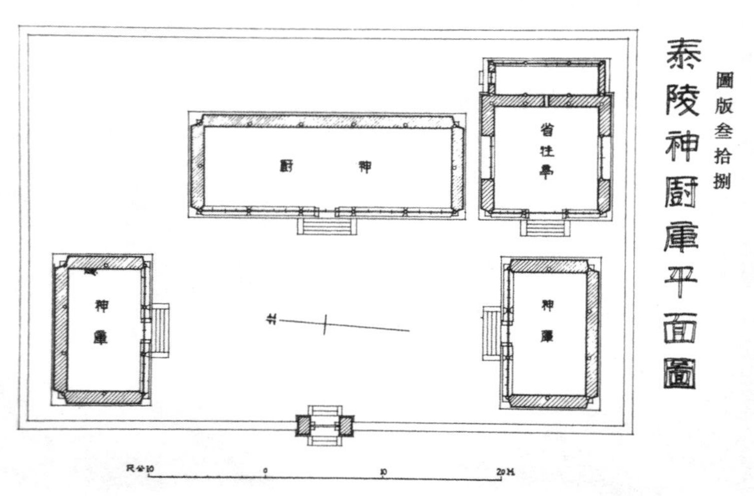


易县西陵　泰陵神厨库平面（约 1934 年 9 月）

易县西陵　各陵隆恩门平面（约 1934 年 9 月）

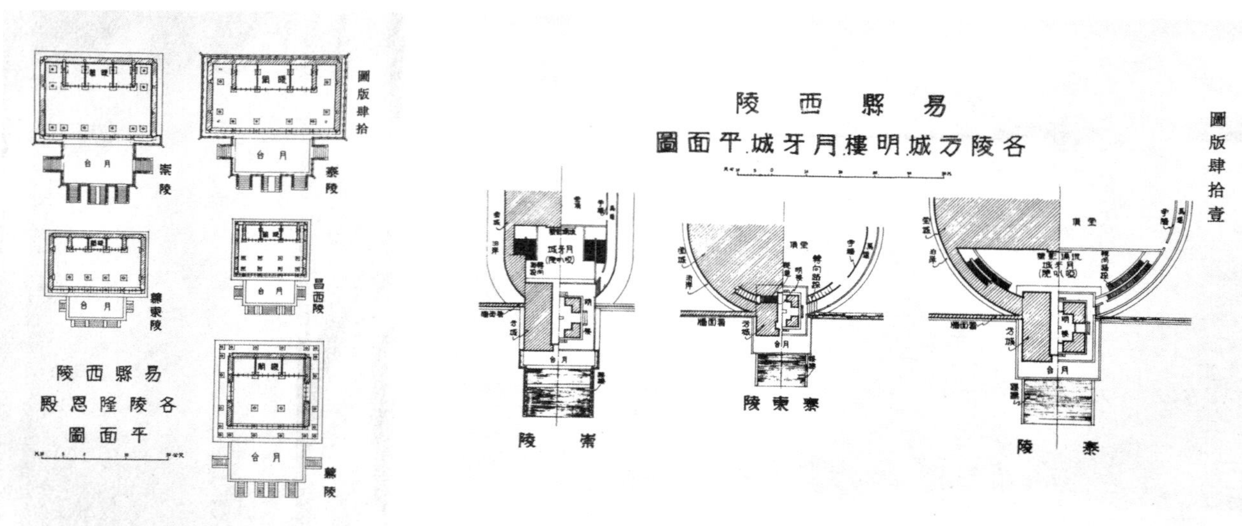


易县西陵　各陵隆恩殿平面（约 1934 年 9 月）

易县西陵　各陵方城、明楼、月牙城平面（约 1934 年 9 月）

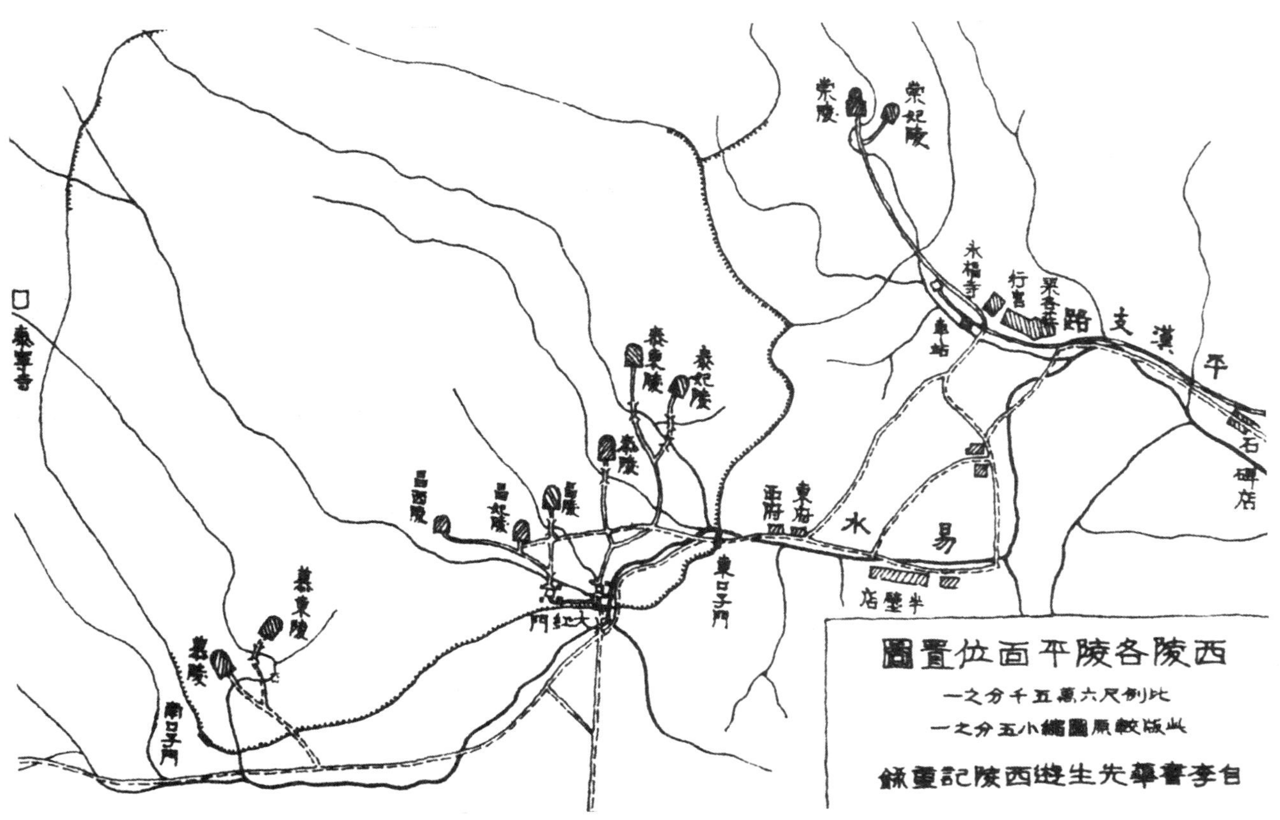


易县西陵　各陵平面位置图（约 1934 年 9 月）

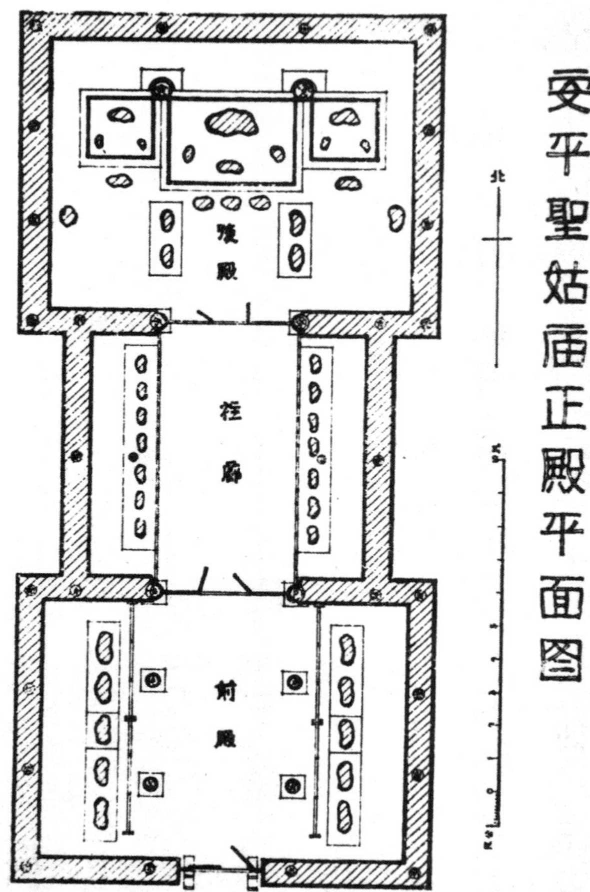


安平圣姑庙　正殿平面（约 1935 年 5 月）

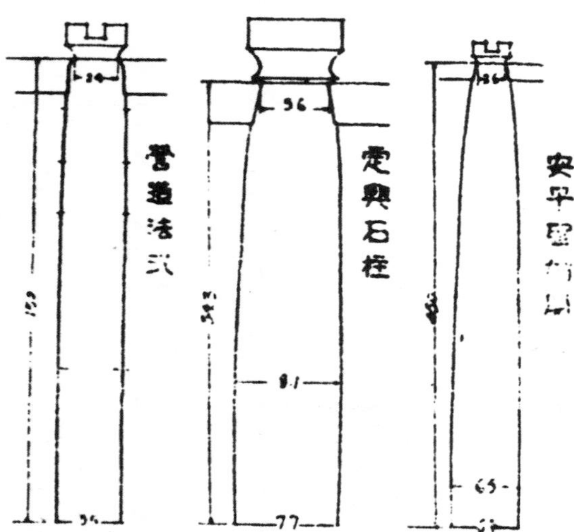


安平圣姑庙　正殿柱式比较（约 1935 年 5 月）

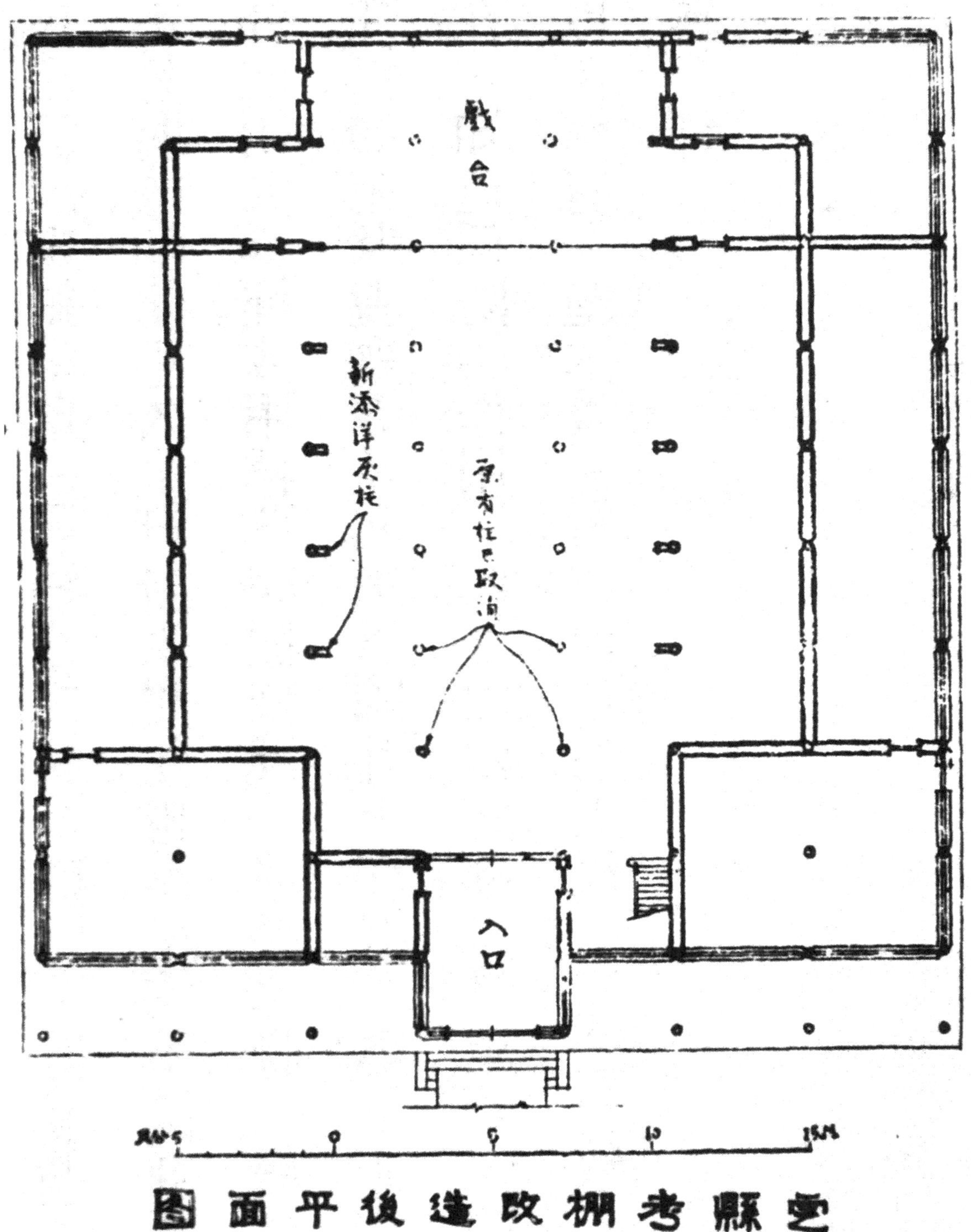


定县考棚改造后平面

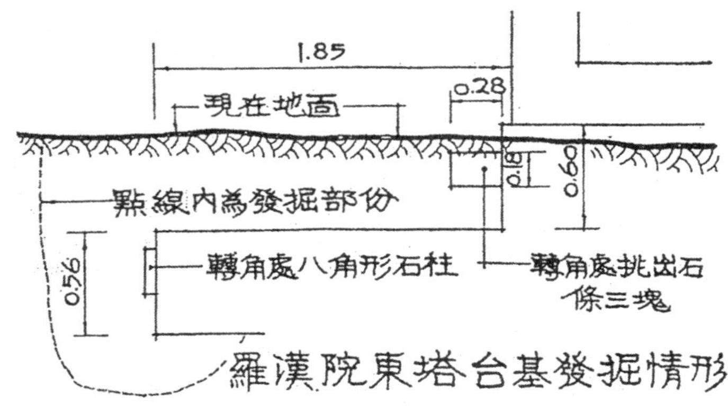


江苏吴县罗汉院　东塔台基发掘情形（约 1935 年 10 月）

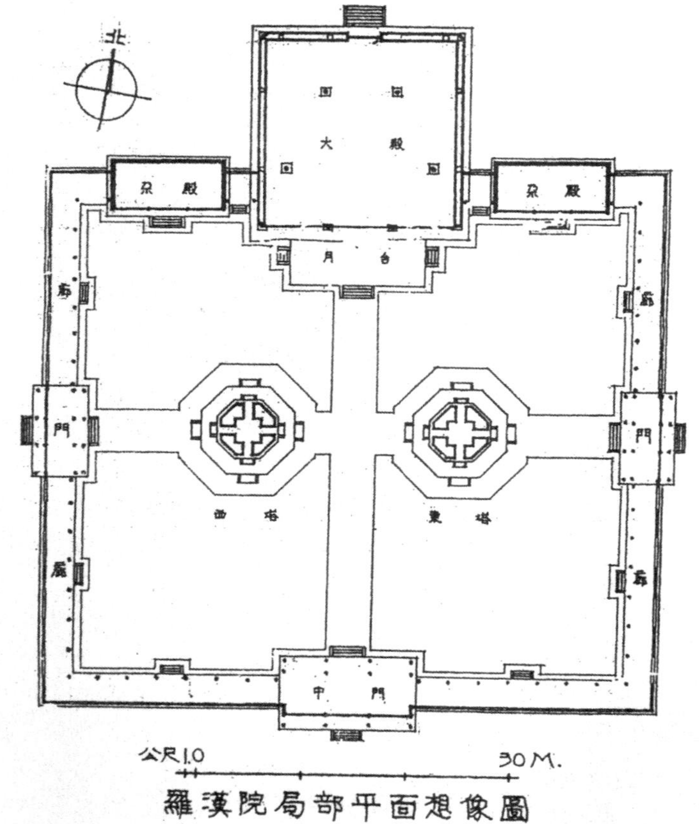


吴县罗汉院　局部平面想象图（约 1935 年 10 月）

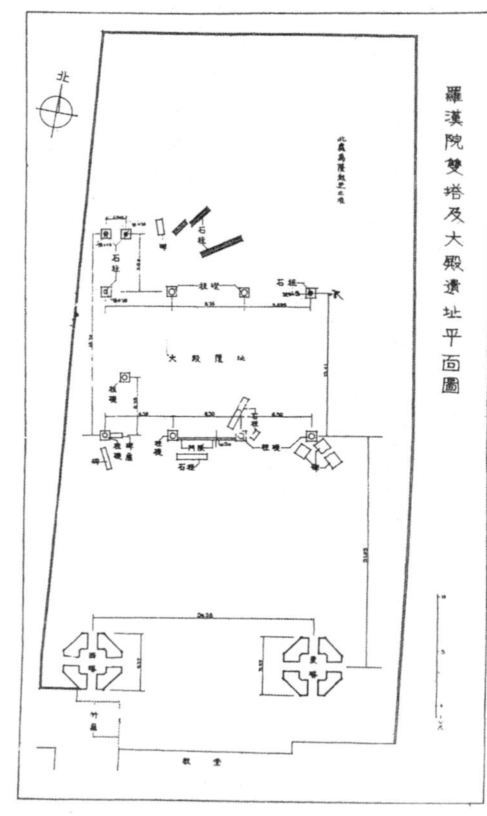


吴县罗汉院　双塔及大殿遺址平面图（约 1935 年 10 月）

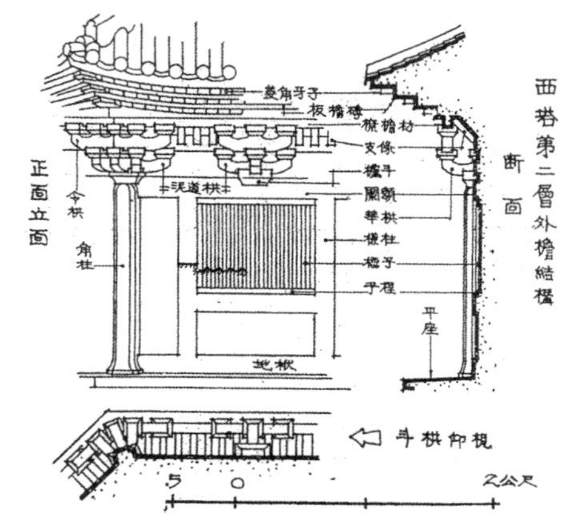


吴县罗汉院　西塔第二层外檐结构（约 1935 年 10 月）

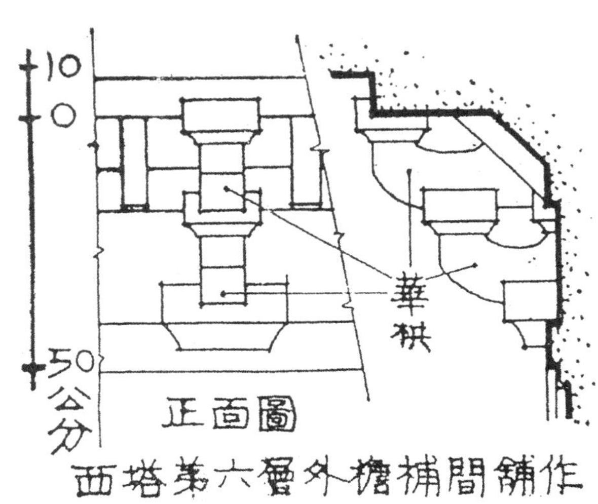


吴县罗汉院　西塔第六层外檐补间铺作（约 1935 年 10 月）

塔刹十种（约 1935 年 10 月）

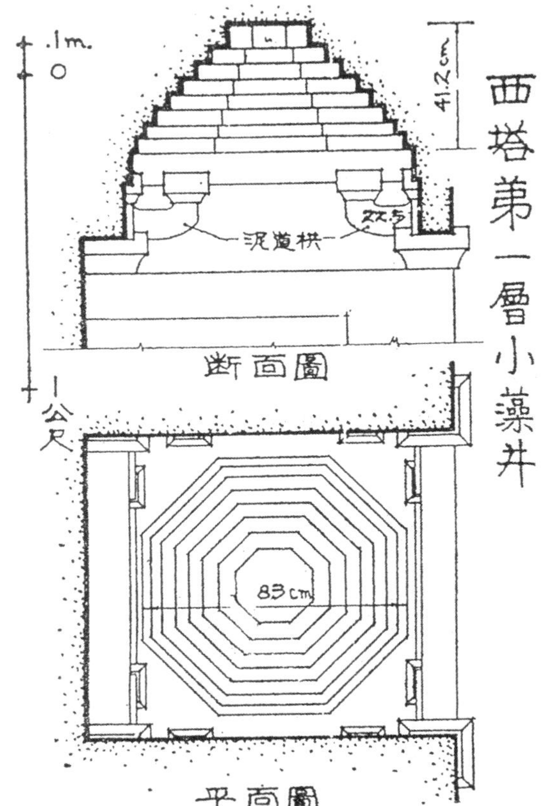


吴县罗汉院　西塔第一层小藻井（约 1935 年 10 月）

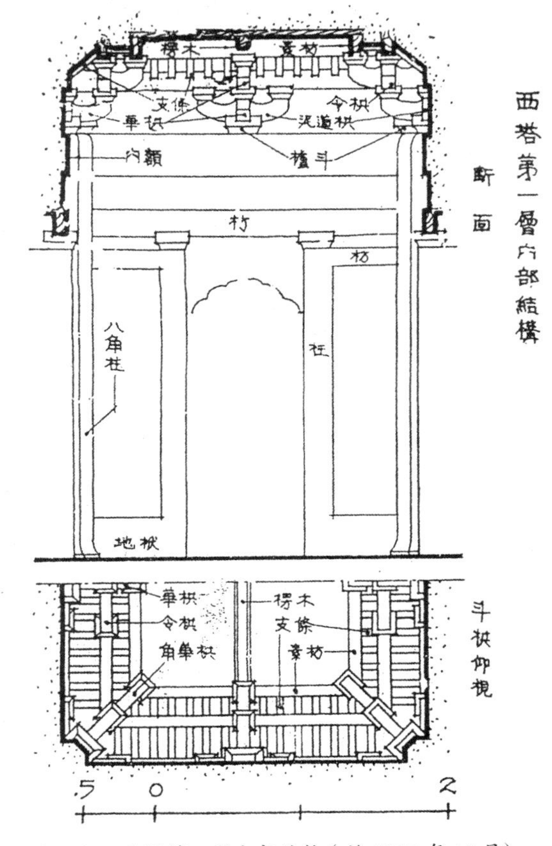


吴县罗汉院　西塔第一层内部结构（约 1935 年 10 月）

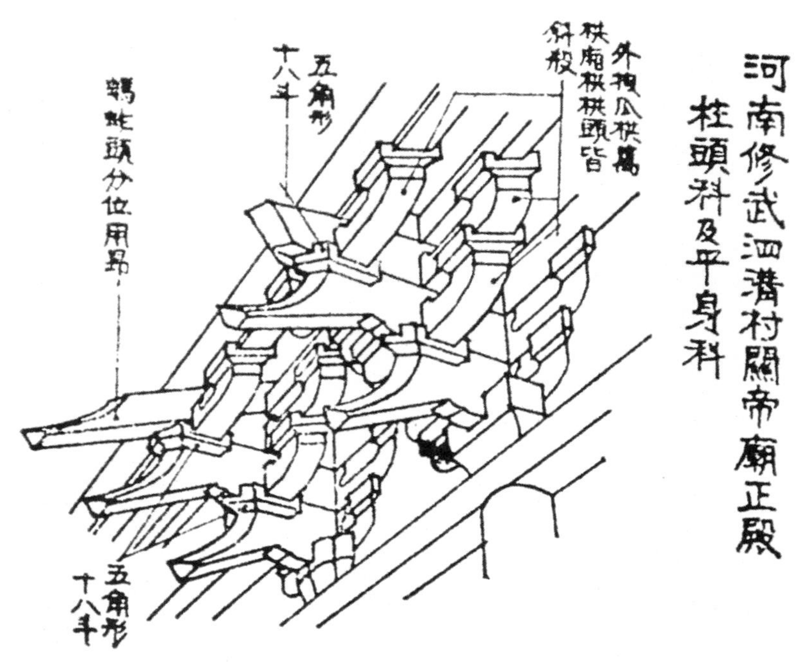


河南修武泗沟村关帝庙正殿外檐铺作（1936年）

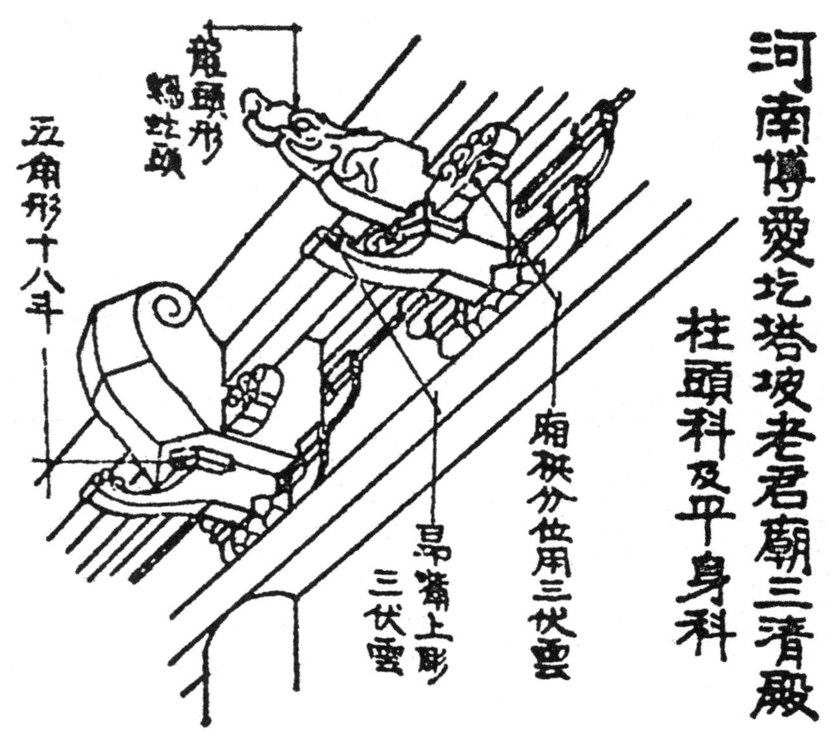


河南博爱圪垱坡老君庙三清殿外檐铺作

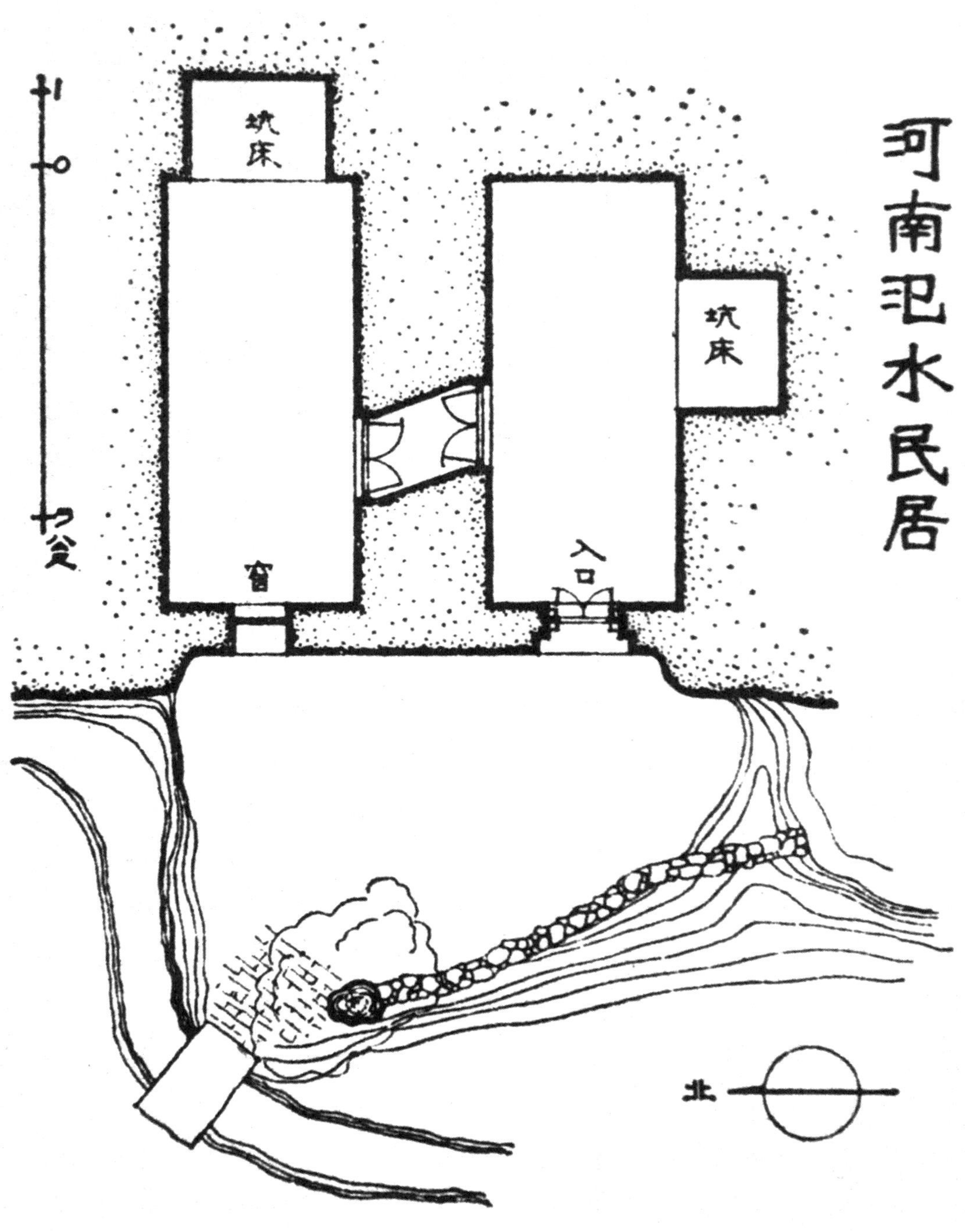


河南汜水民居

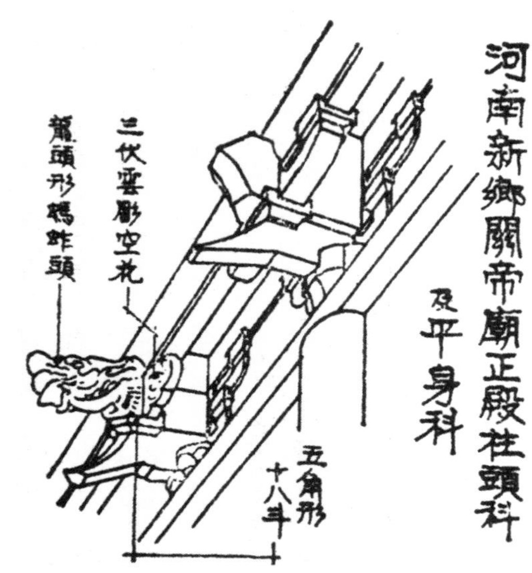


河南新乡关帝庙正殿柱头斗栱

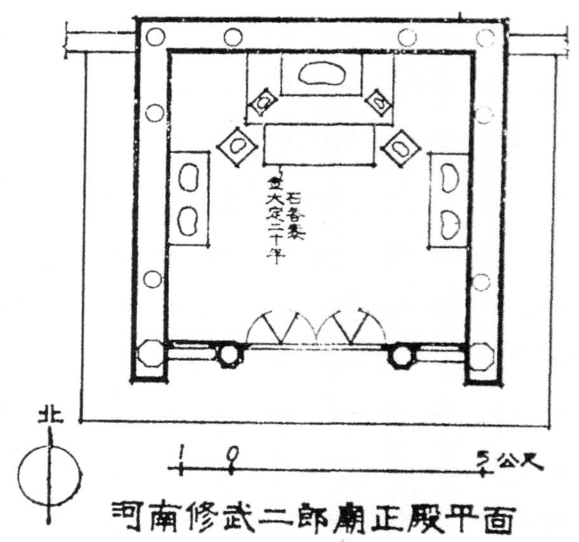


河南修武二郎庙正殿平面

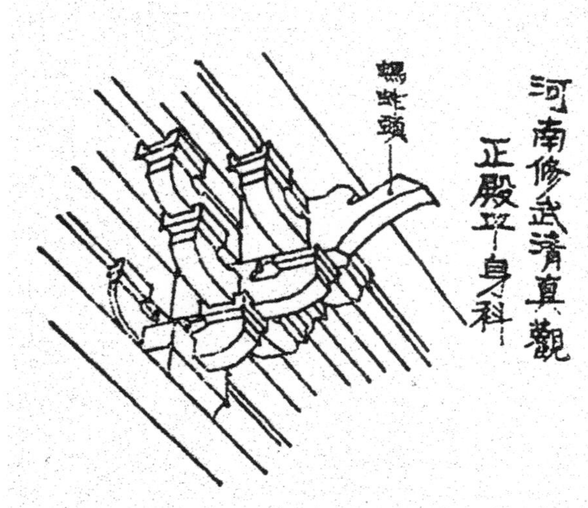


河南修武清真观正殿平身科

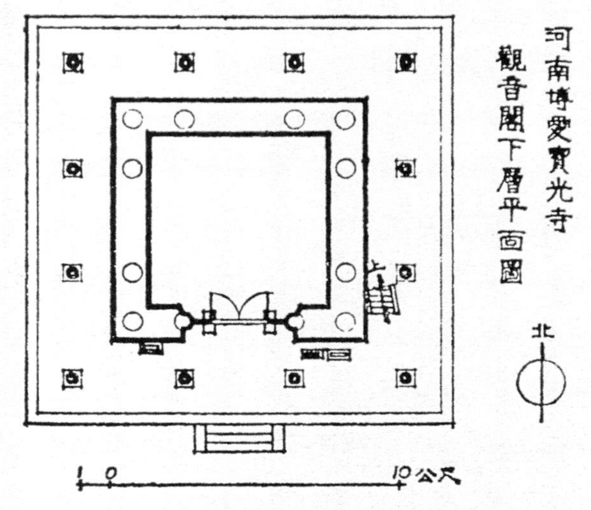


河南博爱宝光寺观音阁　下层平面

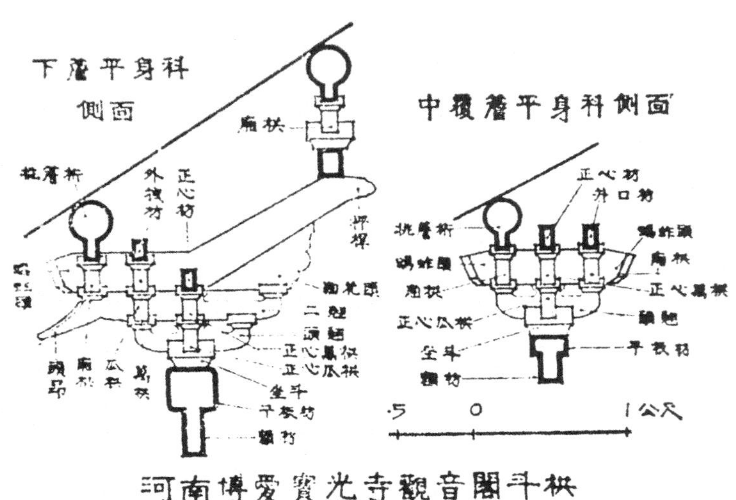


博爱宝光寺观音阁　斗栱

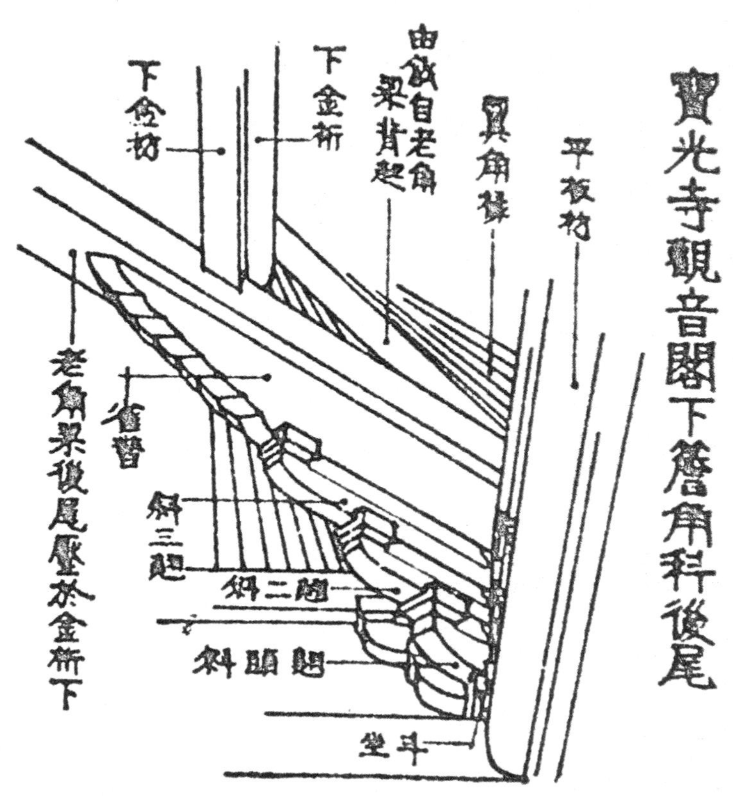


博爱宝光寺观音阁　下檐角科后尾

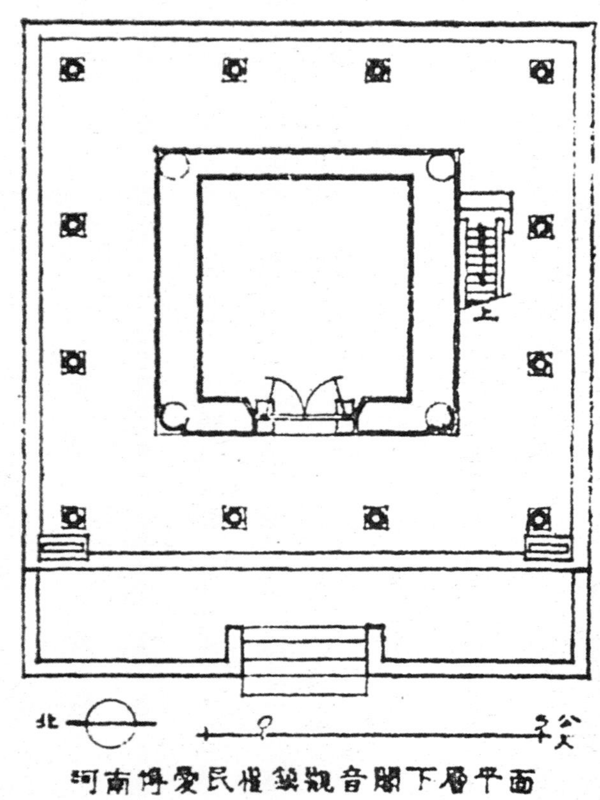


博爱民权观音阁下层平面

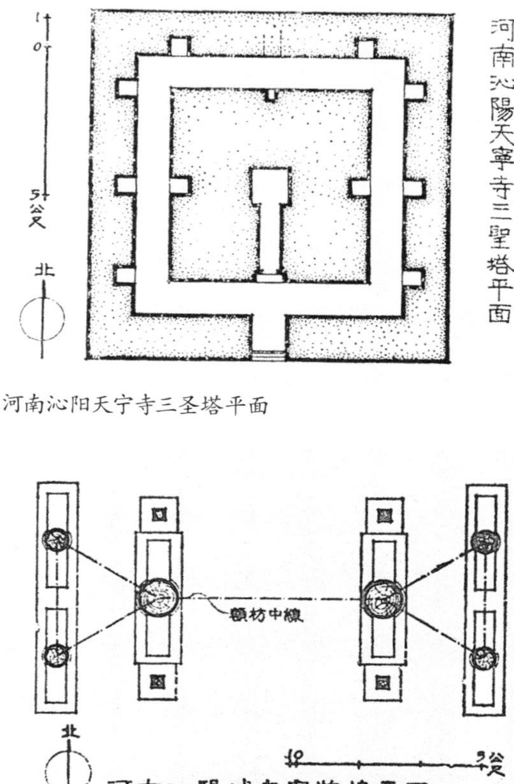


河南沁阳天宁寺三圣塔平面

沁阳城隍庙牌楼平面

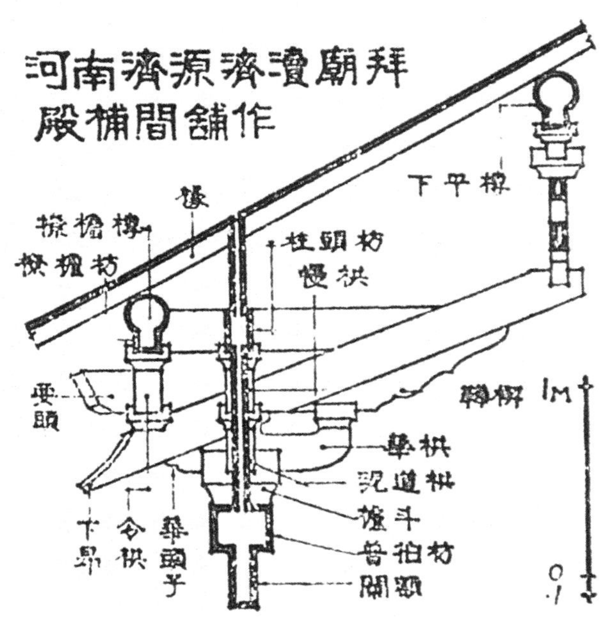

河南济源济渎庙　拜殿补间铺作

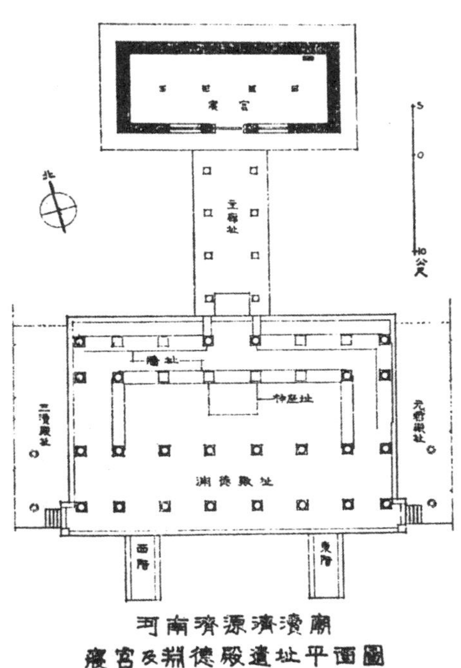

济源济渎庙　寝宫及渊德殿遗址平面

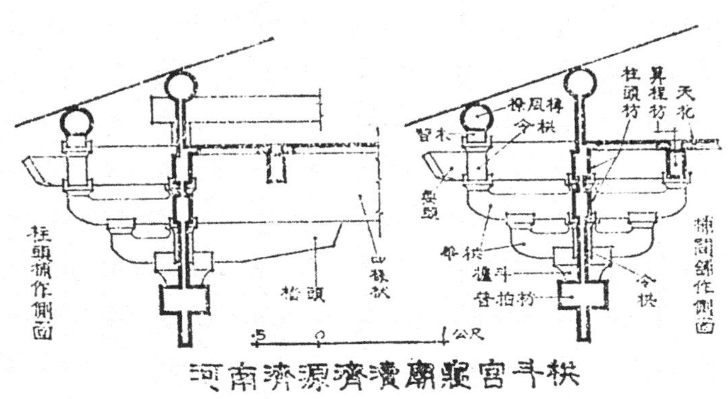

济源济渎庙　寝宫斗栱

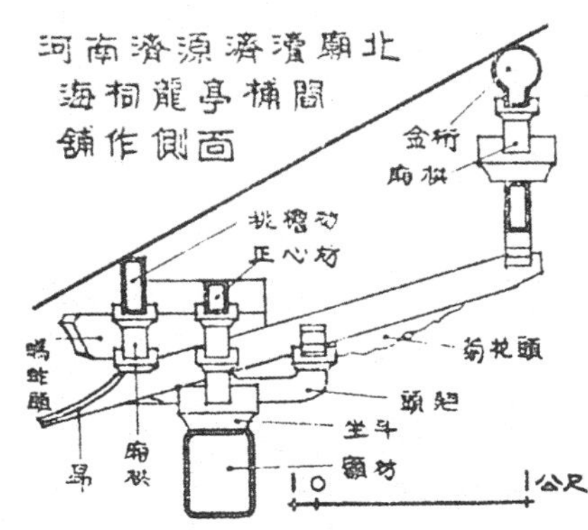

济源济渎庙　北海祠龙亭补间铺作侧面

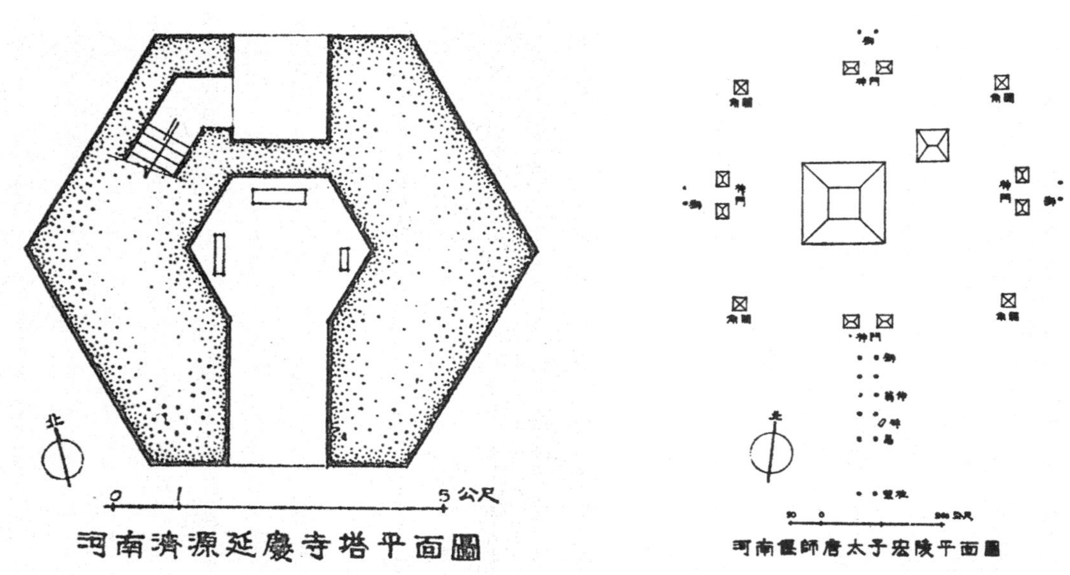


济源延庆寺塔平面

河南偃师唐太子宏陵平面

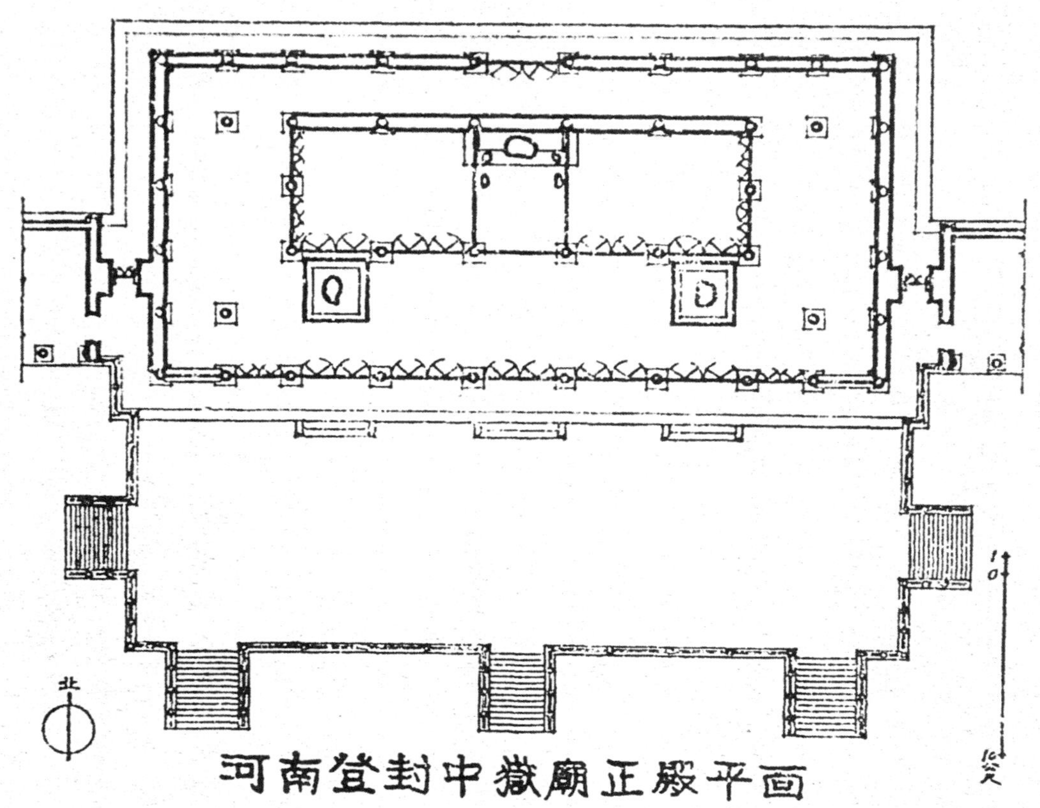


河南登封中岳庙正殿平面

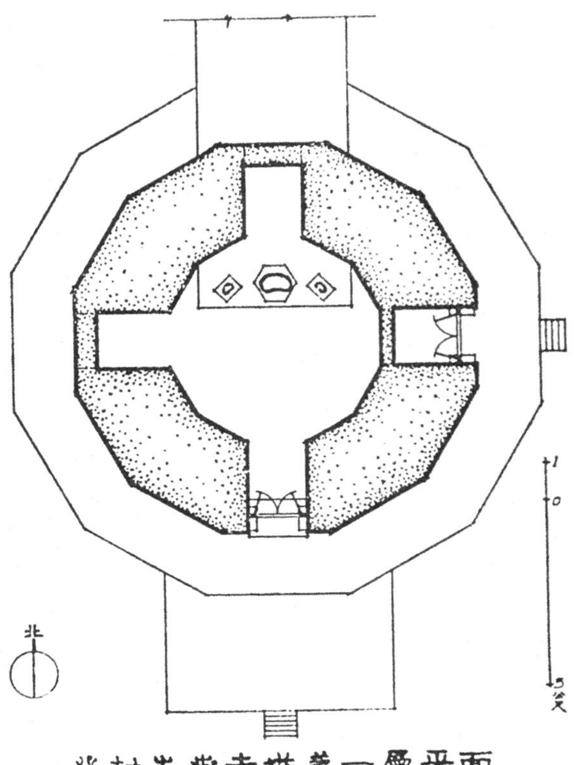


登封嵩岳寺塔第一层平面

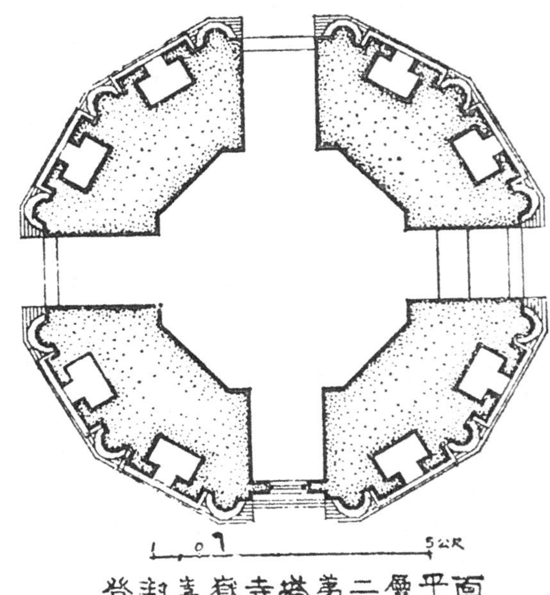


登封嵩岳寺塔第二层平面

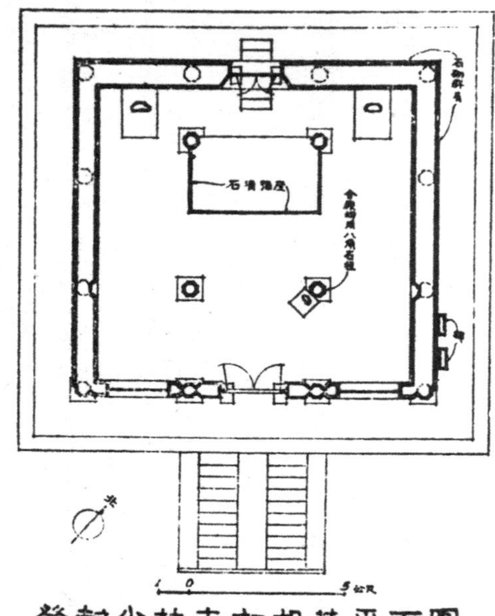


登封少林寺初祖庵平面

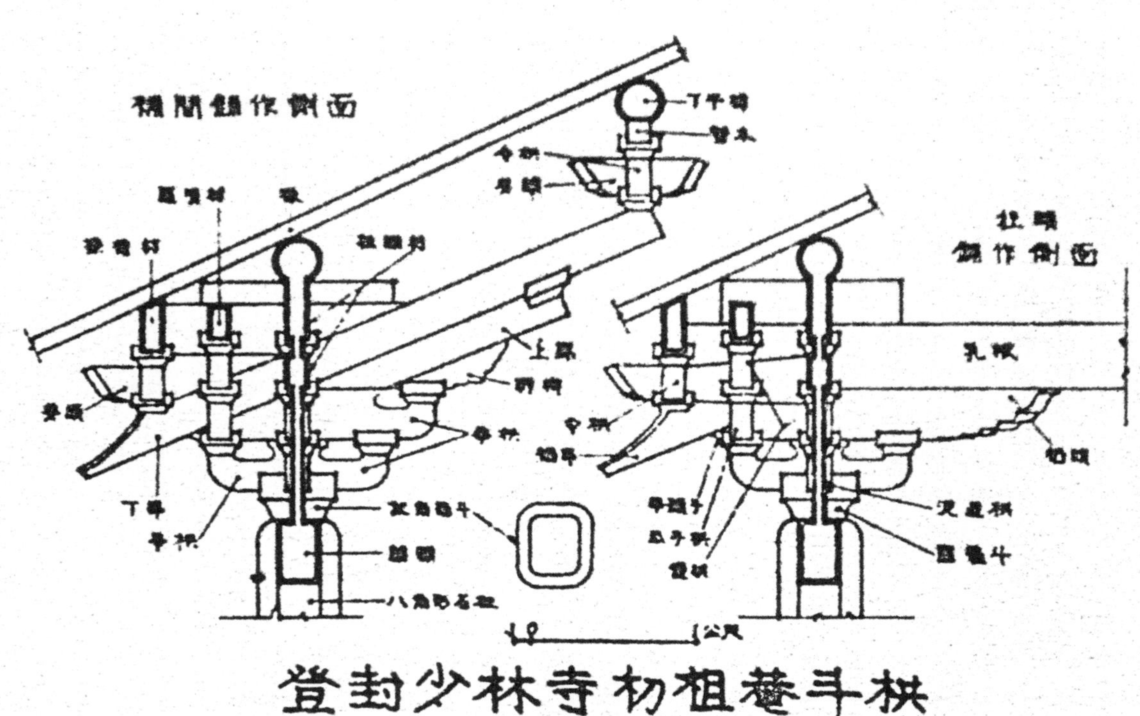


登封少林寺初祖庵斗栱

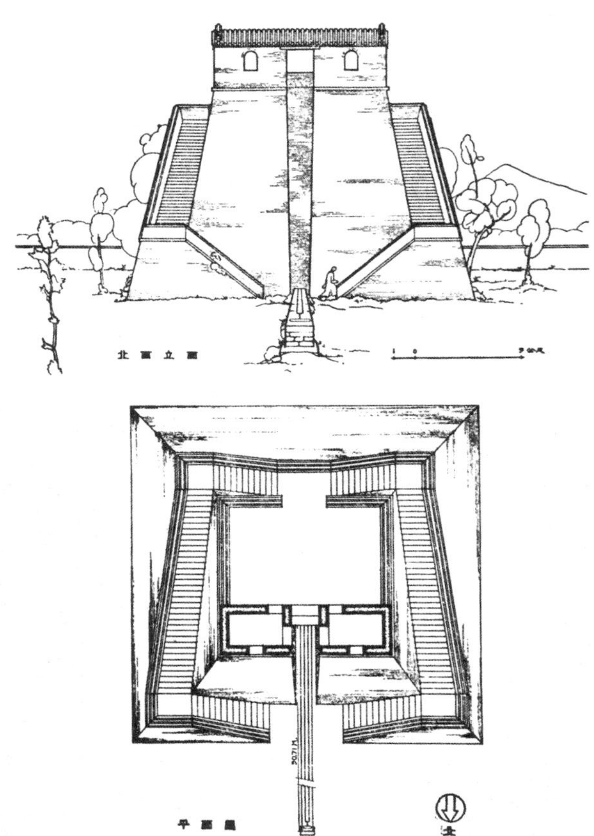


登封告成镇观星台立面、平面

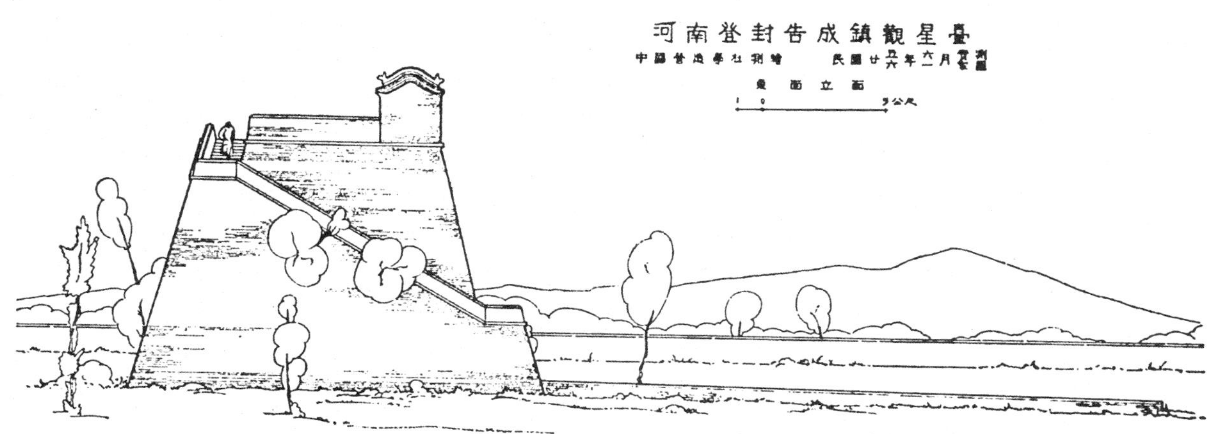


登封告成镇观星台侧立面

河北定县开元寺塔（1936年6月）

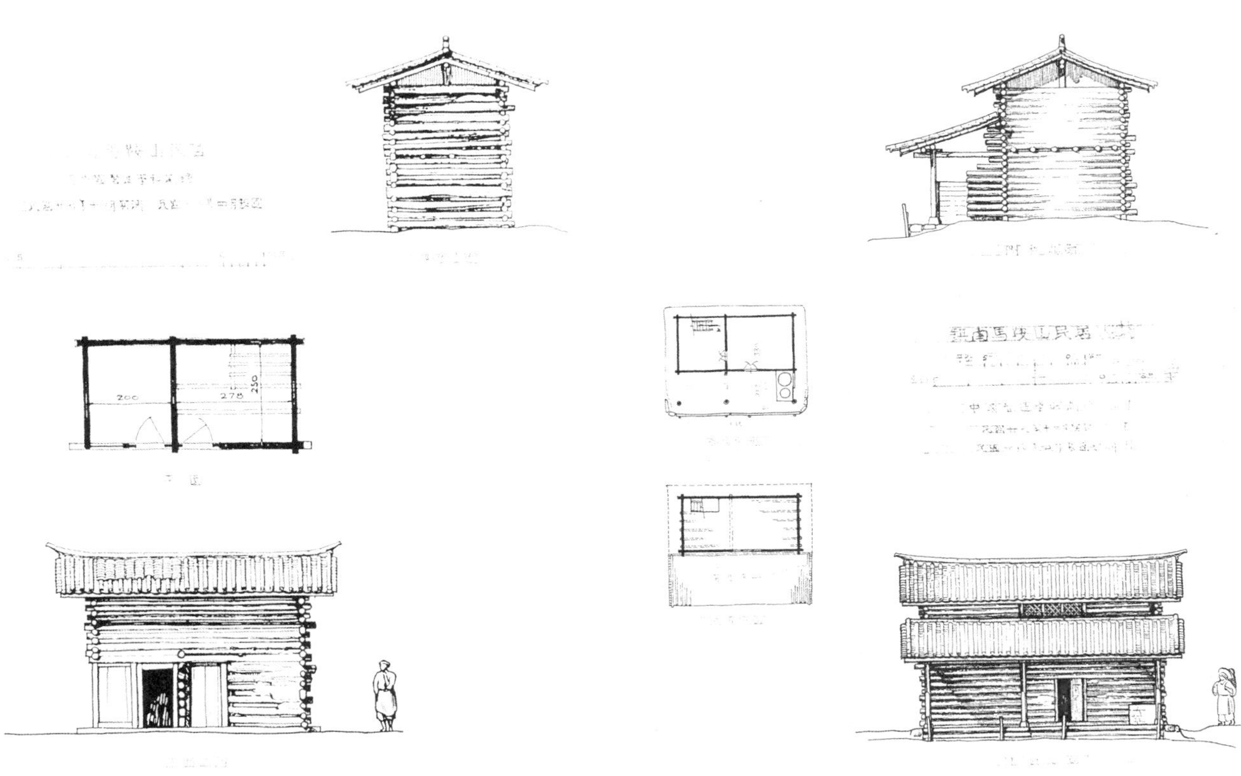

镇南马鞍山民居之一（1938 年）

镇南马鞍山民居之二（1938 年）

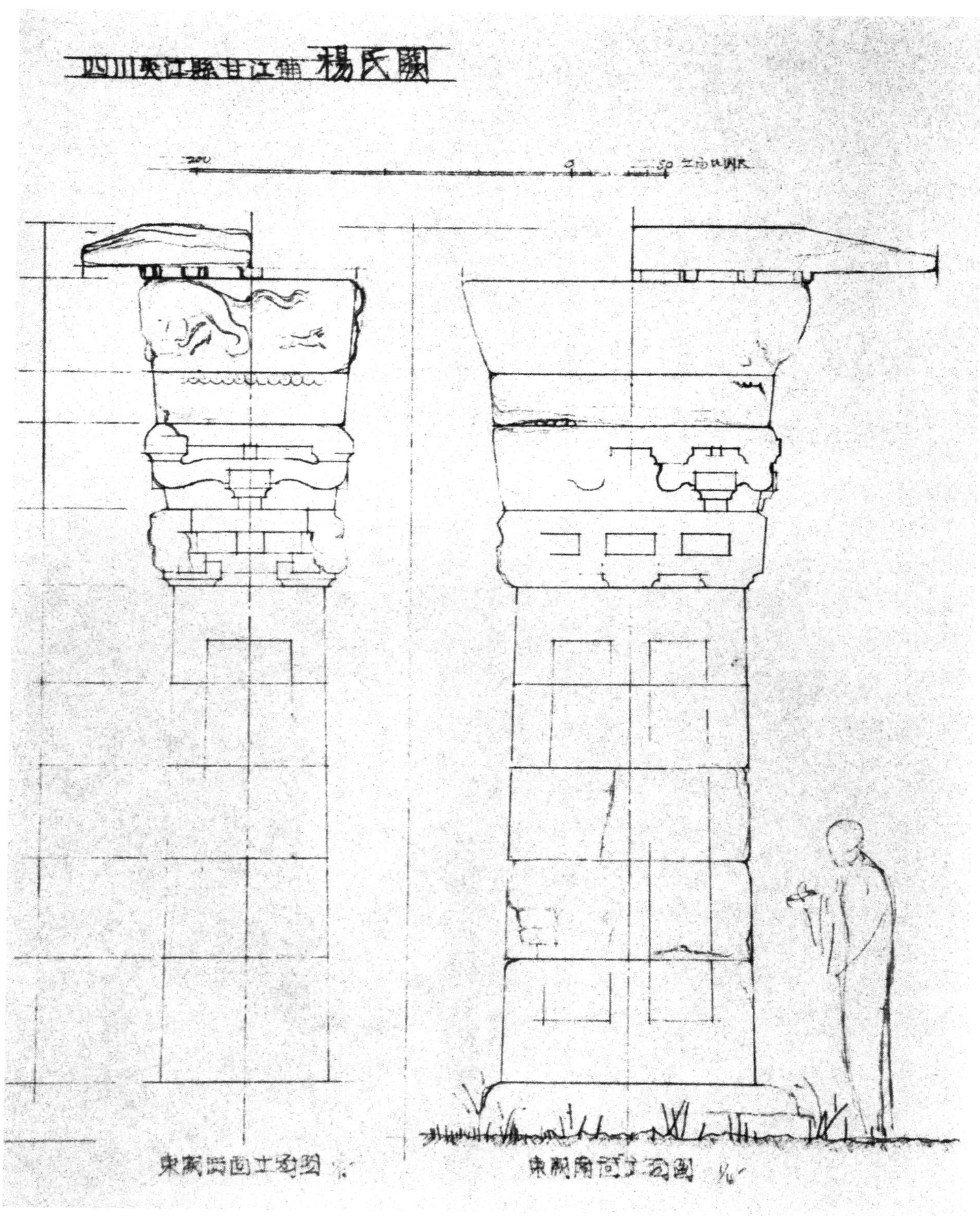


四川夹江杨氏阙图稿（1940年）

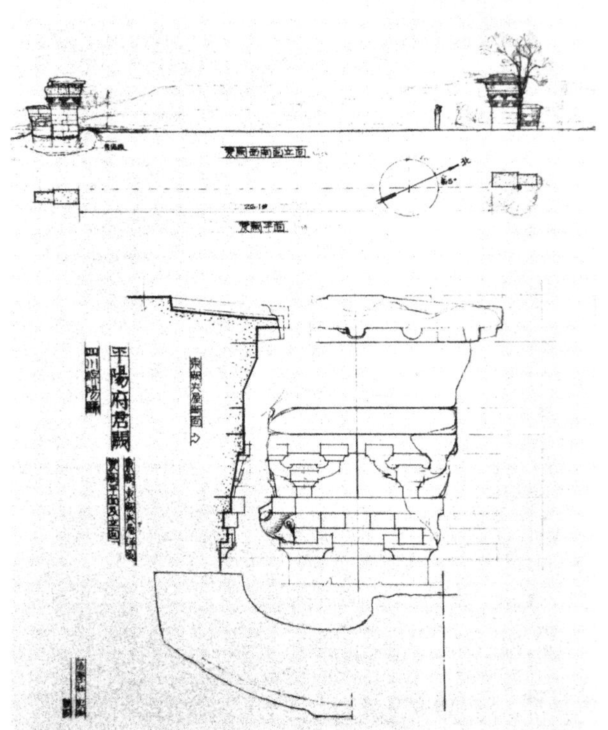

绵阳平阳府君阙图稿 1（1939—1940 年）

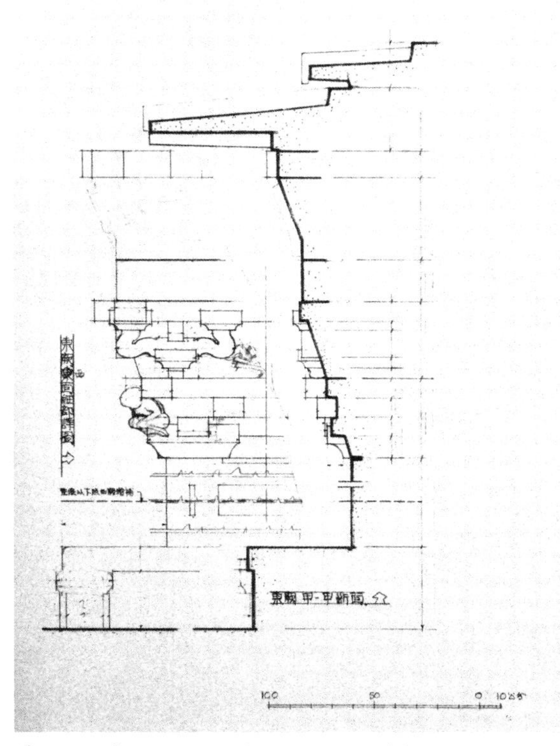


绵阳平阳府君阙图稿 2（1939—1940 年）

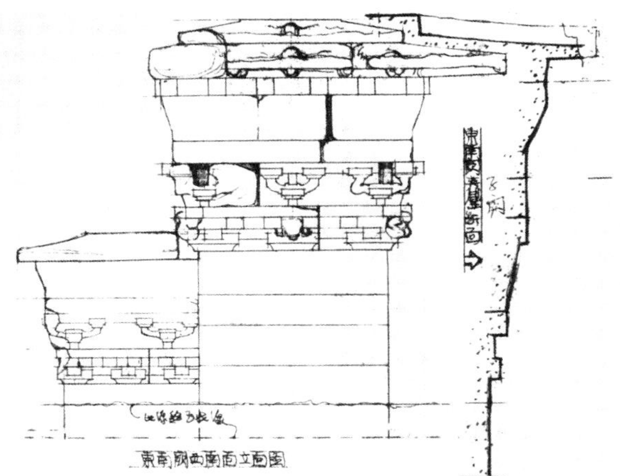


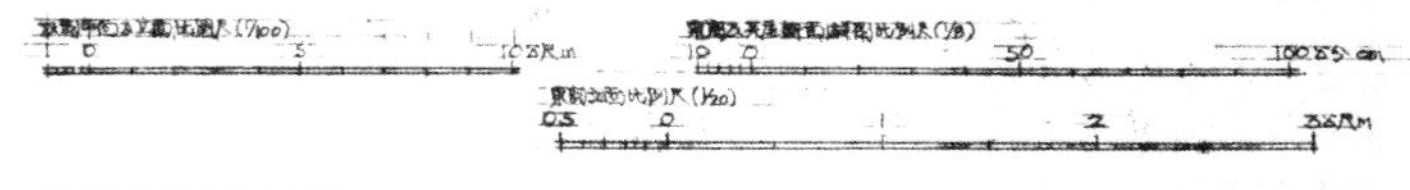



绵阳平阳府君阙图稿 3（1939—1940 年）

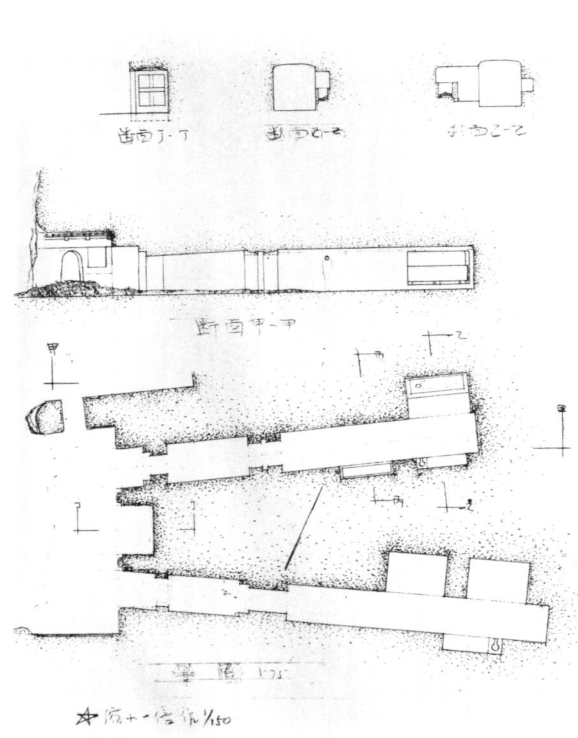

乐山白崖崖墓平面、断面图稿（1939—1940 年）

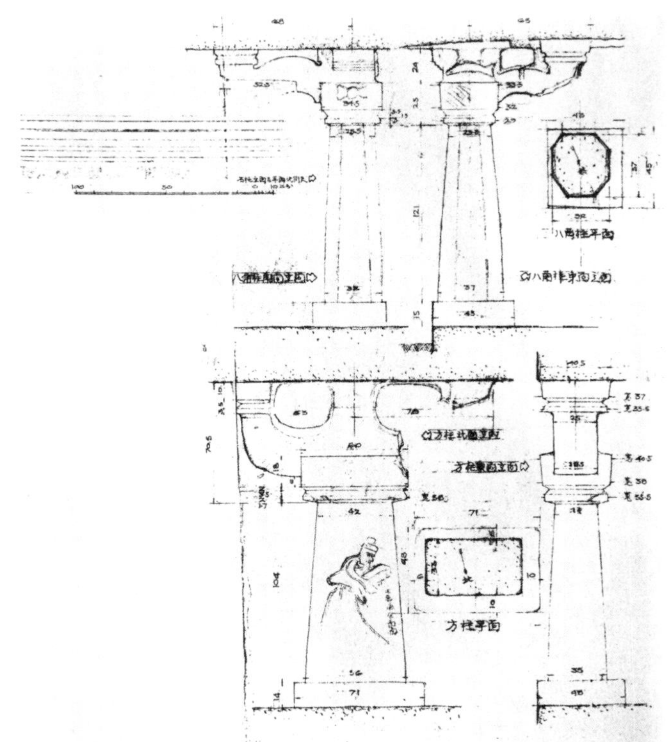

彭山崖墓 530 号墓八角柱、方柱图稿（1941—1942 年）

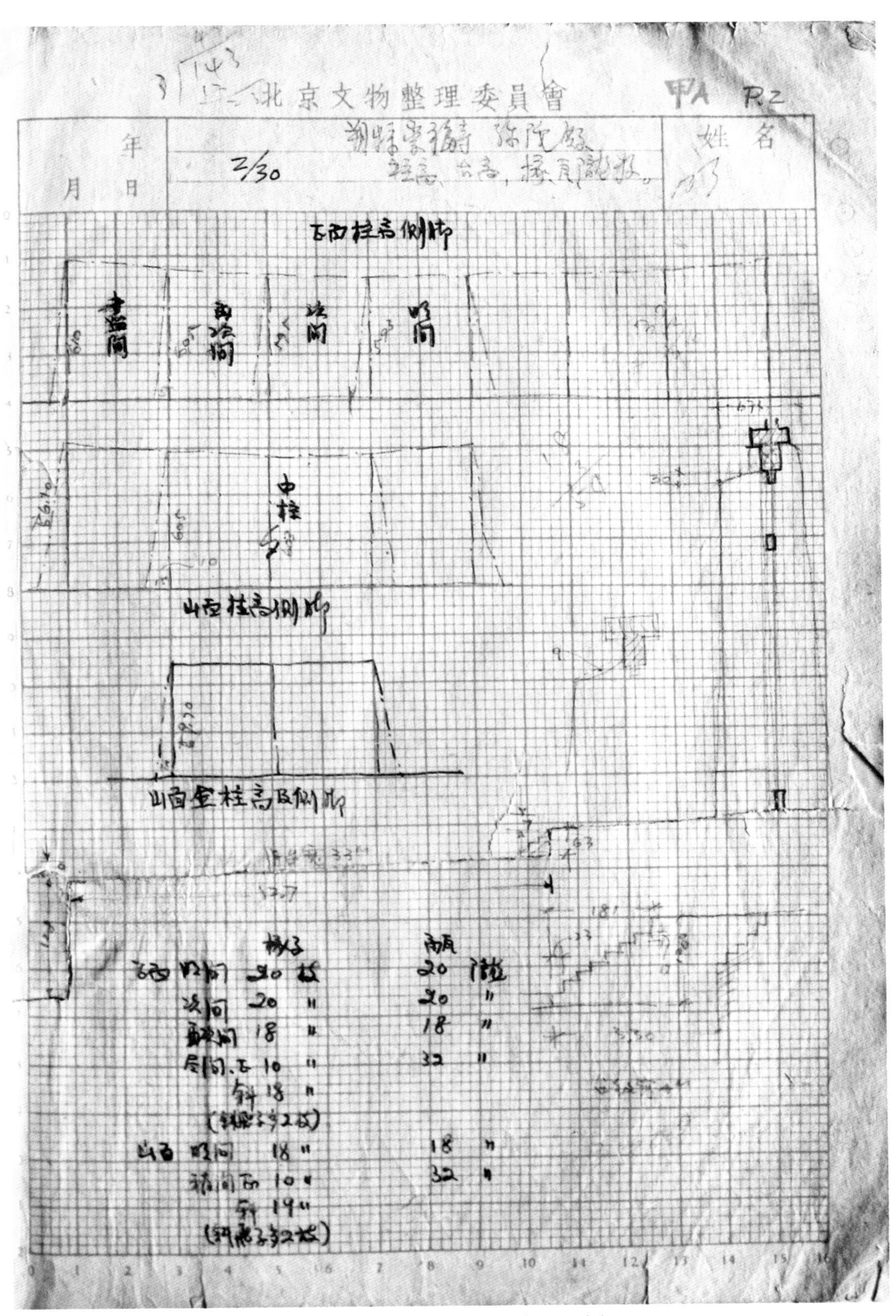

山西朔县崇福寺弥陀殿测稿　柱高、台高、椽、瓦、陇数（1954 年）

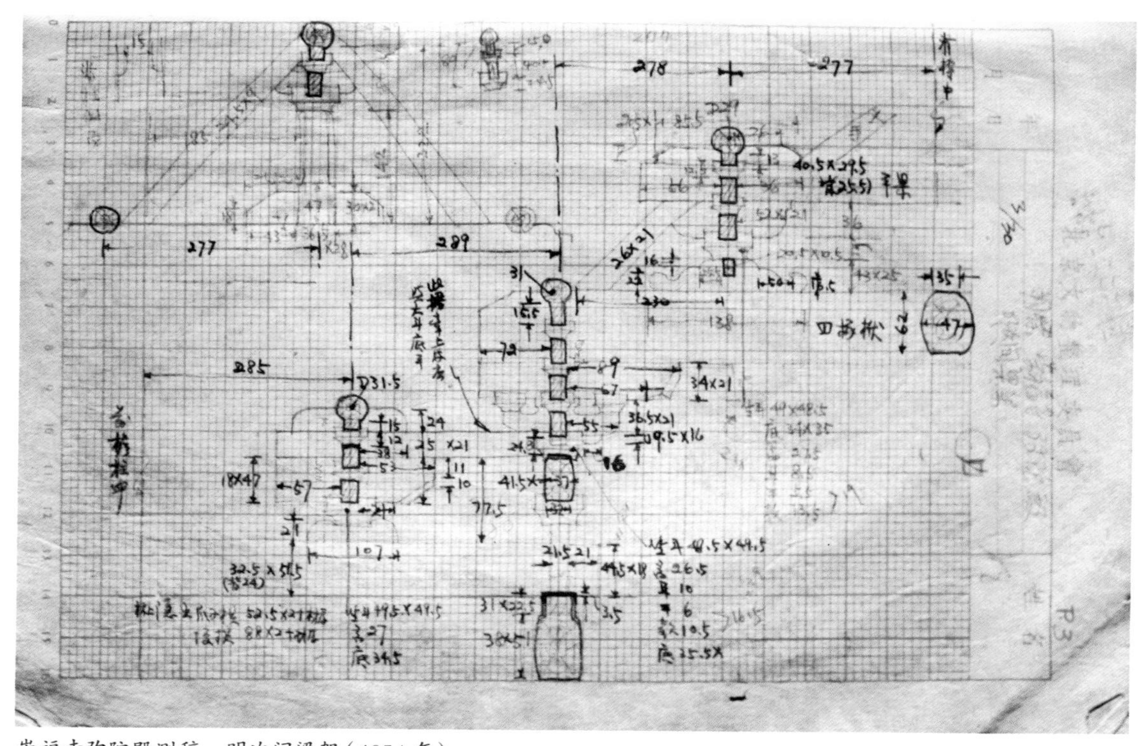

崇福寺弥陀殿测稿　明次间梁架（1954 年）

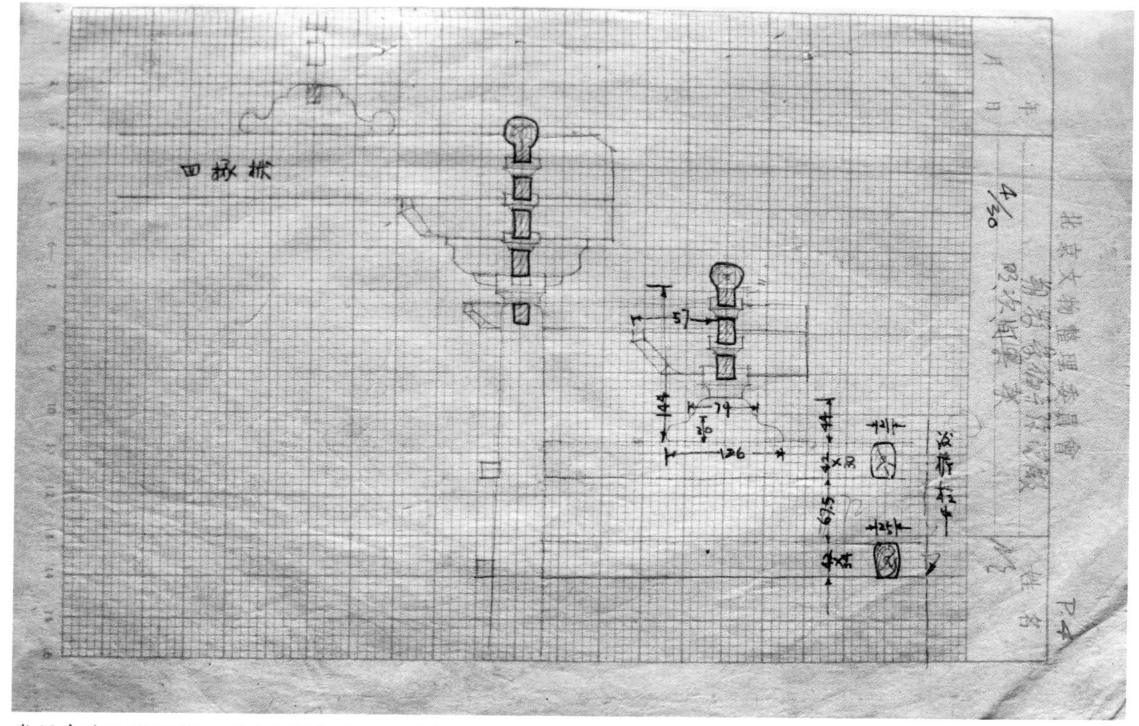

崇福寺弥陀殿测稿　明次间梁架（1954 年）

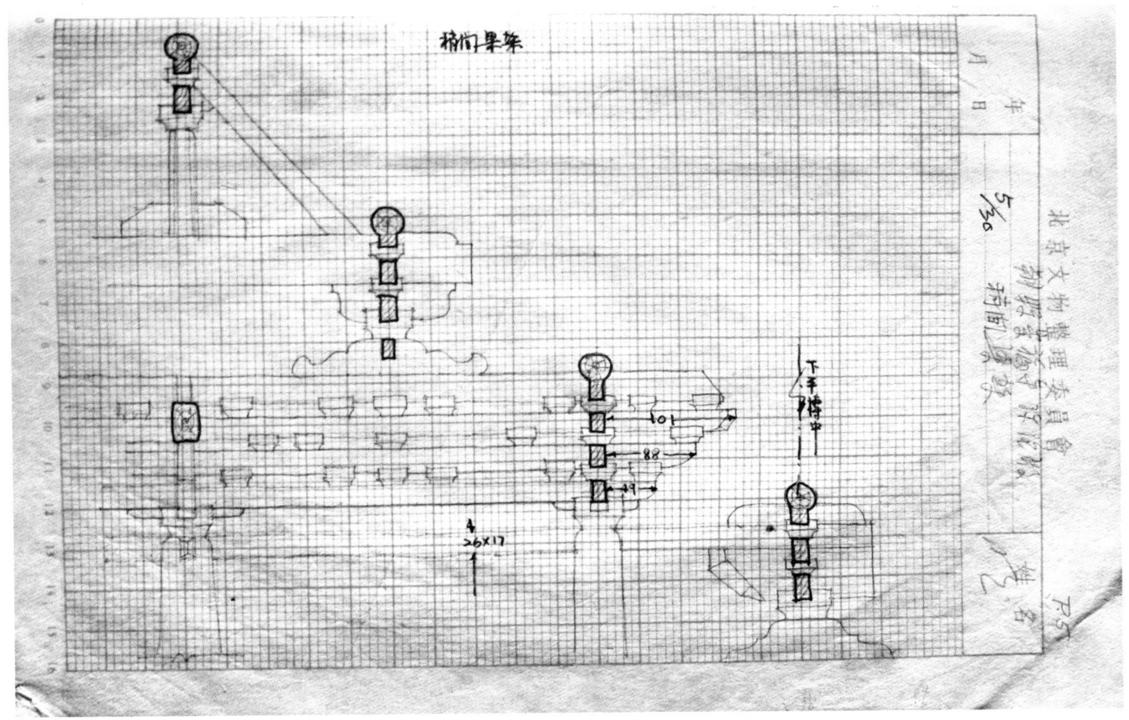

崇福寺弥陀殿测稿　梢间梁架（1954 年）

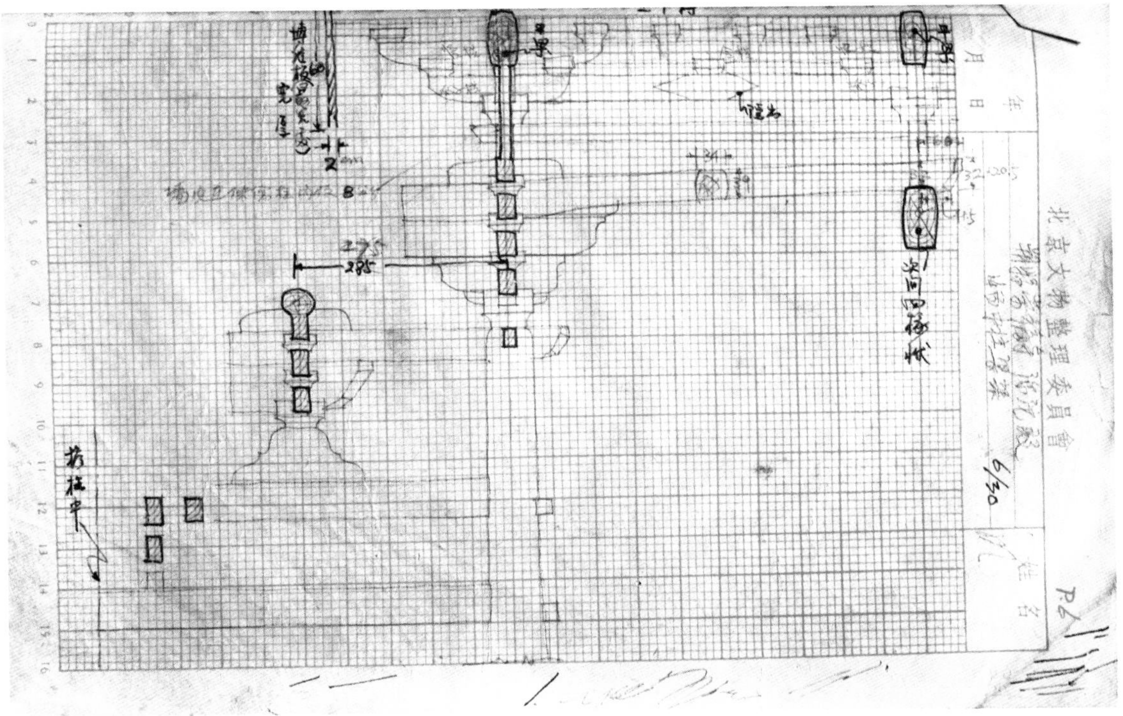

崇福寺弥陀殿测稿　山面中柱梁架（1954 年）

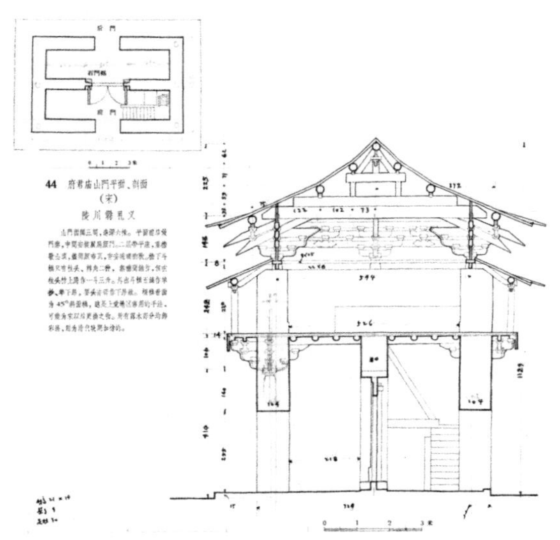

陵川县礼义府君庙山门测绘图批改本（1963 年）

陵川县礼义府君庙山门测绘图批改本　平面（1963 年）

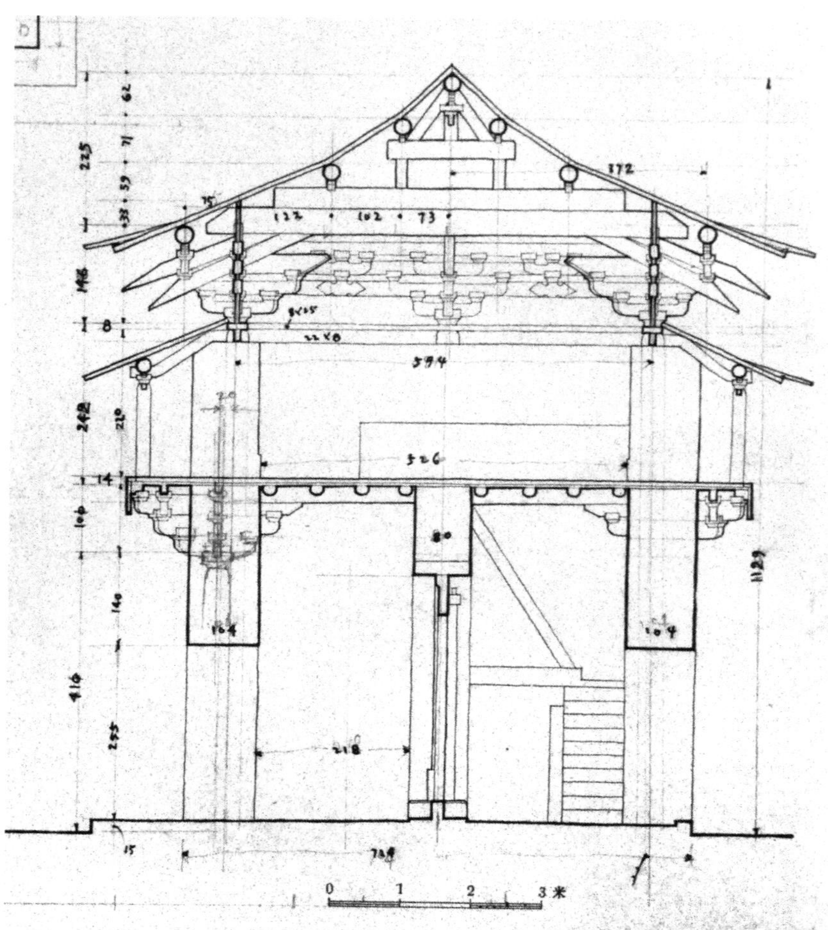


陵川县礼义府君庙山门测绘图批改本剖面（1963 年）

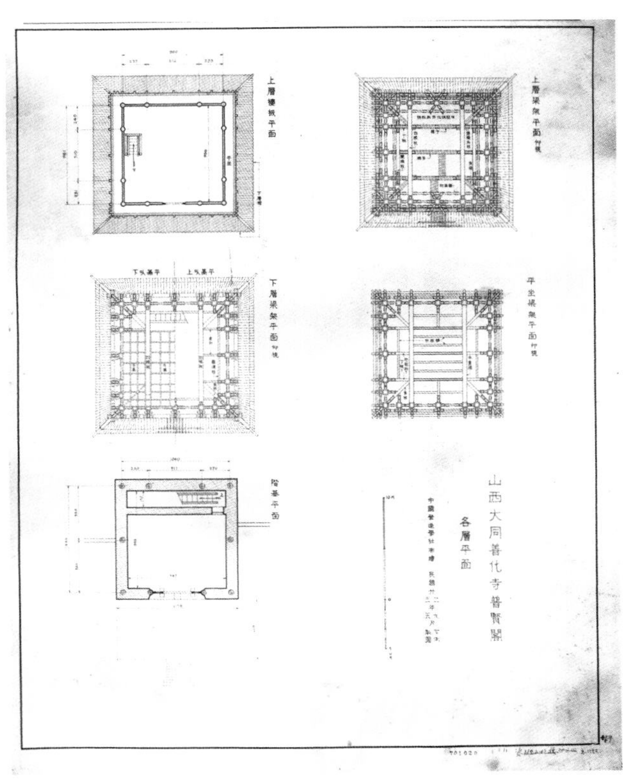

山西大同善化寺普贤阁　各层平面（莫宗江或陈明达绘，系为梁思成、刘敦桢文章配图。1934 年）

善化寺普贤阁　山面立面（莫宗江或陈明达绘，1934 年）

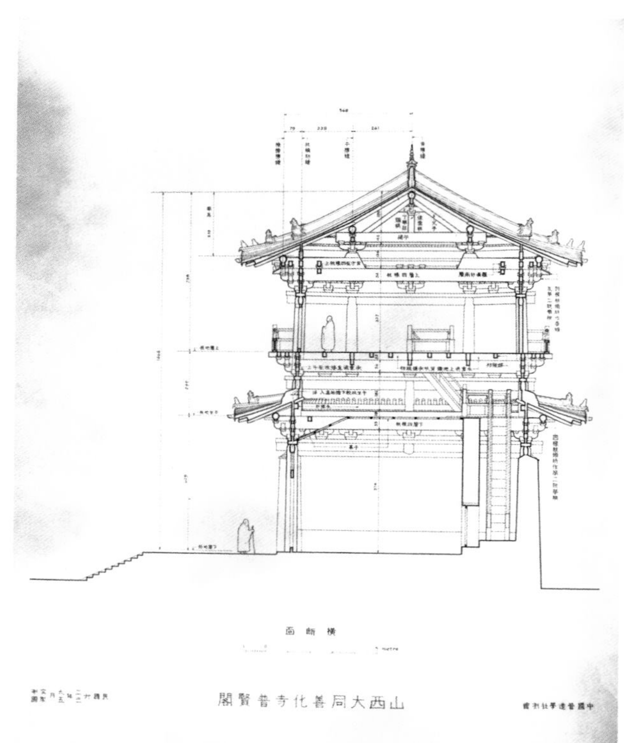


善化寺普贤阁　横断面（莫宗江或陈明达绘，1934 年）

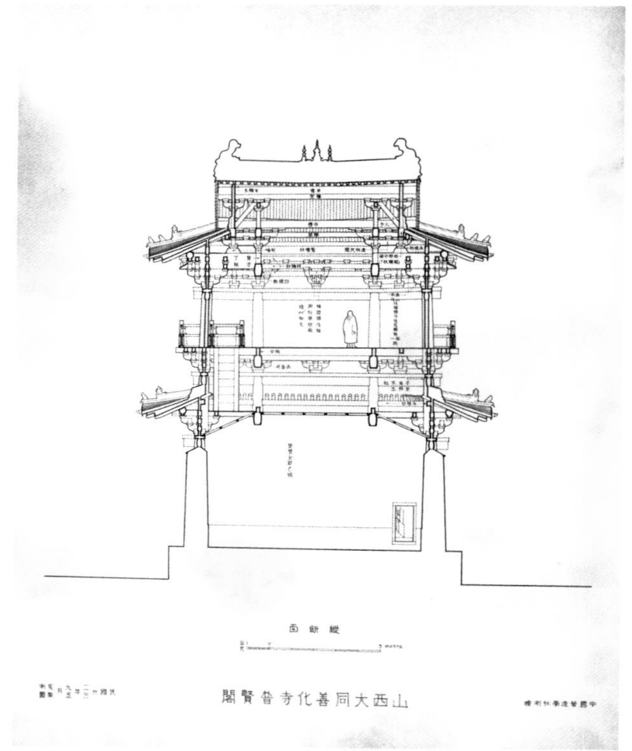


善化寺普贤阁　纵断面（莫宗江或陈明达绘，1934 年）

# 几处重要的木构建筑实测数据分析草图（唐—元）

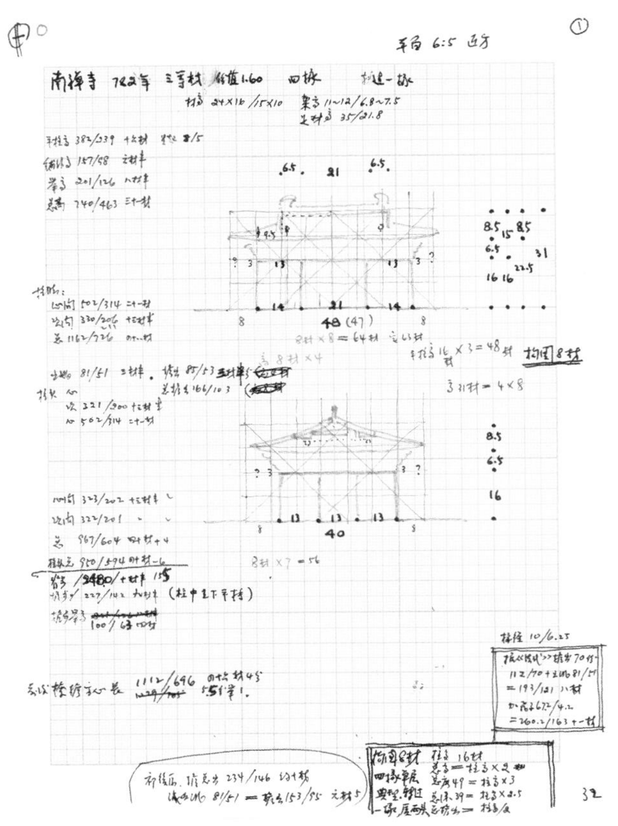

原编序号 1　南禅寺大殿数据分析图稿

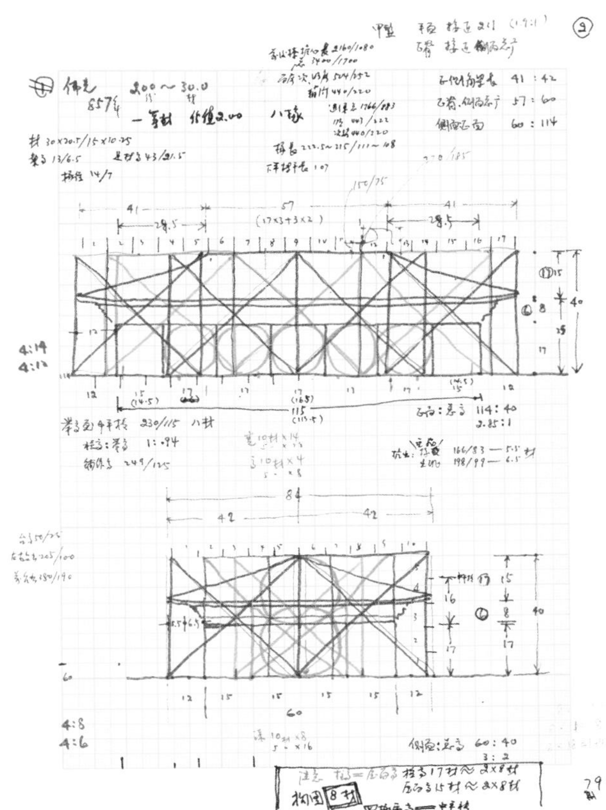

原编序号 2　佛光寺东大殿数据分析图稿

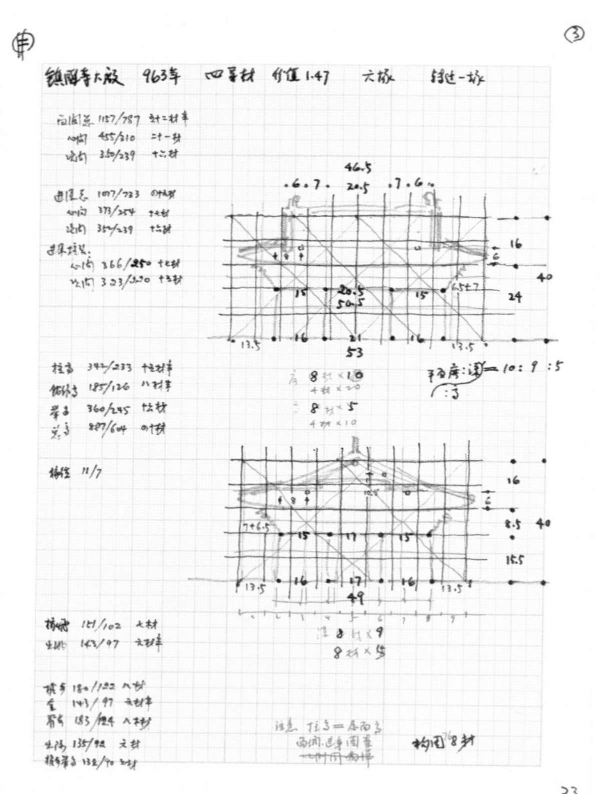


原编序号 3　镇国寺大殿数据分析图稿

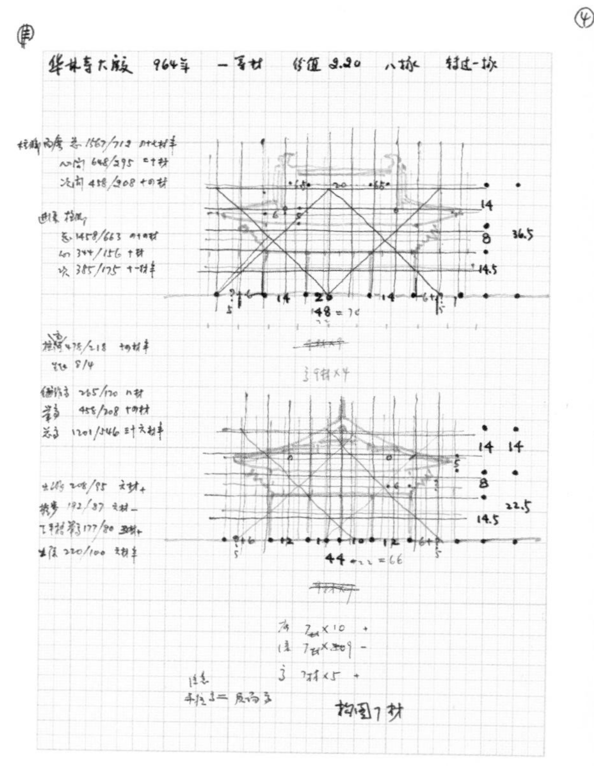


原编序号 4　华林寺大殿数据分析图稿

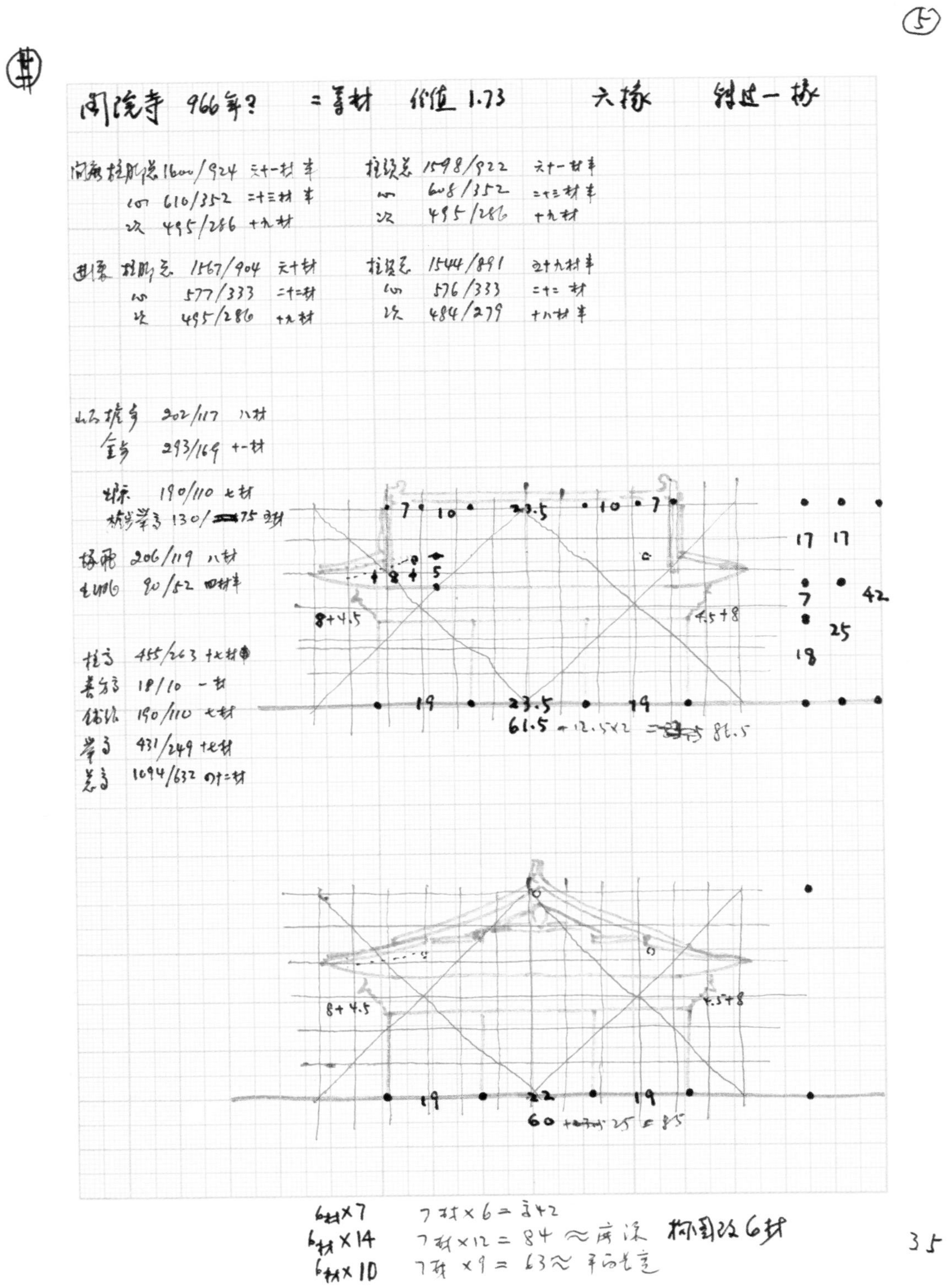

⑤

阁院寺 966年？ =等材 价值1.73 六椽 斜过一椽

面阔 柱脚总 1600/924 六十一材半　柱头总 1598/922 六十一材半
心 610/352 二十三材半　心 608/352 二十三材半
次 495/286 十九材　次 495/286 十九材

进深 柱脚总 1567/904 六十材　柱头总 1544/891 五十九材半
心 577/333 二十二材　心 576/333 二十二材
次 495/286 十九材　次 484/279 十八材半

山面檐步 202/117 八材
全步 293/169 十一材

出际 190/110 七材
梁举高 130/75 五材

檐飞 206/119 八材
生起 90/52 四材半

柱高 455/263 十七材半
普拍方 18/10 一材
铺作 190/110 七材
举高 431/249 十七材
总高 1094/632 四十二材

7 10 23.5 10 7
17 17
7 42
25
18
8+4.5　4.5+8
19 23.5 19
61.5+12.5×2=86.5

8+4.5　4.5+8
19 22 19
60+25=85

6材×7　7材×6=42
6材×14　7材×12=84≈进深　构图改6材
6材×10　7材×9=63≈平面宽

35

原编序号 5　阁院寺文殊殿数据分析图稿

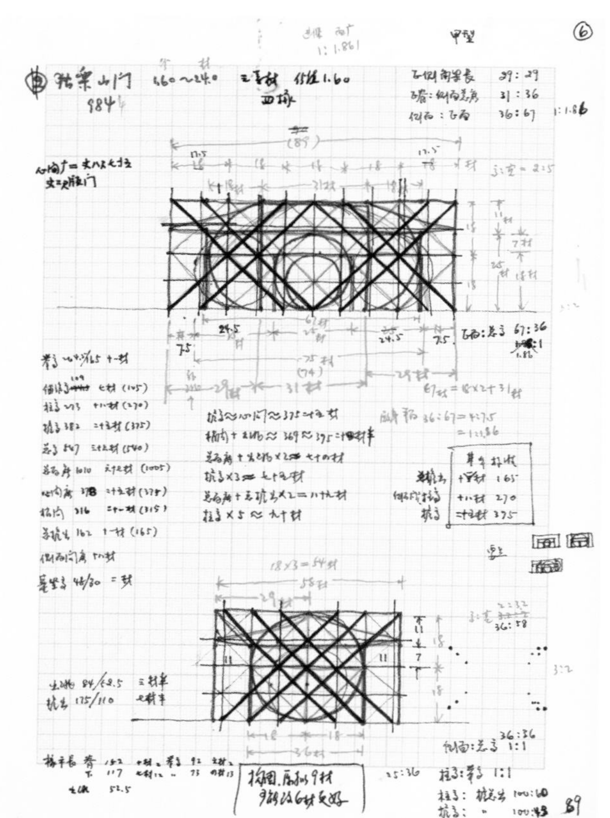

原编序号 6　独乐寺山门数据分析图稿 1

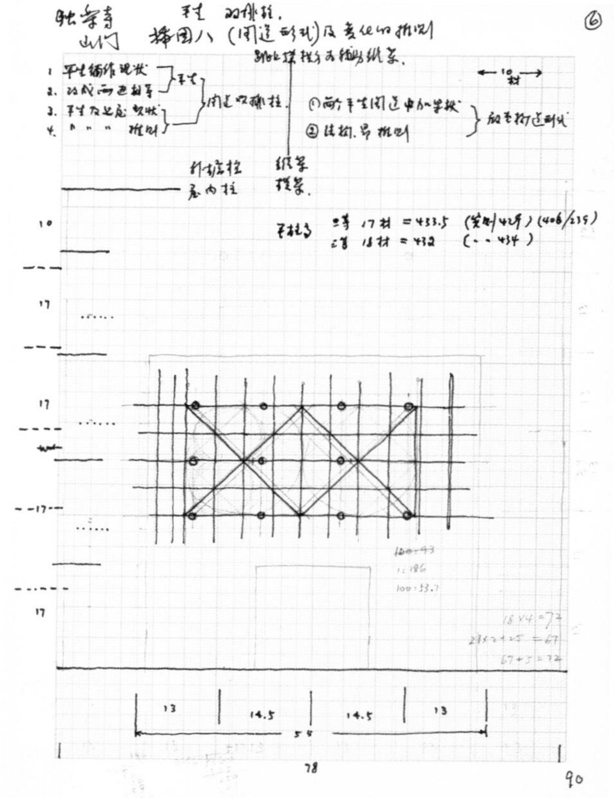

原编序号 6　独乐寺山门数据分析图稿 2

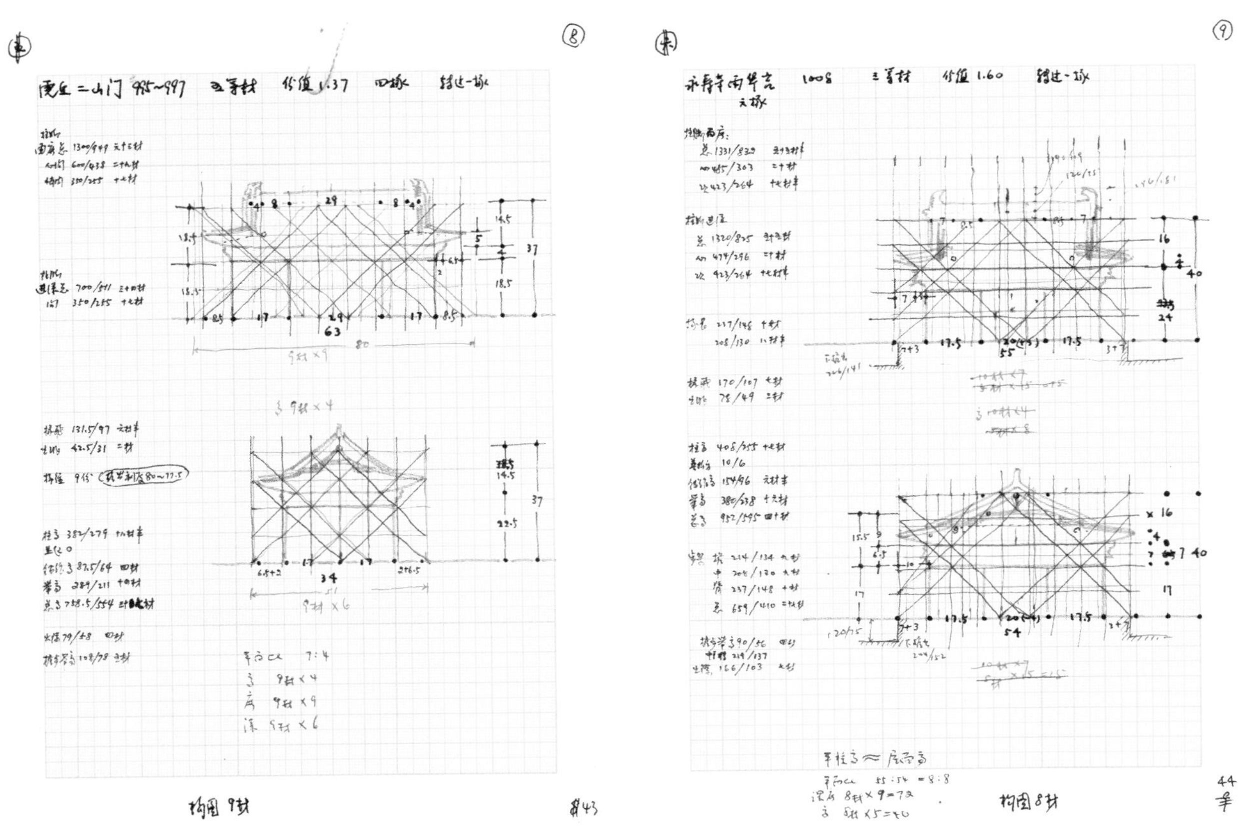

原编序号 8　虎丘二山门数据分析图稿

原编序号 9　永寿寺雨华宫数据分析图稿

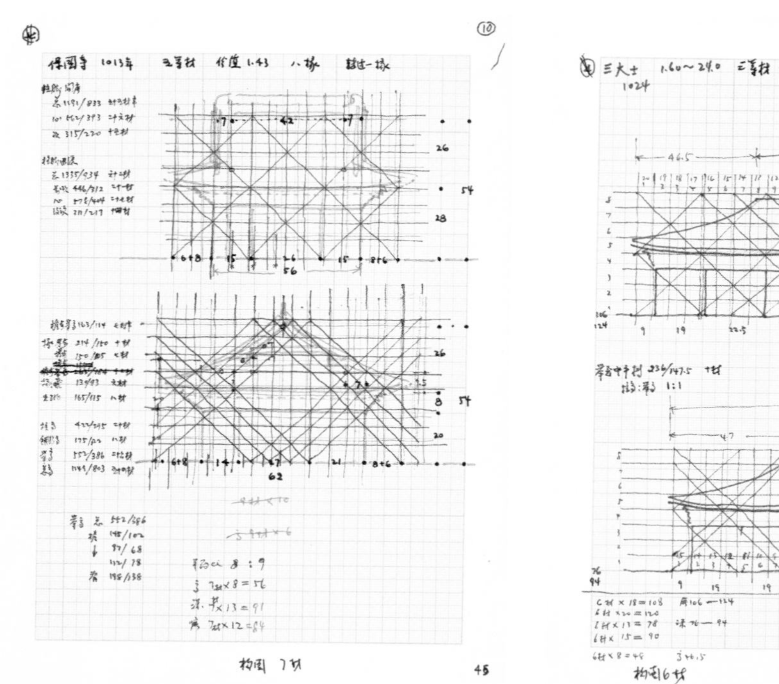

原编序号 10　保国寺大殿数据分析图稿

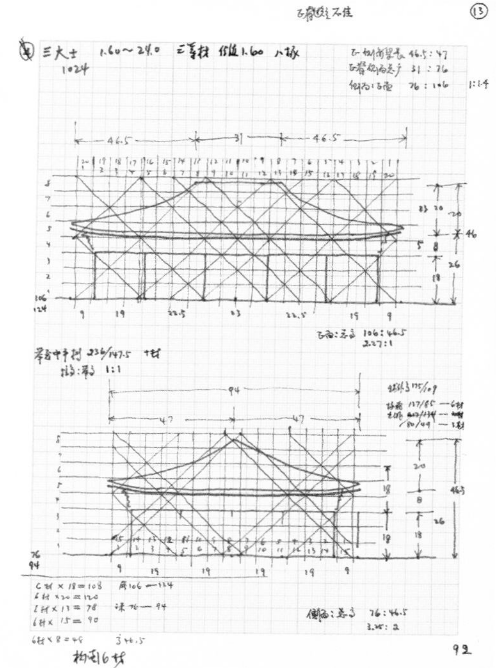

原编序号 13　宝坻广济寺三大士殿数据分析图稿

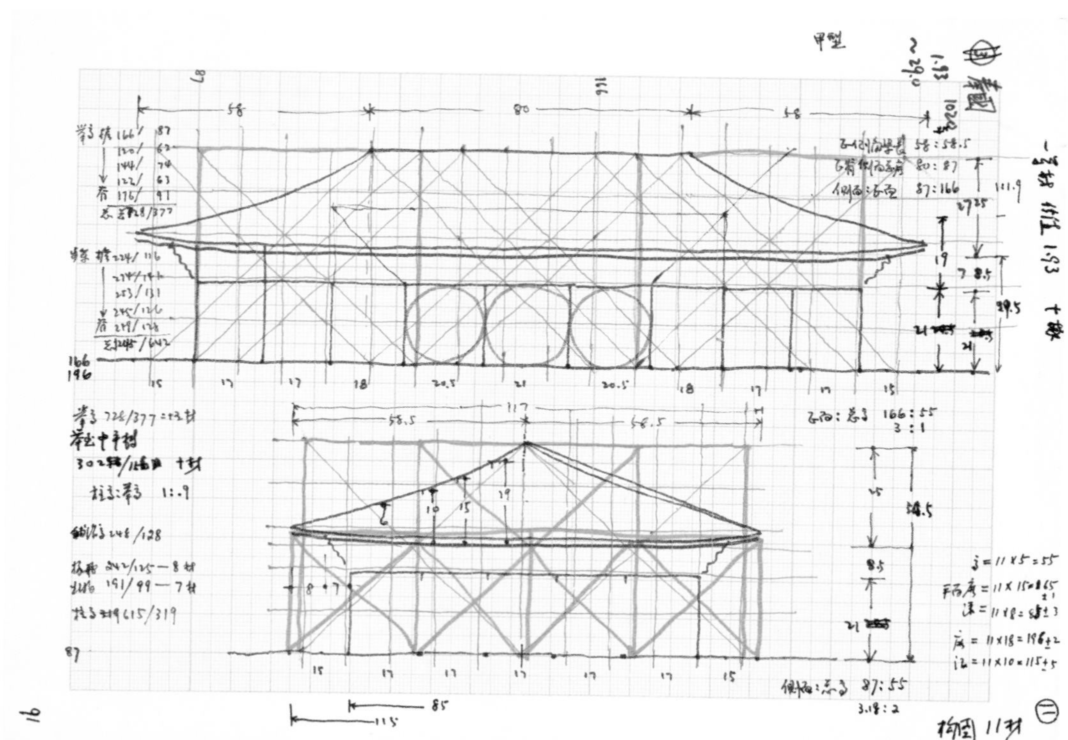

原编序号 11　奉国寺大殿数据分析图稿

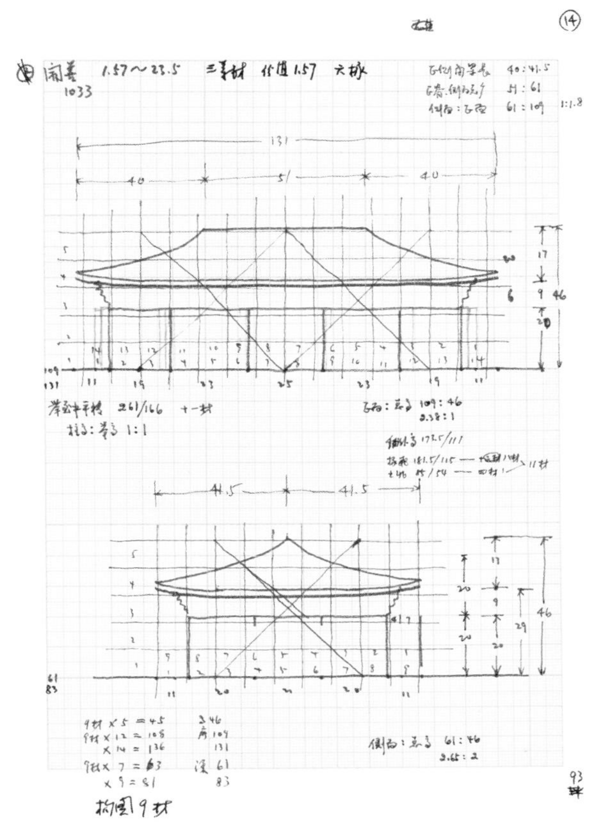

原编序号 14　开善寺大殿数据分析图稿

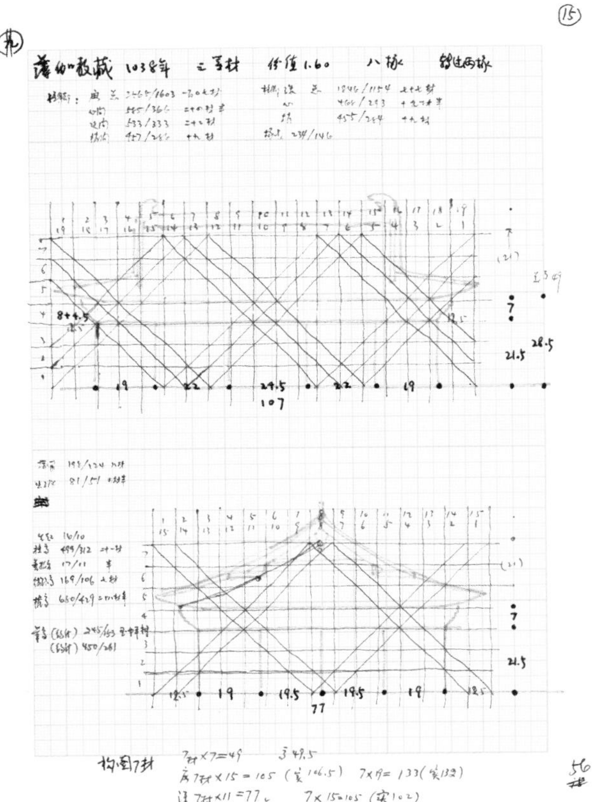

原编序号 15　下华严寺薄伽教藏殿数据分析图稿

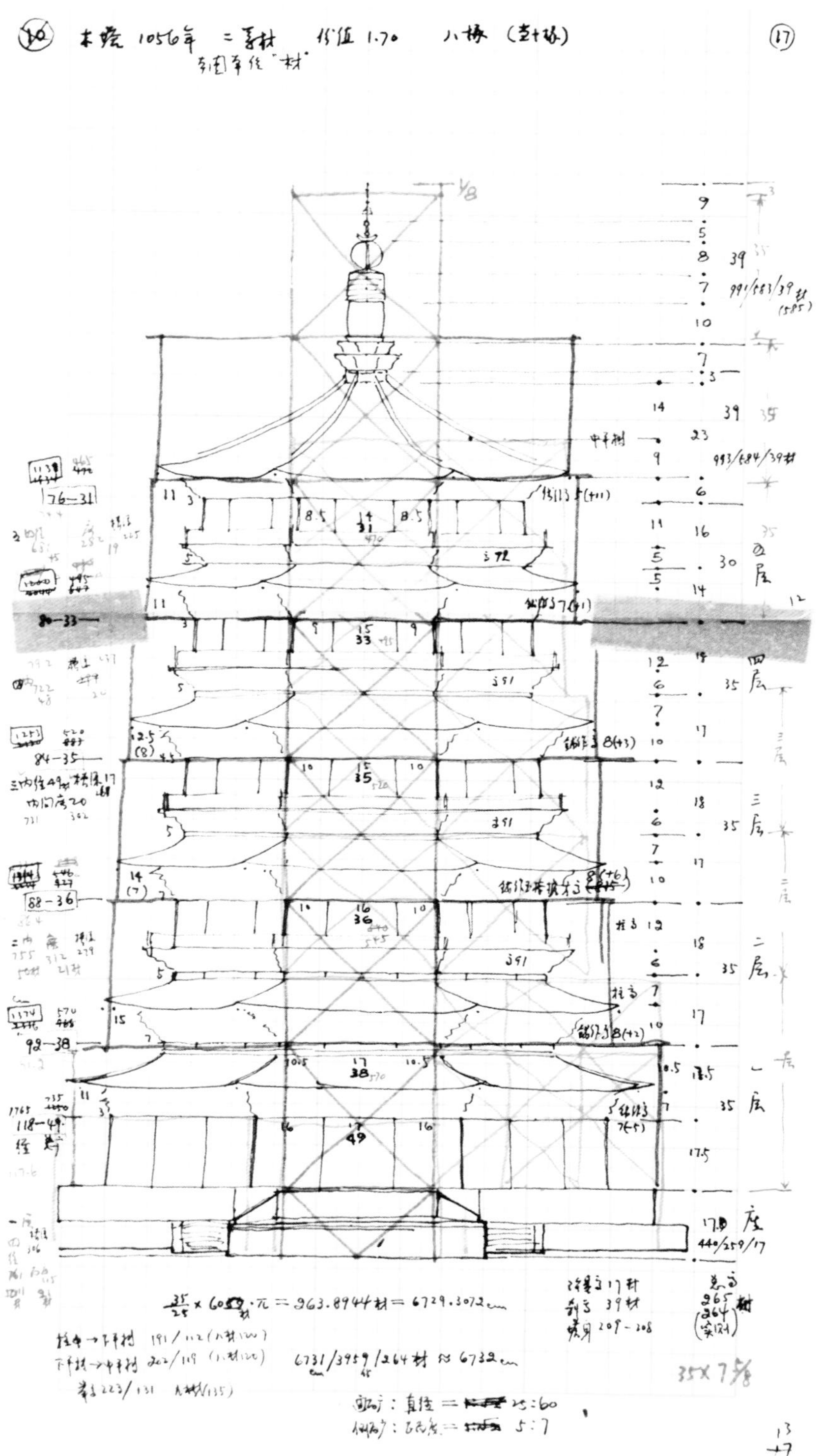

原编序号 17　应县木塔数据分析图稿

原编序号 17　应县木塔数据分析图稿　附表 1

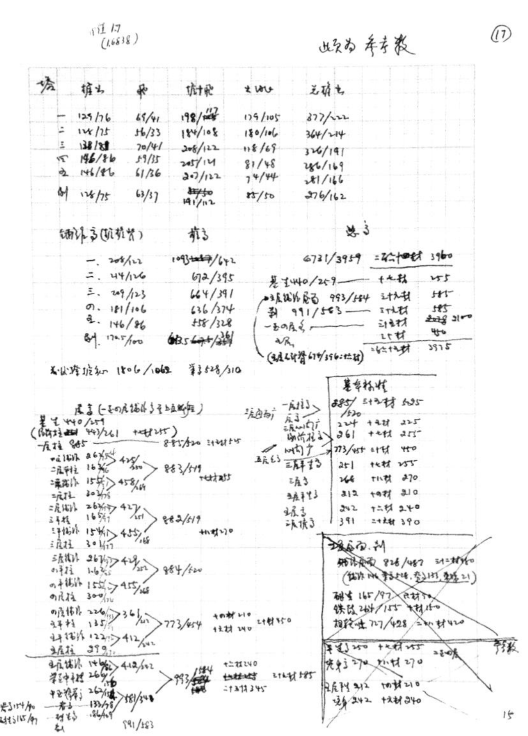

原编序号 17　应县木塔数据分析图稿　附表 2

原编序号 17　应县木塔数据分析图稿　附表 3

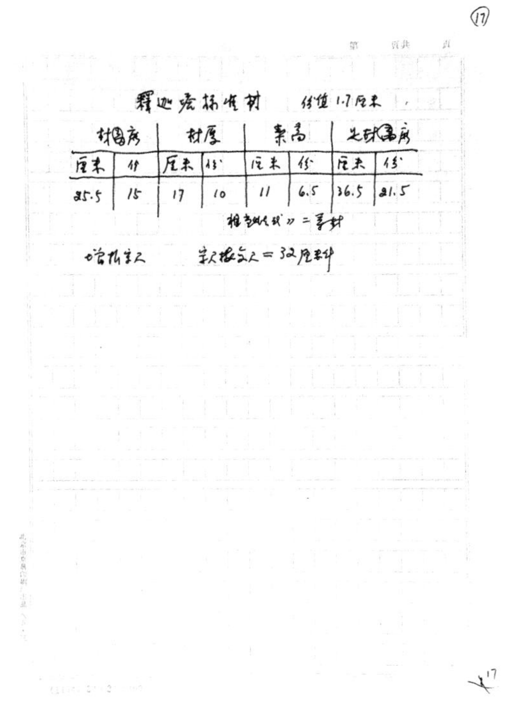

释迦塔标准材　分值1.7厘米

| 材广 | | 材厚 | | 栔高 | | 足材广 | |
|---|---|---|---|---|---|---|---|
| 厘米 | 分 | 厘米 | 分 | 厘米 | 分 | 厘米 | 分 |
| 25.5 | 15 | 17 | 10 | 11 | 6.5 | 36.5 | 21.5 |

原编序号 17　应县木塔数据分析图稿　附表 4

⑰ 18

释迦塔内廊进深实测材份　份值1.7厘米　相当《法式》二等材

厘米/份

| | | 外槽内廊 | | 内槽内廊 | | 进深或直径 | | 平坐高 |
|---|---|---|---|---|---|---|---|---|
| | | 柱脚 | 柱头 | 柱脚 | 柱头 | 柱脚 | 柱头 | |
| 副阶 | 心间(或内径) | 447/263 | 444/261 | | | | | |
| | 次间(或槽深) | 403/237 | 403/237 | | | 329/194 | 332/195 | |
| | 总广(或外径) | 1253/737 | 1250/735 | | | 3027/1781 | 3000/1765 | |
| 一层 | 心间(或内径) | 447/263 | 442/260 | ~~558/328~~ | ~~538/315~~ | 1350/794 | 1294/761 | |
| | 次间(或槽深) | 268/158 | 263/155 | | | 509/299 | 521/306 | |
| | 总广(或外径) | 983/578 | 968/570 | 558/328 | 538/315 | 2369/1393 | 2336/1374 | |
| 二层平坐 | 心间(或内径) | 422/248 | 421/248 | ~~536/315~~ | ~~536/315~~ | 1294/761 | 1294/761 | |
| | 次间(或槽深) | 260/153 | 255/150 | | | 488/287 | 475/279 | |
| | 总广(或外径) | 942/554 | 931/548 | 536/315 | 536/315 | 2270/1335 | 2244/1320 | 121/71 |
| 二层 | 心间(或内径) | 421/248 | 417/245 | ~~536/315~~ | ~~531/312~~ | 1294/761 | 1283/755 | |
| | 次间(或槽深) | 255/150 | 255/150 | | | 475/279 | 4755/279 | |
| | 总广(或外径) | 931/548 | 927/545 | 536/315 | 531/312 | 2244/1320 | 2234/1314 | |
| 三层平坐 | 心间(或内径) | 417/245 | 384/226 | ~~531/312~~ | ~~517/304~~ | 1283/755 | 1250/735 | |
| | 次间(或槽深) | 242/142 | 255/150 | | | 443/261 | 453/267 | |
| | 总广(或外径) | 901/530 | 894/526 | 531/312 | 517/307 | 2170/1276 | 2156/1268 | 120/71 |

2.

⑰ 19

| | | 外槽内廊 | | 内槽内廊 | | 进深或直径 | | 平坐高 |
|---|---|---|---|---|---|---|---|---|
| | | 柱脚 | 柱头 | 柱脚 | 柱头 | 柱脚 | 柱头 | |
| 三层 | 心间(或内径) | 384/226 | 381/224 | | | 1250/735 | 1242/731 | |
| | 次间(或槽深) | 255/150 | 251/148 | | | 452/266 | 444/261 | |
| | 总广(或外径) | 894/526 | 883/520 | 517/304 | 514/302 | 2156/1268 | 2130/1253 | 120/71 |
| 四层平坐 | 心间(或内径) | 380/224 | 377/222 | | | 1242/731 | 1228/722 | |
| | 次间(或槽深) | 235/138 | 235/138 | | | 406/239 | 408/240 | |
| | 总广(或外径) | 850/500 | 847/498 | 514/302 | 509/259 | 2054/1208 | 2044/1202 | |
| 四层 | 心间(或内径) | 377/222 | 376/221 | | | 1228/722 | 1228/722 | |
| | 次间(或槽深) | 235/138 | 233/137 | | | 408/240 | 406/238 | |
| | 总广(或外径) | 847/498 | 842/495 | 509/299 | 509/259 | 2044/1202 | 2040/1200 | 124/73 |
| 五层平坐 | 心间(或内径) | 370/218 | 368/216 | | | 1164/685 | 1164/685 | |
| | 次间(或槽深) | 220/129 | 217/128 | | | 391/230 | 385/226 | |
| | 总广(或外径) | 810/476 | 802/472 | 482/284 | 482/284 | 1946/1145 | 1934/1138 | |
| 五层 | 心间(或内径) | 368/216 | 364/214 | | | 1164/685 | 1158/681 | |
| | 次间(或槽深) | 217/128 | 217/128 | | | 385/226 | 382/225 | |
| | 总广(或外径) | 802/472 | 798/470 | 482/284 | 480/282 | 1934/1138 | 1922/1131 | 127/75 |

2.

原编序号17　应县木塔数据分析图稿　附表5

⑰

释迦塔柱高（层高、总高）实测材份　份值1.7厘米

厘米/份　相当《法式》三等材

外檐

| | 平柱高 | 柱下铺作高 | 普拍方高 | 层高（普拍方至…） | （小计） |
|---|---|---|---|---|---|
| 副阶柱（基 生起） | 420/247 | | 17/10 | 440/259<br>437/257 | 750/441 |
| 副阶屋盖 | | 170.5/100 | 举高 142/84 | 312.5/184 | |
| 一层 | 868/510 | | 17/10 | 885/520 | |
| 二层平坐 | 200/118 | 208/122 | 17/10 | 425/250 | 883/519 |
| 二层 | 286/168 | 155/91 | 17/10 | 458/269 | |
| 三层平坐 | 196/115 | 214/126 | 17/10 | 427/251 | 882/519 |
| 三层 | 284/167 | 154/91 | 17/10 | 455/268 | |
| 四层平坐 | 203/119 | 209/123 | 17/10 | 429/252 | 884/520 |
| 四层 | 283/167 | 155/91 | 17/10 | 455/268 | |
| 五层平坐 | 163/96 | 181/106 | 17/10 | 361/212 | 773/454 |
| 五层 | 273/160 | 122/72 | 17/10 | 412/242 | |
| 五层屋盖及刹座 | 319/187 | 146/86 | 举高 528/311 | 993/584 | |
| 刹 | | | | 991/583 | |
| 总高 | | | | 6731/3959 | |

注　各层内外柱均无升起，仅副阶角柱高起6厘米，计…

…铺作高：自普拍方上皮至撩檐方上皮

原编序号17　应县木塔数据分析图稿　附表6

⑰

释迦塔柱高、层高、总高实测材份

厘米/份、份值1.7厘米　相当《法式》三等材

身槽内

| | 柱高 | 柱下铺作高 | 普拍方高 | 层高（普拍方至…） | （小计） |
|---|---|---|---|---|---|
| 一层 | 905/532 | | 17/10 | 922/542 | |
| 二层平坐 | 196.5/116 | 191.5/113 | 17/10 | 405/239 | 882/519 |
| 二层 | 316/186 | 144/85 | 17/10 | 477/281 | |
| 三层平坐 | 225.5/133 | 191.5/113 | 17/10 | 434/256 | 883/520 |
| 三层 | 316/186 | 116/68 | 17/10 | 449/264 | |
| 四层平坐 | 196.5/116 | 191.5/113 | 17/10 | 405/239 | 849/499 |
| 四层 | 276/162 | 149/88 | 17/10 | 442/260 | |
| 五层平坐 | 161.5/95 | 191.5/113 | 17/10 | 370/218 | 786/462 |
| 五层 | 286/168 | 113/66.5 | 17/10 | 416/245 | |
| 屋盖 | | | | 4320/2541 | |

屋盖层 993/584：

807/475
- 铺作 146/86
- 举高 528/311
- 木刹座 133/78
- 刹基 [illegible] 180/109

此总构外檐一至五层高 4307/2533
屋盖及刹座至刹下 807/475
总构高 5114/3008

13/7.5

外檐 4307/2533

原编序号17　应县木塔数据分析图稿　附表7

⑰

释迦塔椽平长、举高、实测材份

份值1.7厘米　相当《法式》三等材（厘米/份）

| | 撩檐方心至脊槫平长 | 外檐柱心至…长 | 椽平长、举高：下平槫 | 中平槫 | 上平槫 | 脊槫 | 举% |
|---|---|---|---|---|---|---|---|
| 副阶椽 | 375/221 | 85/50 | 290/171 | | | | [illegible] |
| 副阶举高 | 142/84 | | | | | | 38 |
| 一层椽 | 210/123 | 179.5/105 | 30/18 | | | | |
| 一层举高 | 105/62 | | | | | | 50 |
| 二层椽 | 212/125 | 180/106 | 32/19 | | | | |
| 二层举高 | 95/56 | | | | | | 45 |
| 三层椽 | 192/113 | 118/70 | 74/43 | | | | |
| 三层举高 | 101/59 | | | | | | 52 |
| 四层椽 | 175/103 | 81/48 | 94/55 | | | | |
| 四层举高 | 92/54 | | | | | | 53 |
| 五层椽* | 903/531 | 74/44 | 191/112 | 202/119 | 213/125 | 223/131 | |
| 五层举高 | 528/311 | 37/22 | 85/50 | 103/61 | 138/81 | 165/97 | 58 |

* 屋面前后总平长903/531，前后撩檐方心总长1806/1062，前后撩檐方背相距264/155，故前后撩檐方心长2070/1218

原编序号17　应县木塔数据分析图稿　附表8

⑰

释迦塔　檐出、出际、生出、脊槫增长，实测材份

份值1.7厘米　相当法式三等材（厘米/份）

| | | 檐出 | 飞子出 | 檐出合计 | 出际 | 总檐出 |
|---|---|---|---|---|---|---|
| | 副阶 | 128/75 | 63/37 | 190/112 | 85/50 | 276/162 |
| | 一层 | 129/76 | 69/41 | 198/117 | 179/105 | 377/222 |
| | 二层 | 128/75 | 56/33 | 184/108 | 180/106 | 364/214 |
| | 三层 | 138/81 | 70/41 | 208/122 | 118/69 | 326/191 |
| | 四层 | 146/86 | 59/35 | 205/121 | 81/48 | 286/169 |
| | 五层 | 146/86 | 61/36 | 207/122 | 74/44 | 281/166 |
| 生出 | 副阶 | 15 | 15 | 15 | | |
| | 一层 | 20 | 12 | 20 | | |
| | 二层 | 15 | 20 | 15 | | |
| | 三层 | 14 | 14 | 14 | | |
| | 四层 | 19 | 23 | 19 | | |
| | 五层 | 17 | 11 | 17 | | |

原编序号17　应县木塔数据分析图稿　附表9

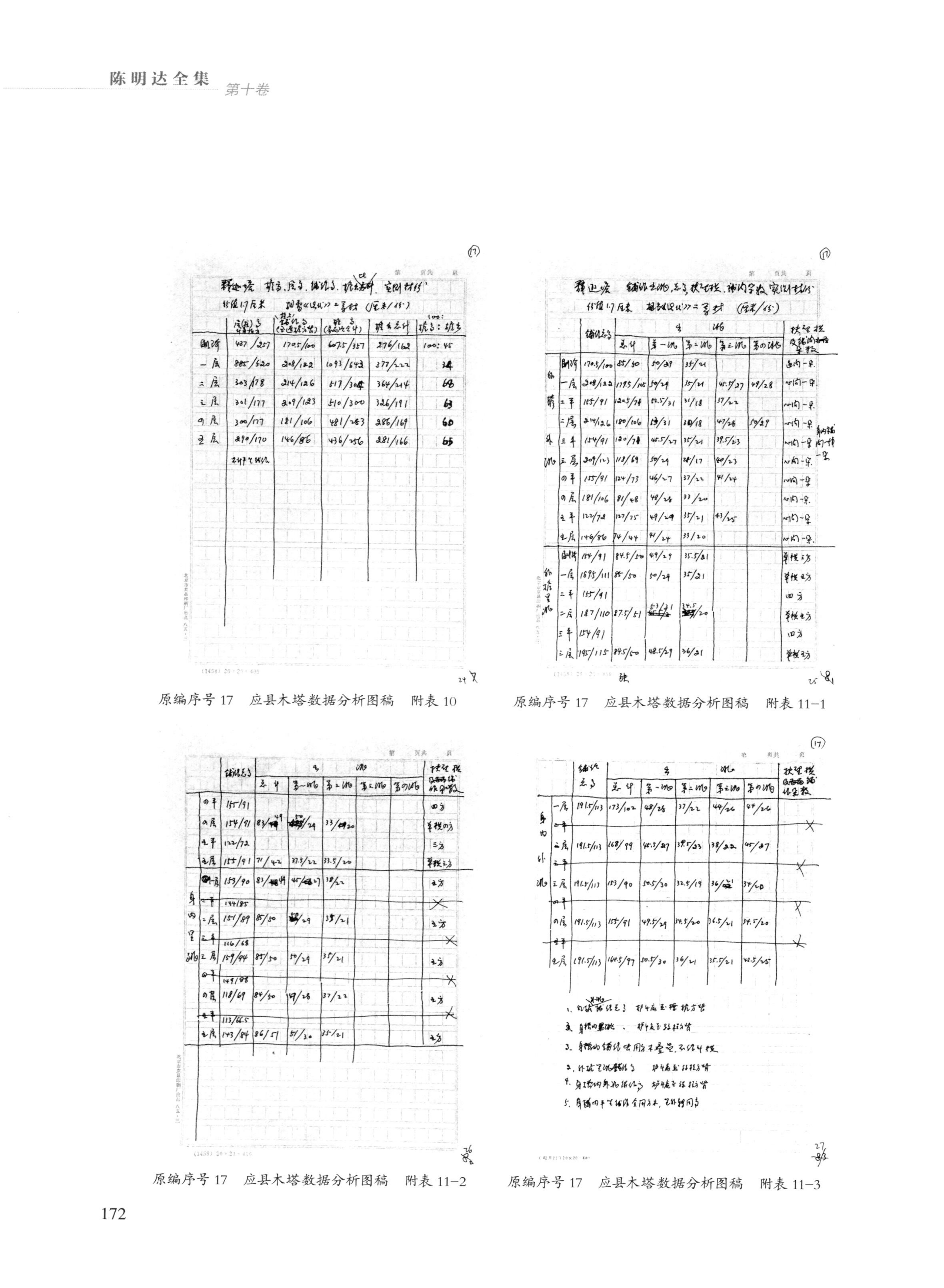

| | [illegible] | [illegible] | [illegible] | [illegible] | [illegible] |
|---|---|---|---|---|---|
| 副阶 | 437/257 | 170.5/100 | 607.5/357 | 276/162 | 100:45 |
| 一层 | 885/520 | 208/122 | 1093/643 | 377/222 | 34 |
| 二层 | 303/178 | 214/126 | 517/304 | 364/214 | 68 |
| 三层 | 301/177 | 209/123 | 510/300 | 326/191 | 63 |
| 四层 | 300/177 | 181/106 | 481/283 | 286/169 | 60 |
| 五层 | 290/170 | 146/86 | 436/256 | 281/166 | 65 |

原编序号 17　应县木塔数据分析图稿　附表 10

原编序号 17　应县木塔数据分析图稿　附表 11—1

原编序号 17　应县木塔数据分析图稿　附表 11—2

原编序号 17　应县木塔数据分析图稿　附表 11—3

(17)

第　页共　页

释迦塔 主要构件规格 实测数据

份值1.7厘米 相当《法式》二等材（厘米/份）

| | | 长 | 广(或径) | 厚 |
|---|---|---|---|---|
| 合首 | 乳栿 | 两椽 521~382/306~225 | ~~51~47/30~27~~ 同下 | ~~26~~ ~~21~19~~ 30~23/18~17 |
| | 草乳栿 | 两椽 521~382/306~225 | 48~44/28~26 | ~~30/19~18~~ |
| | 六椽栿 | 六椽 1294~1164/761~685 | 65~60/38~35 39 | 40~32/24~19 |
| | 四椽栿 | 四椽 710/418 | 56/33 | 30/18 |
| | 平梁 | 两椽 368/216 | 46/27 | 25/15 |
| | 平梁 | 两椽 264/155 | 36/21 | 28/17 |
| | 柱径 | | 56~64/33~38 | |
| 丁栿方 | 栿径 | | 37.5~30/22~18 | 20~16/12~9 |
| | 椽径 | | 15/9~13/8 | |
| | 替木 | 182~104/107~62 | 13~12/8~7 | |
| | 普拍方 | | 17/10 | 32/19 |
| | 阑额 | | 36/21 | 17/10 |

| | 长 | | | 广 | | 厚 | |
|---|---|---|---|---|---|---|---|
| 栌斗 | 面方 52/30 | 底方 37/22 | 高 | 32/19 | 耳 12/7 | 平 7/4 | 欹 13/8 |
| 小栌斗 | 〃 42/25 | 〃 29/17 | 〃 | 27/16 | 9/5 | 7/4 | 11/7 |
| 角栌斗 | 〃 62/37 | 〃 47/28 | 〃 | 32/19 | 12/7 | 7/4 | 13/8 |

28

（电开21）20×20=400

原编序号17　应县木塔数据分析图稿　附表12

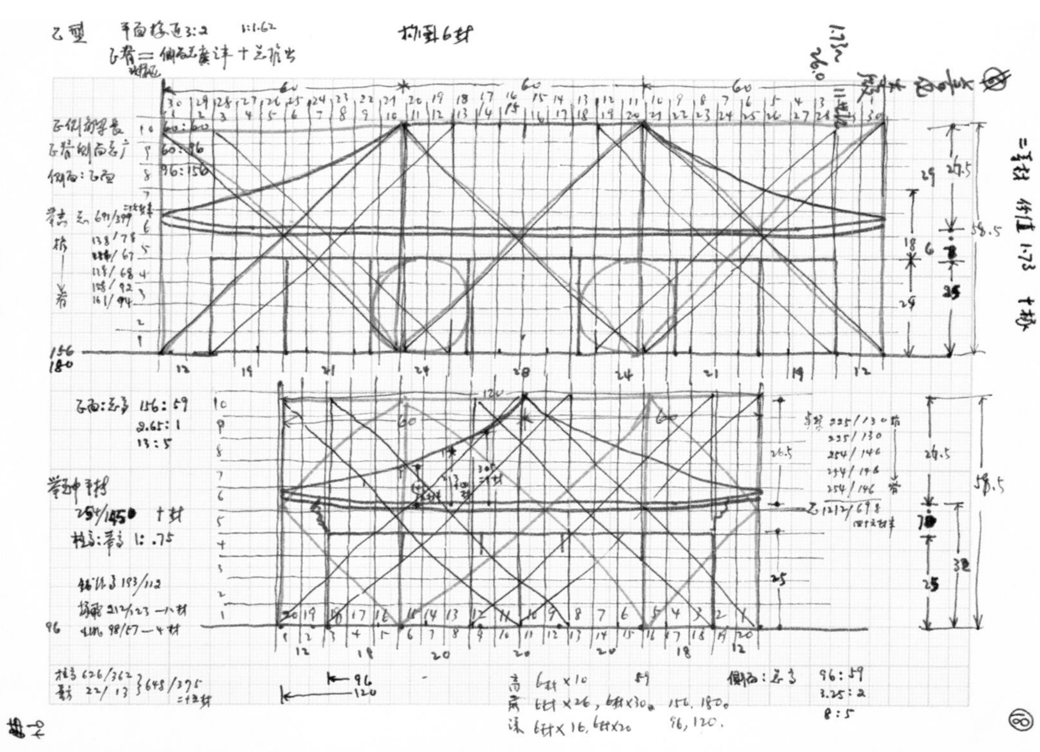

原编序号 18　善化寺大殿数据分析图稿

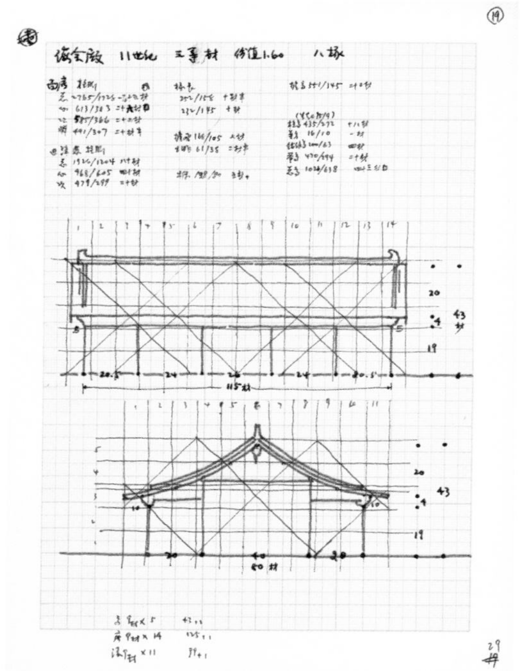

原编序号 19　上华严寺海会殿数据分析图稿

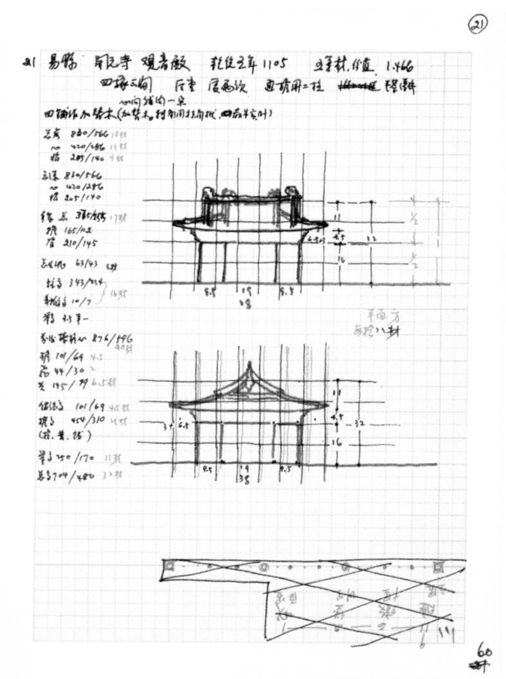

原编序号 21　易县开元寺观音殿数据分析图稿

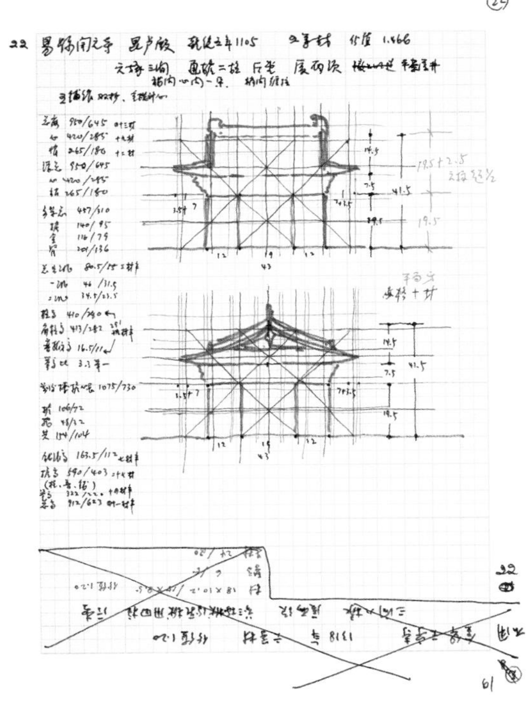

原编序号 22　易县开元寺毗卢殿数据分析图稿

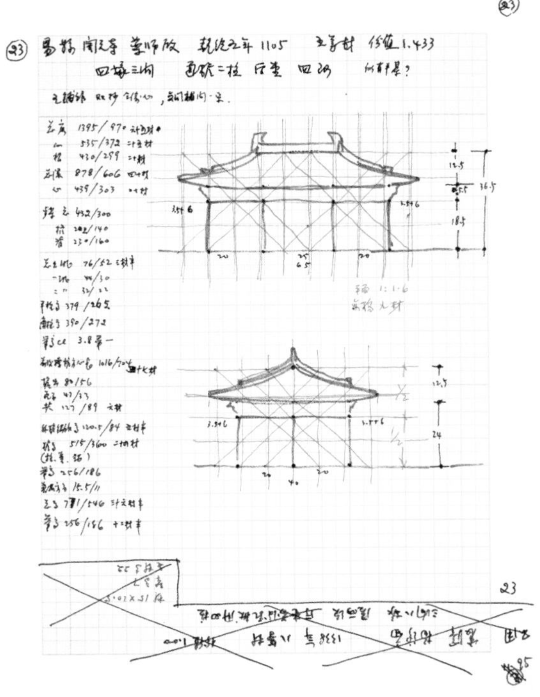

原编序号 23　易县开元寺药师殿数据分析图稿

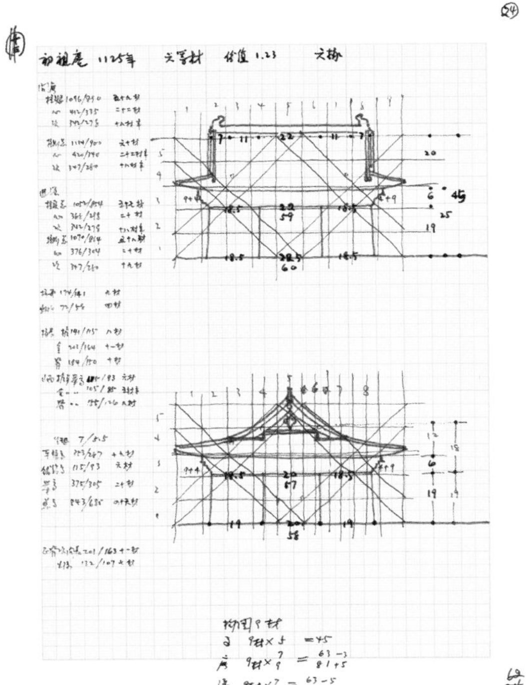

原编序号 24　少林寺初祖庵数据分析图稿

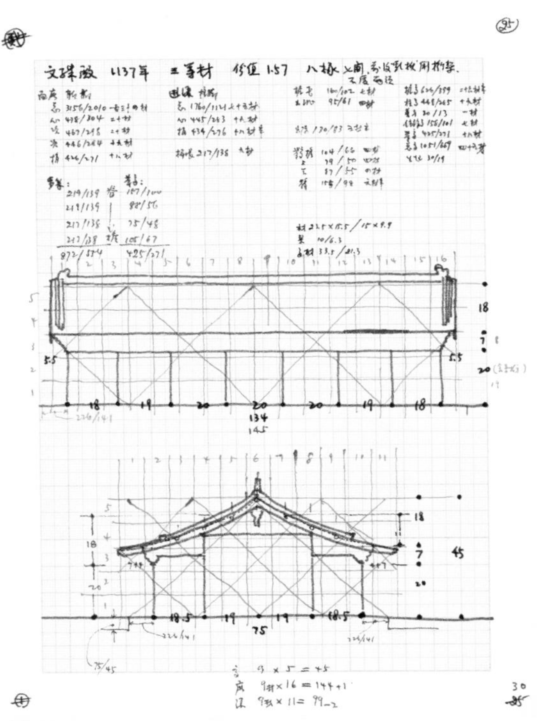

原编序号 25　佛光寺文殊殿数据分析图稿

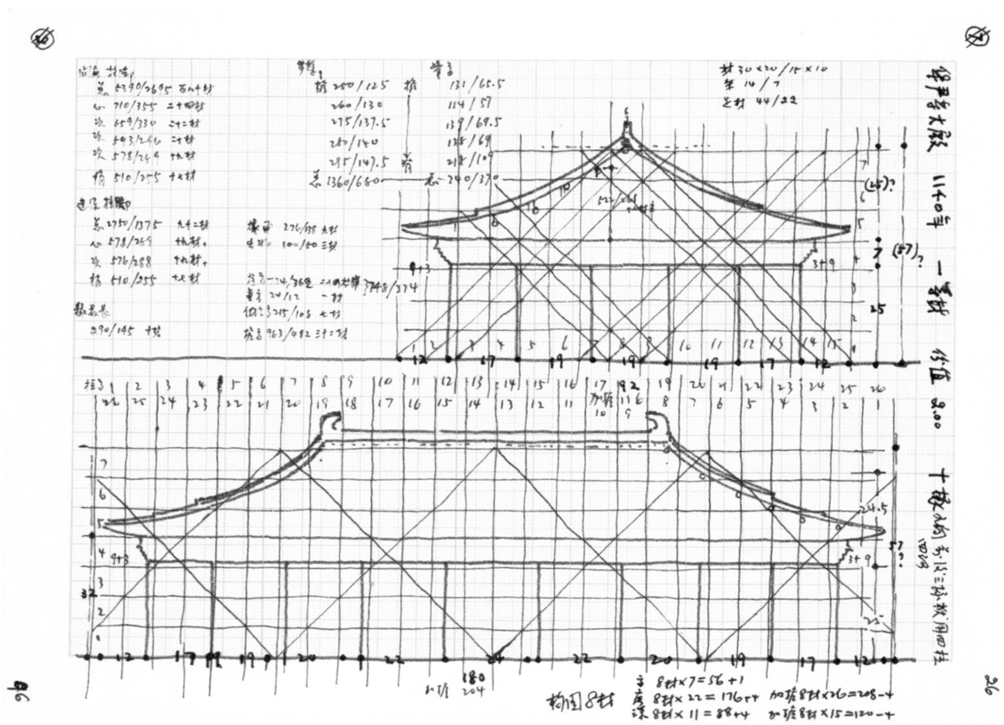

原编序号 26　上华严寺大殿数据分析图稿

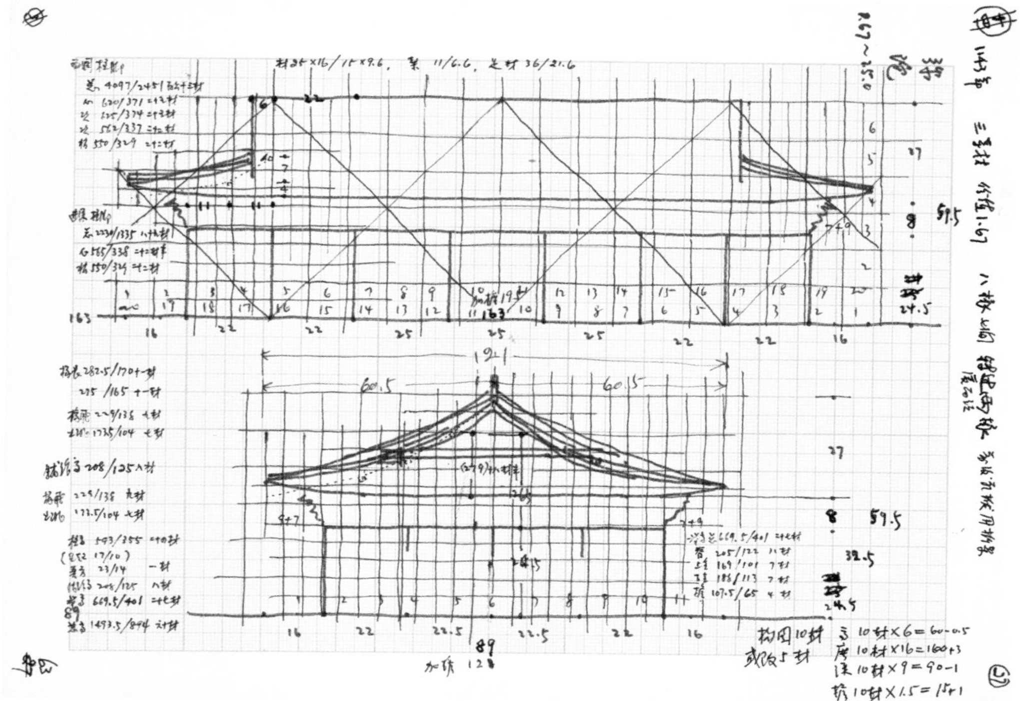

原编序号 27　弥陀殿数据分析图稿

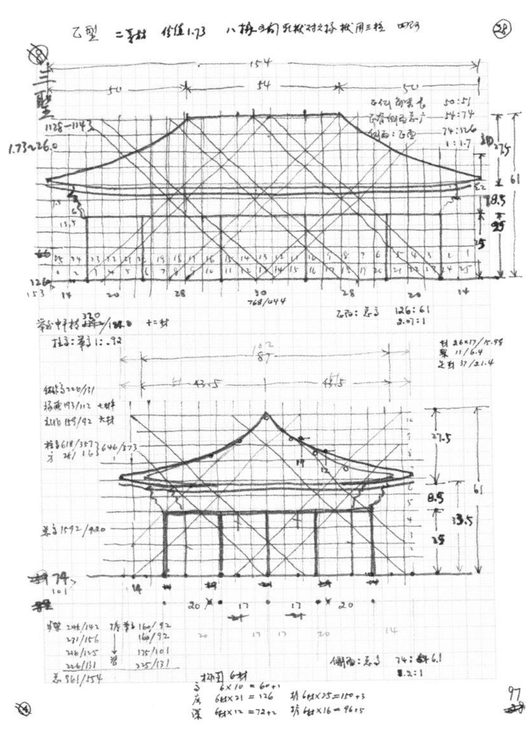

原编序号 28　善化寺三圣殿数据分析图稿

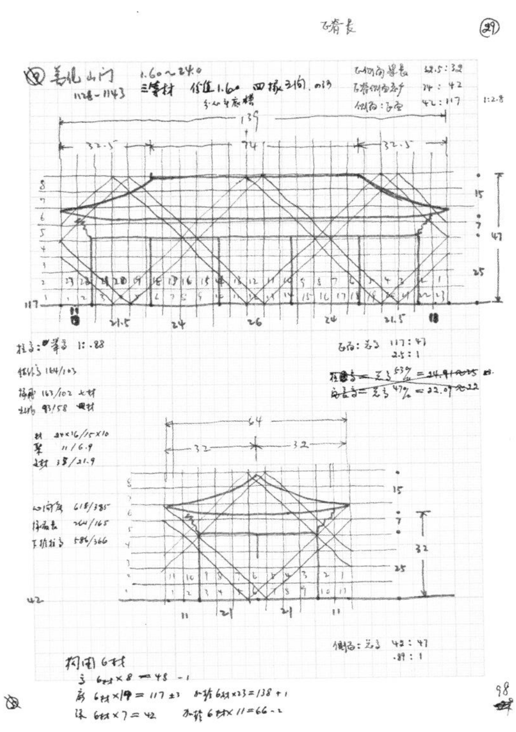

原编序号 29　善化寺山门数据分析图稿

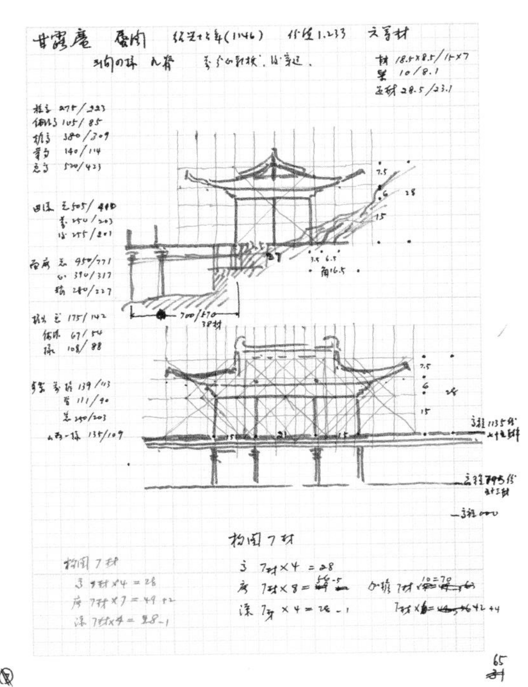

原编序号 31　甘露庵蜃阁数据分析图稿

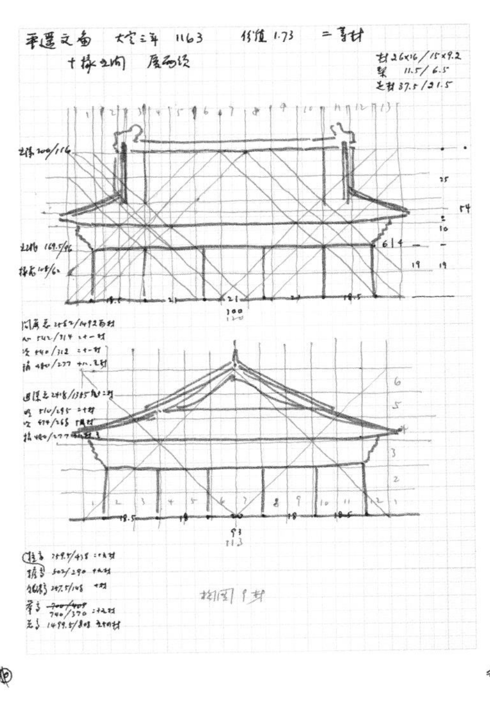

原编序号 34　平遥文庙数据分析图稿

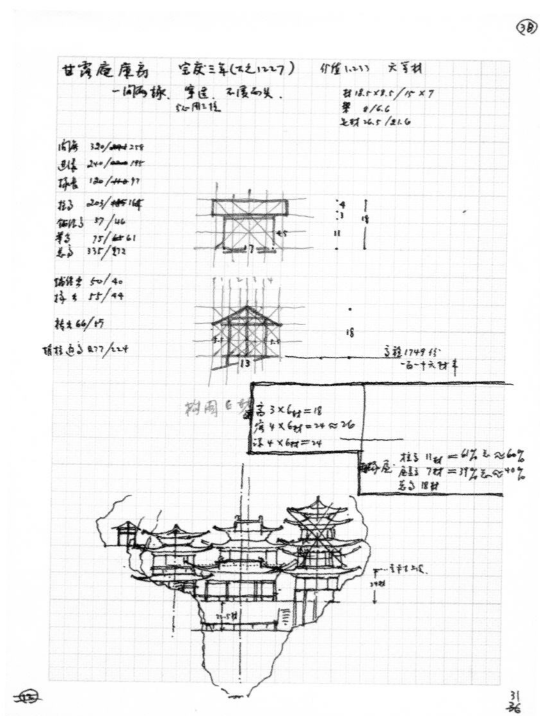

原编序号 38　甘露庵库房数据分析图稿

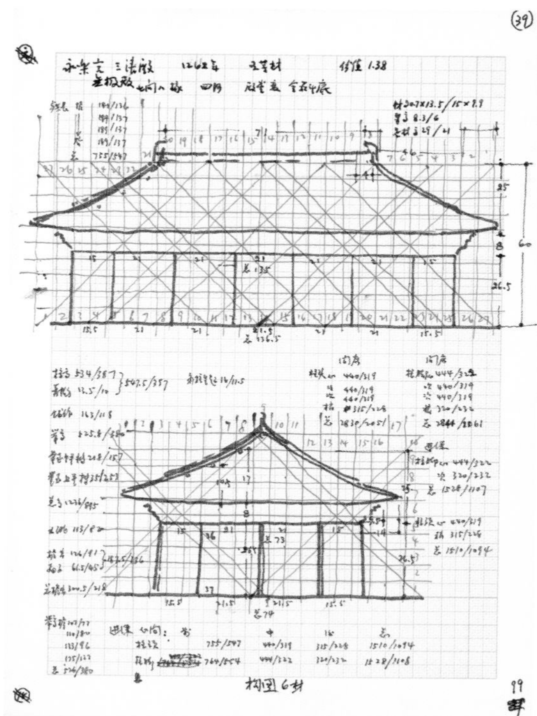

原编序号 39　永乐宫三清殿数据分析图稿

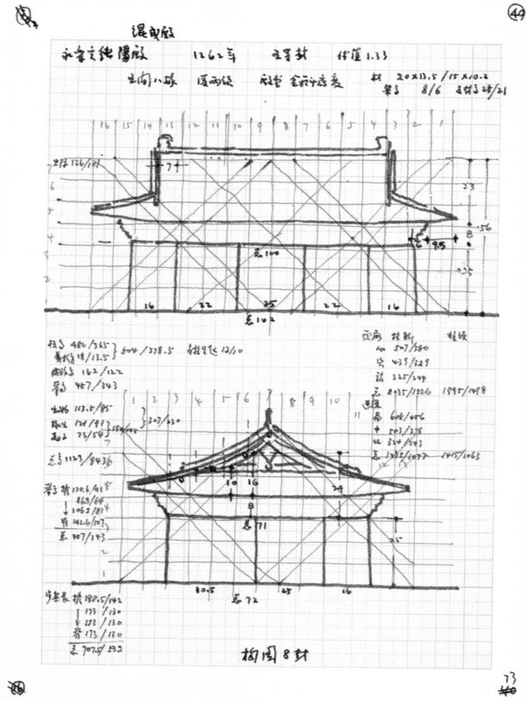

原编序号 40　永乐宫纯阳殿数据分析图稿

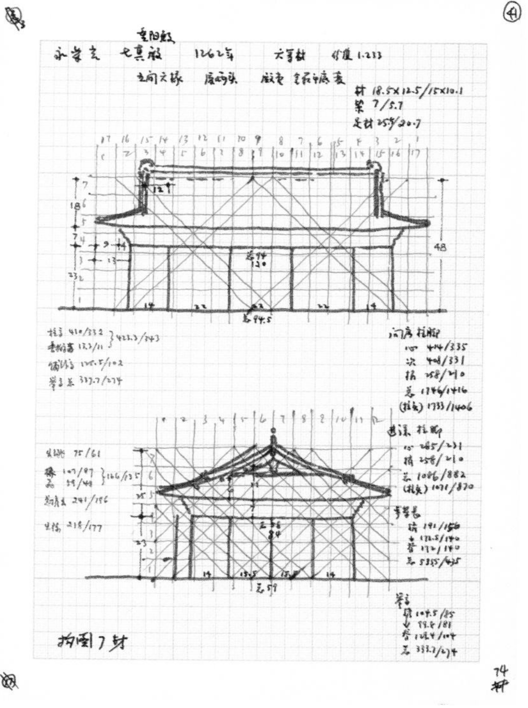

原编序号 41　永乐宫七真殿数据分析图稿

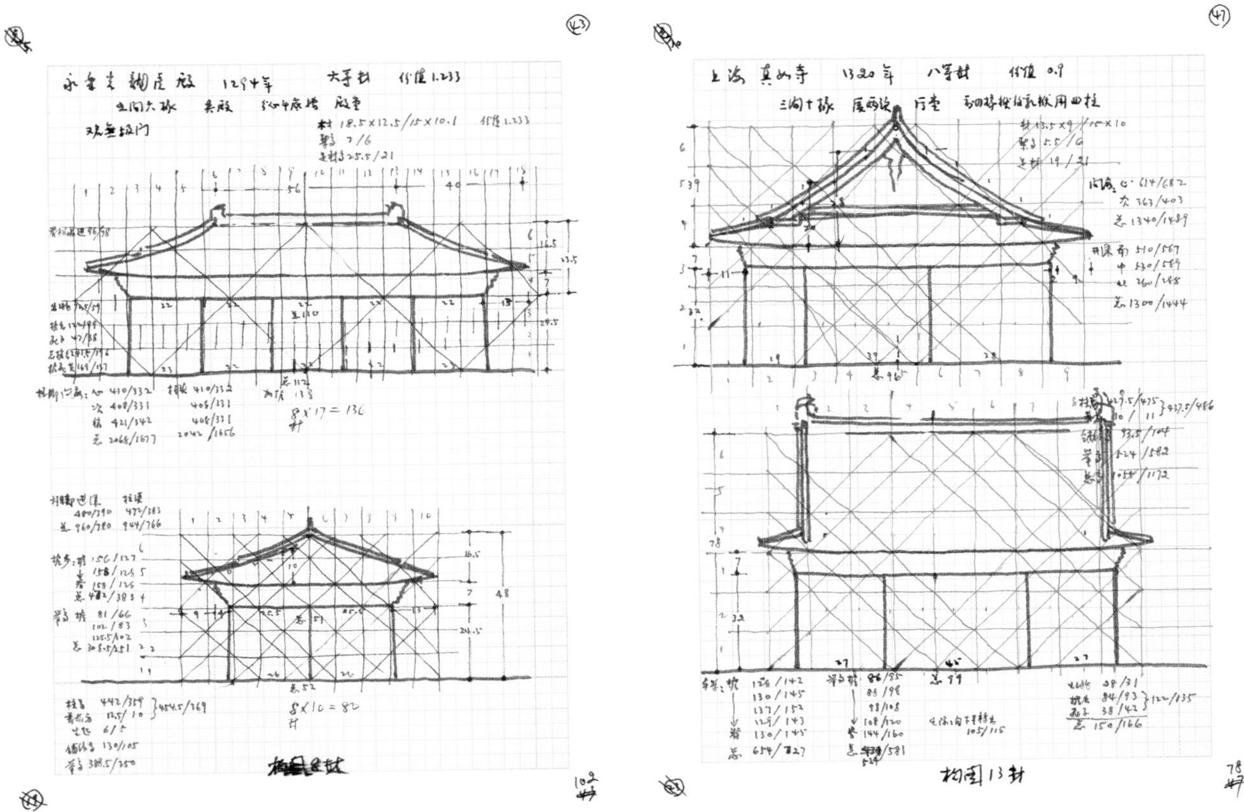

原编序号 43　永乐宫龙虎殿数据分析图稿

原编序号 47　真如寺大殿数据分析图稿

# 整理说明

本卷此节含三部分内容——“易县开元寺实测记录图稿及测绘图稿”“测绘图散稿”和“几处重要的木构建筑实测数据分析草图（唐—元）”。现简要说明如下。

## （一）关于“易县开元寺实测记录图稿及测绘图稿”

### 1. 易县开元寺实测记录图稿

此份实测记录图稿共 22 张（含毗卢殿 10 张，药师殿、观音殿各 6 张），系 1934 年 9 月刘敦桢率陈明达、莫宗江作实地调研时的现场工作记录。原件由清华大学中国营造学社纪念馆收藏，档案登记为“XSCG–016–Ih– 开元寺：毗卢殿、药师殿、观音殿”。林洙出版于 1995 年的《叩开鲁班的大门——中国营造学社史略》曾选录一幅陈明达所绘图稿《开元寺毗卢殿藻井横断面》，首次披露了这份文献的至今犹存。[①] 据陈明达、莫宗江生前回忆，此行的现场实测以陈明达为主，莫宗江主要作摄影记录；现分析陈、莫二人的绘图风格和笔迹，此 22 张记录也以陈明达手笔居多，但其中也确实有一些莫宗江的笔迹，如《开元寺药师殿转角铺作仰视》图中右下角所书“217、264 两测数可能有误”一句，无疑系莫宗江笔迹。这个陈、莫笔迹夹杂的现象，也正说明了二人在这个项目上的紧密合作。

### 2. 易县开元寺测绘图稿

这份测绘图稿系未刊稿，含 8 页文字、10 页测图。文字出自陈明达先生手笔，内容似为对测绘图稿的分析记录；测绘图稿似出自莫宗江先生手笔，而图面时有陈明达批注文字。按自刘敦桢《河北省西部古建筑调查纪略》问世之后，对易县开元寺辽代三殿的后续研究并不多，主要原因是 1934 年考察之后不久，开元寺即毁于日军轰炸（一说毁于 1947 年）[②]，以致后续研究者已无从对照实物，细致精准的测绘工作自然更无从做起。

据笔者记忆，在 1985 年前后，陈明达先生曾有续接绘制古建筑重要实例模型图

---

① 林洙：《叩开鲁班的大门——中国营造学社史略》，中国建筑工业出版社，1995，第 101 页。
② 王蕊佳：《河北易县开元寺研究》，天津大学建筑学院硕士论文，2010。

工作、继而制作古建筑模型的计划，开元寺三殿即在此计划之中。对此，老友莫宗江先生作为当年的考察队成员，也深表赞同。今观这份图稿，似乎是莫宗江先生据当年实测记录图稿绘制正式的测绘图稿，继而陈明达先生则试图根据图稿数据加以归纳分析。遗憾的是，这个后续研究未能持续下来，只留下了这份研究提纲性质的图稿和文字提纲。

此外，这份图稿有 2 页文字曰"《大木作》实测表目"。按今查《营造法式大木作制度研究》第七章，相关列表"表 31　唐宋木结构建筑概况"至"表 38　唐宋木结构建筑实测记录（七）——铺作出跳份数"等，所选实例计：

1. 南禅寺大殿（公元 782 年）。类型：厅堂一。
2. 佛光寺大殿（公元 857 年）。类型：殿堂。
3. 镇国寺大殿（公元 963 年）。类型：厅堂一。
4. 华林寺大殿（公元 964 年）。类型：厅堂二。
5. 独乐寺山门（公元 984 年）。类型：殿堂。
6. 独乐寺观音阁（公元 984 年）。类型：殿阁。
7. 虎丘二山门（公元 995—997 年）。类型：厅堂一。
8. 永寿寺雨华宫（公元 1008 年）。类型：殿堂。
9. 保国寺大殿（公元 1013 年）。类型：厅堂二。
10. 奉国寺大殿（公元 1020 年）。类型：厅堂二。
11. 晋祠圣母殿（公元 1023—1031 年）。类型：殿堂。
12. 广济寺三大士殿（公元 1024 年）。类型：厅堂二。
13. 开善寺大殿（公元 1033 年）。类型：厅堂一。
14. 华严寺薄伽教藏殿（公元 1038 年）。类型：殿堂。
15. 善化寺大殿（公元十一世纪）。类型：厅堂二。
16. 华严寺海会殿（公元十一世纪）。类型：厅堂一。
17. 隆兴寺摩尼殿（公元 1052 年）。类型：殿堂。
18. 应县木塔（公元 1056 年）。类型：殿阁。
19. 善化寺普贤阁（公元十一世纪）。类型：堂阁。

20. 佛光寺文殊殿（公元 1137 年）。类型：厅堂一。

21. 华严寺大殿（公元 1140 年）。类型：厅堂二。

22. 崇福寺弥陀殿（公元 1143 年）。类型：厅堂一。

23. 善化寺三圣殿（公元 1128—1143 年）。类型：厅堂一。

24. 善化寺山门（公元 1128—1143 年）。类型：殿堂。

25. 隆兴寺转轮藏殿（公元十二世纪）。类型：堂阁。

26. 玄妙观三清殿（公元 1179 年）。类型：殿堂。

27. 隆兴寺慈氏阁（公元十二世纪）。类型：堂阁。

似乎作者有意将易县开元寺三殿补充到上述列表之中。又据作者在自存《营造法式大木作制度研究》上的批注，嵩山初祖庵（公元 1125 年）、泰宁甘露庵（蜃阁、上殿、南安阁、观音阁及库房等，公元 1146 年）、平遥文庙大成殿（公元 1103 年）等，也在拟作补充之列。

### （二）关于“测绘图散稿”

陈明达自 1932 年入中国营造学社工作后，在相当长的一段时间内，主要工作是古建筑实测及实测之后的绘图。因多种原因，这些测绘图原件散佚过半，存世者又分散收藏于不同的单位或个人，没有完整的编目，难以查询。现据《中国营造学社汇刊》各期所载文献，参考陈明达、莫宗江等生前口述史料，大致可知：当年莫宗江所作测绘图多用作梁思成文章之配图，而陈明达所作测绘图多用作刘敦桢文章之配图。本单元所选刘敦桢《定兴县北齐石柱》《易县清西陵》《河北省西部古建筑调查纪略》《江苏吴县罗汉院双塔》等文章中的图版、插图，系根据上述情况和对笔迹的辨认，确定为陈明达所绘。上述文章中另有一些笔迹不可确认者或不易翻拍扫描者，未予录入。梁思成、刘敦桢合撰《大同古建筑调查报告》中的绘图（图版、插图）大多为莫宗江先生所绘，而涉及华严寺壁藏、善化寺普贤阁的测绘图，则一时难以确认绘制者为莫宗江抑或陈明达（陈明达生前曾说测绘过这两处，但未确指是否为“汇刊”所载），故选录其中有关善化寺普贤阁之四图，留待日后辨析。这部分辨析工作，得到了刘敦桢先生哲嗣刘叙杰教授的支持，在此致谢。

此外，近年来，不断有当年营造学社绘制的古建筑测绘图定稿和初稿见诸各类书刊和文物市场。本单元收录的《河北定县开元寺塔》一帧，系民间征集到的照片副本，从笔迹上辨认，可以肯定出自陈明达先生手笔；又据《刘敦桢全集》第十卷关于1936年出版《中国佛塔》的计划，此图似可肯定系为刘敦桢著《定县开元寺塔》之配图而作。《镇南马鞍山民居》《夹江杨氏阙》《绵阳平阳府君阙》《乐山白崖崖墓平面、断面图》《彭山崖墓530号墓八角柱、方柱》这几种图稿，选自梁思成等著《未完成的测绘图》[①]，原件收藏者亦为清华大学营造学社纪念馆。按此书收录各种测绘图稿，除《前蜀主王建墓》诸图注明为莫宗江先生所绘外，其余图稿均未辨明绘制者，并冠以“未完成”之名，似值得商榷。实际上，如果查阅相关史料，此书所收录测图的大部分绘制者是可以辨明的。本卷所收录选自该书的滇西民居、川康等地汉阙、彭山崖墓、乐山白崖崖墓诸图，之所以基本确定为陈明达所绘，除当年的工作记录、笔迹甄别外，陈明达著《彭山崖墓》、南京博物院所藏“国立中央博物院古代建筑模型图”中，都有相同项目的有陈明达签字的正式测图——两相比较，除证明这几张图出自陈明达之手外，也说明所谓“未完成的测绘图”，实际上有相当部分不是未完成，而是正式出图前的初稿。这里指出这些图可能是初稿甚至是草稿，丝毫未贬低其学术价值，因为绘图过程中的初稿或草稿，往往更多地记录下了绘制者的思考过程。例如，将这里收录的《彭山崖墓530号墓八角柱、方柱》图稿与本书第一卷所收录的同样位置的现状照片、正式绘图相比，无疑这张草图因记录下了绘制者的分析思考痕迹而具备独到的学术思考价值。

陈明达所藏山西省晋东南专员公署编著《上党古建筑》（1963年12月出版）一书，在《陵川县礼义府君庙山门平面、剖面》的图面上有他用铅笔、墨线笔所作批改，记录了他对此建筑构图的测绘补充和数据分析，展示了他独特的研读习惯，故也可视为一份特殊的测绘图稿。

就在本卷即将完成编校之际，整理者又收到中国文化遗产研究院已故高级工程师李竹君先生收藏的陈明达所作《朔县崇福寺弥陀殿测稿》5张。此测稿系陈明达先生于

---

① 梁思成等著:《未完成的测绘图》，清华大学出版社，2007。

1953年在文化部文物局任职后，偕杜仙洲、祁英涛等人考察山西时所作，也是将中国营造学社的工作方法传授给相关单位的一次实践。

## （三）关于“几处重要的木构建筑实测数据分析草图（唐—元）”

这份遗稿共49页，涉及单体建筑33座，其中1座为绘图2张，另1座为1图15表，其余均为1座1图。这份图稿的每页右上角均标注编号。编号从1至47号，但中间缺第7、12、16、20、30、32、33、35、36、37、42、44、45、46号等14个编号，估计有14个项目的草图已散佚或原本就是只列了计划而未及动笔。

据陈明达其他著述分析，所缺的14个项目及编号可能是：第7号蓟县独乐寺观音阁、第12号太原晋祠圣母殿、第16号正定隆兴寺摩尼殿、第20号大同善化寺普贤阁、第30号正定隆兴寺转轮藏殿、第32号甘露庵观音阁、第33号甘露庵上殿、第35号甘露庵南安阁、第36号正定隆兴寺慈氏阁、第37号苏州玄妙观三清殿、第42号曲阳北岳庙德宁殿、第44号定兴慈云阁、第45号武义延福寺大殿、第46号赵城广胜寺明应王殿。据此，可知作者计划中的完整名目如下：

1. 五台山南禅寺大殿（唐　公元782年）
2. 五台山佛光寺东大殿（唐　公元857年）
3. 平遥镇国寺大殿（北汉　公元963年）
4. 福州华林寺大殿（北宋　公元964年）
5. 涞源阁院寺文殊殿（辽　公元966年？）
6. 蓟县独乐寺山门（辽　公元984年）
7. 蓟县独乐寺观音阁（辽　公元984年）
8. 虎丘二山门（北宋　公元995—997年）
9. 榆次永寿寺雨华宫（北宋　公元1008年）
10. 慈溪保国寺大殿（北宋　公元1013年）
11. 义县奉国寺大殿（辽　公元1020年）
12. 太原晋祠圣母殿（北宋　1023—1031年）
13. 宝坻广济寺三大士殿（辽　公元1024年）

14. 新城开善寺大殿（辽　公元 1033 年）

15. 大同下华严寺薄伽教藏殿（辽　公元 1038 年）

16. 正定隆兴寺摩尼殿（北宋　公元 1052 年）

17. 应县木塔（辽　公元 1056 年）

18. 大同善化寺大殿（辽　公元十一世纪）

19. 大同上华严寺海会殿（辽　公元十一世纪）

20. 大同善化寺普贤阁（辽　公元十一世纪）

21. 易县开元寺观音殿（辽　公元 1105 年）

22. 易县开元寺毗卢殿（辽　公元 1105 年）

23. 易县开元寺药师殿（辽　公元 1105 年）

24. 嵩山少林寺初祖庵（北宋　公元 1125 年）

25. 五台山佛光寺文殊殿（金　公元 1137 年）

26. 大同上华严寺大殿（金　公元 1140 年）

27. 朔州崇善寺弥陀殿（金　公元 1143 年）

28. 善化寺三圣殿（金　公元 1128—1143 年）

29. 善化寺山门（金　公元 1128—1143 年）

30. 正定隆兴寺转轮藏殿（公元十二世纪）

31. 甘露庵蜃阁（南宋　公元 1146 年）

32. 甘露庵观音阁（南宋　公元 1153 年）

33. 甘露庵上殿（南宋　公元 1146—1153 年）

34. 平遥文庙大成殿（金　公元 1163 年）

35. 甘露庵南安阁（南宋　公元 1165 年）

36. 正定隆兴寺慈氏阁（公元十二世纪）

37. 苏州玄妙观三清殿（南宋　公元 1179 年）

38. 甘露庵库房（南宋　公元 1227 年）

39. 永乐宫三清殿（元　公元 1262 年）

40. 永乐宫纯阳殿（元　公元 1262 年）

41. 永乐宫七真殿（元　公元 1262 年）

42. 曲阳北岳庙德宁殿（元　公元 1270 年）

43. 永乐宫龙虎殿（元　公元 1294 年）

44. 定兴慈云阁（元　公元 1306 年）

45. 武义延福寺大殿（元　公元 1317 年）

46. 赵城广胜寺明应王殿（元　公元 1319 年）

47. 上海真如寺大殿（元　公元 1320 年）

这 47 座建筑，大体是作者圈定的自中唐时期至元代后期五百余年间重要的木构建筑实例。按其中第 6 项独乐寺山门为 1 项 2 图、第 17 项应县木塔为 1 项 1 图 15 表的做法推测，似乎其余项目在原计划中也不止 1 项 1 图，但更多的绘图、列表等工作都未及展开。

又据残稿，可知明清建筑实例有：

48. 大同南门楼（公元 1372 年）

49. 昌平长陵祾恩门（公元 1413 年）

50. 昌平长陵祾恩殿（公元 1413 年）

51. 北京智化寺（公元 1444 年）

52. 苏州文庙（公元 1474 年）

53. 曲阜孔庙奎文阁（公元 1504 年）

54. 北京太庙正殿（公元 1573—1620 年）

55. 北京太庙中殿（公元 1573—1620 年）

56. 北京太庙戟门（公元 1573—1620 年）

57. 北京紫禁城西华门（明）

58. 北京社稷坛前殿（明）

59. 北京社稷坛戟门殿（明）

60. 北京紫禁城午门正殿（清顺治）

61. 北京皇城端门（清康熙）

62. 北京紫禁城中和殿（清康熙）

63. 北京紫禁城武英殿（清同治）

64. 北京紫禁城太和门（清光绪）

65. 北京紫禁城太和殿（清光绪）

66. 北京紫禁城保和殿（清光绪）

67. 北京紫禁城体仁阁（清）

68. 北京紫禁城文华殿（清）

69. 北京紫禁城昭德门（清）

据陈明达先生生前谈话所知，在完成《营造法式大木作制度研究》《中国古代木结构建筑技术（战国—北宋）》之后，有对前者作修订、对后者作扩写至明清建筑的计划。这份“几处重要的木构建筑实测数据分析草图（唐—元）”，似是前期准备工作之一。[①]

本节资料搜集工作得到了天津大学建筑学院建筑历史研究所、清华大学营造学社纪念馆、南京博物院等单位的协助，丁垚、刘畅、王南、陆建芳等学友出力尤多，特致谢忱。

整理者

[①] 本书第三卷收录的《中国古代木结构建筑技术》，还不是作者的最终定稿。

# 叁　素描、水彩画稿

水彩稿　哈佛大学美术馆藏之汉代明器陶楼阁（1936 年前后）

彭山崖墓画稿　PS130号墓外景（1941年10月16日）

彭山崖墓画稿　PS168 号墓门楣浮雕　斗栱（1941 年 10 月 23 日）

彭山崖墓画稿　PS168 号墓外景局部（1941 年 10 月 24 日）

彭山崖墓画稿　PS169 号墓外景（1941 年 11 月 5 日）

彭山崖墓画稿 PS167 号墓内景（1941 年 11 月 15 日）

彭山崖墓画稿 PS176 号墓门楣浮雕 斗栱（1941 年 11 月 25 日）

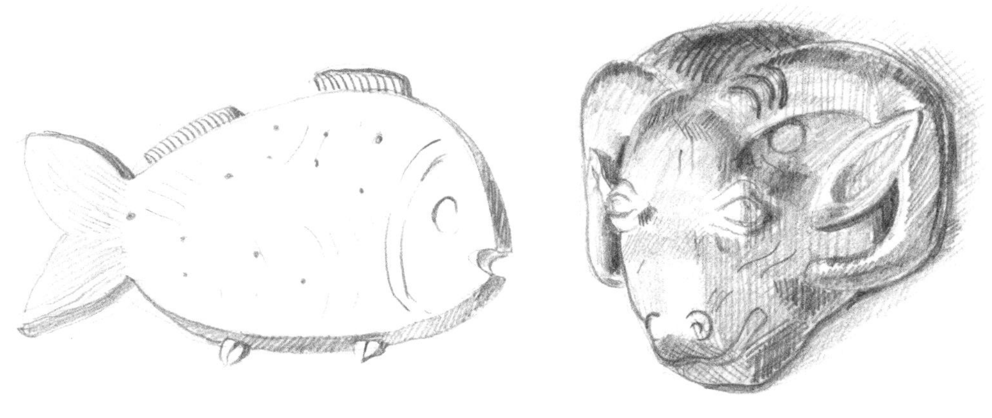


彭山崖墓画稿　PS176 号墓门楣浮雕　鱼羊

彭山崖墓画稿　PS166 号墓外景局部　门楣及门楣雕饰

彭山崖墓画稿 PS535号墓门楣浮雕 朱雀（1941年11月27日）

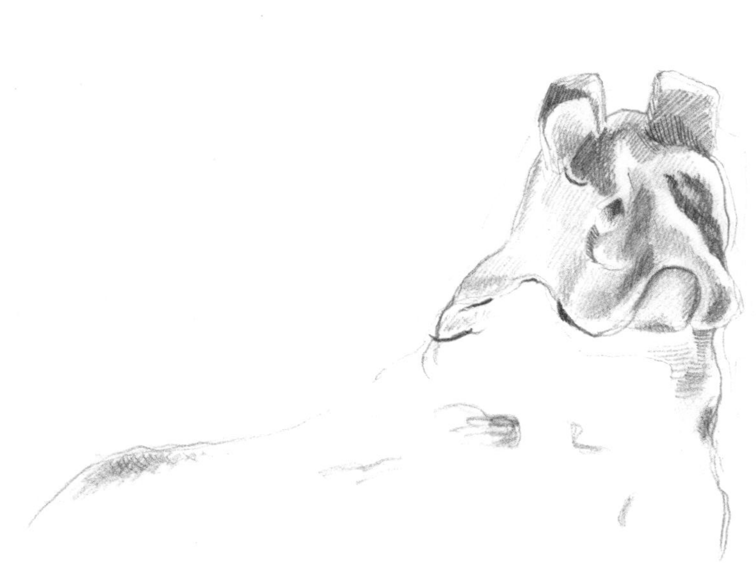

彭山崖墓画稿 PS535号墓室内浮雕 狗（1941年11月27日）

PS.535 D. 11.27.30

彭山崖墓画稿　PS535号墓门楣浮雕　秘戏（1941年11月27日）

彭山崖墓画稿 PS530号墓内柱之转角斗栱（1941年12月4日）

PS.530

彭山崖墓画稿　PS530 号墓内柱之柱头斗栱

彭山崖墓画稿　PS930号墓浮雕　门神（待考，1942年3月26日）

彭山崖墓画稿　PS950 号墓浮雕之一（1942 年 4 月 10 日）

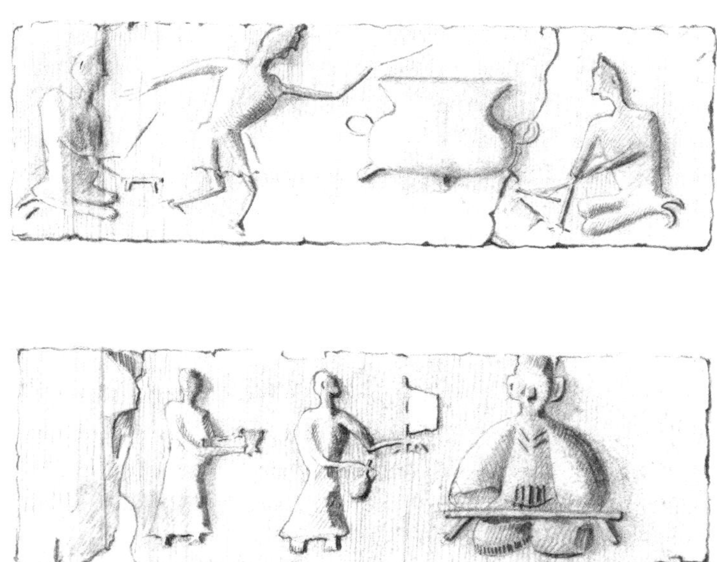

彭山崖墓画稿　PS950 号墓浮雕之二（1942 年 4 月 10 日）

彭山崖墓画稿　PS40 号墓内景（1942 年 5 月 1 日）

# 整理说明

1941 年 5 月至 1942 年 12 月，陈明达先生代表中国营造学社参加中央博物院吴金鼎主持的四川彭山汉代崖墓考古发掘工作（此次考古中的建筑测绘和摄影，均由他一人完成）。这里收录的 17 帧素描、速写画稿均作于这个阶段。当时他的工作是现场勘测、摄影、绘制实测图和撰写发掘报告。这些画稿大致有两个用意：其一是工作间隙以美术写生形式记录下对崖墓建筑雕塑及装饰图案的艺术欣赏，如画稿《PS176 号墓门楣浮雕　鱼羊》《PS535 号墓门楣浮雕　朱雀》《PS535 号墓门楣浮雕　秘戏》《PS930 号墓浮雕　门神》《PS950 号墓浮雕之一》《PS950 号墓浮雕之二》等；其二则是勘测工作的辅助——因照明设备不敷应对，现场光线过暗，遂以速写素描代替照相机记录现状，如画稿《PS167 号墓内景》《PS40 号墓内景》等。

又，本卷临近编辑完毕，意外得到一张水彩画《汉代明器陶楼阁》（清华大学营造学社纪念馆藏品，编号 006-XSQT-12-99-48）。经仔细甄别、研究，这幅无签名画稿基本上可以确定为陈明达先生所作，系对照哈佛大学美术馆藏汉代明器陶楼阁之照片的摹写，作于 1936 年前后。在此，谨向提供这份资料的清华大学营造学社纪念馆和第一个发现此问题的徐凤安先生致谢。

整理者

# 古建筑与雕塑摄影集

# 壹 北京

紫禁城武英殿外观*（二十世纪三十年代）

紫禁城武英殿局部*（二十世纪三十年代）

紫禁城西南角楼之东南角斗栱（二十世纪三十年代）

紫禁城宝蕴楼（二十世纪三十年代）

经西方建筑师改造的正阳门箭楼*（二十世纪三十年代）

妙应寺白塔（二十世纪三十年代）

护国寺护法殿东舍利塔（1935 年 10 月）

护国寺佛殿遗址（1935 年 10 月）

隆福寺三大士殿大罗周天藻井＊（二十世纪三十年代）

大正觉寺金刚宝座塔（二十世纪三十年代）

大正觉寺金刚宝座塔须弥座细部（二十世纪三十年代）

大正觉寺金刚宝座塔上部（水残资料，图中右侧为刘敦桢，二十世纪三十年代）

昌平十三陵定陵神道＊（二十世纪三十年代）

十三陵长陵神道石翁仲＊（二十世纪三十年代）

十三陵长陵明楼＊（二十世纪三十年代）

十三陵长陵神道石象＊（二十世纪三十年代）

十三陵长陵祾恩殿（水残资料，二十世纪三十年代）

密云古北口长城及街市*（二十世纪三十年代）

宛平卢沟桥*（二十世纪三十年代）

房山云居寺北塔全景（1959年）

房山云居寺北塔局部之一（1959 年）

房山云居寺北塔局部之二（1959 年）

房山云居寺北塔局部之三（1959 年）

房山云居寺北塔东南之小唐塔（1959 年）

房山云居寺北塔东北之小唐塔（1959 年）

房山云居寺北塔西南之小唐塔（1959 年）

房山云居寺北塔西北之小唐塔（1959 年）

房山云居寺内经幢细部之一（1959 年）

房山云居寺内经幢细部之二（1959 年）

房山小西天唐塔（二十世纪三十年代）

# 贰 河北

定兴县沙丘寺残存造像与附近之北齐石柱*(1934 年 9 月 24 日)

定兴县北齐石柱全景*（1934 年 9 月 24 日）

定兴县北齐石柱上段（1934 年 9 月 24 日）

定兴县北齐石柱调查现场（图中前立者为刘敦桢，1934 年 9 月 24 日）

易县清西陵之慕陵全景（1934 年 9 至 10 月）

易县清西陵之慕陵石牌楼 *（1934 年 9 至 10 月）

易县开元寺毗卢殿外景（1934 年 10 月）

易县开元寺毗卢殿藻井（1934 年 10 月）

易县开元寺毗卢殿藻井一角之一（1934 年 10 月）

易县开元寺毗卢殿藻井一角之二（1934 年 10 月）

易县开元寺药师殿（1934 年 10 月）

易县开元寺观音殿（1934 年 10 月）

涞水县大明寺 *（1934 年 10 月）

涞水石雕佛塔 *（水残资料，1934 年 10 月）

涞水永北村唐光天石塔 *（1934 年 10 月）

涿县云居寺塔（1934年10月）

保定大悲阁（1935年5月3日）

定县天庆观*（1935年5月）

定县城墙（1935年5月12日）

定县料敌塔之一（1935 年 5 月 13 日）

定县料敌塔之二（1935 年 5 月 13 日）

定县料敌塔之三（1935 年 5 月 13 日）

定县料敌塔之四（1935 年 5 月 13 日）

定县料敌塔之五（1935 年 5 月 13 日）

定县考棚 *（1935 年 5 月 12 日）

曲阳北岳庙德宁殿槛窗及柱础（1935 年 5 月 16 日）

曲阳北岳庙德宁殿外景 *（1935 年 5 月 16 日）

曲阳北岳庙三滴水八角亭（1935 年 5 月 16 日）

曲阳北岳庙德宁殿西廊上部（1935 年 5 月 16 日）

正定隆兴寺外景（1935 年 5 月 18 日）

正定隆兴寺摩尼殿正面全景（1935 年 5 月 18 日）

正定隆兴寺大悲阁东壁壁塑(1935 年 5 月 18 日)

正定开元寺钟楼之一(1935 年 5 月 20 日)

正定开元寺钟楼之二(1935 年 5 月 20 日)

新城开善寺大殿外景之一 *(二十世纪五十年代)

新城开善寺大殿外景之二 *（1936 年 10 月 20 日）

新城开善寺大殿转角铺作 *（1936 年 10 月 20 日）

新城开善寺石碑、铁钟 *（1936 年 10 月）

新城民居大门（1936年10月）

行唐封崇寺钟楼（1936年10月23日）

行唐封崇寺大殿（1936年10月23日）

行唐封崇寺大殿方形柱础（1936年10月23日）

行唐封崇寺宋代经幢（1936年10月23日）

邢台开元寺塔院墓塔群*（今已毁，1936年10月28日）

邢台开元寺经幢（立者为赵正之，1936年10月28日）

邢台开元寺塔之一（1936年10月28日）

磁县响堂山石窟之一*(1936年11月3日)

磁县响堂山石窟之二*(1936年11月3日)

磁县响堂山石窟之三*(1936年11月3日)

磁县南响堂山石窟第6、7窟外景（窟外立者为赵正之，1936年10月）

景县开福寺大殿（1936年11月23日）

景县开福寺望夷塔（1936年11月23日）

# 叁　河南

修武文庙（1936 年 5 月 16 日）

新乡关帝庙大门（1936 年 5 月 16 日）

博爱县明月山宝光寺观音阁全景（1936 年 5 月 19 日）

博爱县民权镇观音阁外景（1936 年 5 月 20 日）

沁阳大云寺塔全景（1936 年 5 月 21 日）

沁阳大云寺塔侧视（1936 年 5 月 21 日）

济源玉玺山阳台宫玉皇阁石刻檐柱*（1936 年 5 月 23 日）

济源济渎庙润德殿遗址（1936 年 5 月 25 日）

济源济渎庙临水亭（1936 年 5 月 25 日）

济源济渎庙龙亭全景*（1936 年 5 月 25 日）

济源延庆寺舍利塔（1936年5月25日）

济源奉仙观远景（1936 年 5 月 25 日）

济源奉仙观大殿（1936 年 5 月 25 日）

济源奉仙观大殿斗栱（1936 年 5 月 25 日）

济源奉仙观大殿山面（1936 年 5 月 25 日）

汜水窑洞之一（1936 年 5 月 27 日）

汜水窑洞之二（左起为赵正之、刘敦桢、窑洞主人，1936 年 5 月 27 日）

汜水等慈寺大殿柱础（1936 年 5 月 27 日）

龙门石窟北魏刻三间殿（1936 年 5 月 30 日）

龙门石窟北三洞外景*（1936 年 5 月 31 日）

龙门石窟奉先寺卢舍那大佛及北壁造像（水残资料，1936 年 5 月 30 日）

龙门石窟南小四洞外景（左起赵正之、梁思成、刘敦桢、林徽因，1936 年 5 月 31 日）

龙门石窟奉先寺西北角（1958 年）

龙门石窟奉先寺北壁金刚力士（1958 年）

龙门石窟奉先寺北壁小龛之一（1958 年）

龙门石窟奉先寺北壁小龛之二（1958 年）

龙门石窟奉先寺卢舍那大佛胸像（1958 年）

龙门石窟奉先寺卢舍那大佛头部之一（1958 年）

龙门石窟奉先寺卢舍那大佛头部之二（1958 年）

龙门石窟奉先寺卢舍那大佛胸像（1958 年，被选为 1980 年版《龙门石窟》封面）

龙门石窟文保所藏北魏晚期造像（二十世纪六十年代初）

洛阳白马寺塔之一（1936 年 6 月 2 日）

洛阳白马寺塔之二（1936 年 6 月 2 日）

洛阳白马寺外景之一（1936 年 6 月 2 日）

洛阳白马寺外景之二（1936 年 6 月 2 日）

偃师升仙观武则天御书碑（右起赵正之、刘敦桢，1936年6月5日）

偃师太子陵*（1936年6月5日）

登封崇福宫曲水流觞遗址（水残资料，1936 年 6 月 7 日）

登封嵩岳寺塔之一(1936 年 6 月 9 日)

登封嵩岳寺塔之二(1936 年 6 月 9 日)

登封嵩岳寺塔之三(1936 年 6 月 9 日)

登封唐法王寺塔*（1936 年 6 月 11 日）

登封永泰寺唐塔*（1936 年 6 月 11 日）

登封会善寺大雄宝殿（立者为赵正之，1936 年 6 月 12 日）

登封会善寺净藏禅师塔（1936 年 6 月 12 日）

登封西刘碑村碑楼寺石碑石刻*（1936 年 6 月 16 日）

登封告成镇周公庙观星台全景之一（1936 年 6 月 17 日）

登封告成镇周公庙观星台全景之二＊（1936 年 6 月 17 日）

登封告成镇周公庙观星台抗战期间受损情况（二十世纪五十年代）

登封告成镇周公庙观星台战后修缮准备之一（二十世纪五十年代）

登封告成镇周公庙观星台战后修缮准备之二（二十世纪五十年代）

登封告成镇周公庙观星台战后修缮准备之三（二十世纪五十年代）

登封告成镇周公庙观星台局部（二十世纪五十年代）

登封告成镇周公庙测景台（二十世纪五十年代）

登封少室山初祖庵外景（1936 年 6 月 20 日）

登封少室山初祖庵大殿全景*（1936 年 6 月 20 日）

登封少室山初祖庵大殿山面*（1936 年 6 月 20 日）

登封少室山初祖庵大殿正面东侧
(1936年6月20日)

登封少室山初祖庵大殿梁架结构
(1936年6月20日)

开封繁塔远景*（1936年6月20日）

开封繁塔近景*（1936年6月20日）

开封龙亭全景*（1936年6月26日）

开封佑国寺铁塔全景（1936年6月26日）

开封佑国寺铁塔细部之一（1936年6月26日）

开封佑国寺铁塔细部之二（1936年6月26日）

开封河南省立博物馆藏隋代石刻（1936 年 6 月 26 日）

开封被改造的鼓楼（1936 年 6 月 26 日）

安阳天宁寺塔*（1936年11月5日）

郑县城隍庙（1936 年 11 月 13 日）

郑县开元寺经幢（1936 年 11 月 13 日）

郑县开元寺经幢上部（1936 年 11 月 13 日）

# 肆　山西、江苏、山东

山西大同下华严寺薄伽教藏殿内之天宫楼阁(1933年11月)

大同下华严寺薄伽教藏殿内造像(1933年11月)

大同下华严寺海会殿*(1933年11月)

大同善化寺全景（1954 年）

太原晋祠圣母殿屋顶（1954 年）

晋祠圣母殿外檐铺作（1954 年）

晋祠圣母殿替换下的旧斗栱（1954 年）

晋祠修缮后的鱼沼飞梁 *（1954 年）

太原天龙山北齐石窟之一（二十世纪五十年代）

太原天龙山北齐石窟之二（二十世纪五十年代）

江苏南京挹江门（1935 年 7 月）

南京湖南会馆（1935 年 7 月）

南京夫子庙櫺星门（1935 年 7 月）

南京栖霞寺舍利塔（1935 年 7 月）

苏州吴县罗汉院双塔（1935 年 9 月）

苏州水巷石拱桥（1935 年 9 月）

山东肥城孝堂山汉代石室之一（1936 年 11 月 19 日）

肥城孝堂山汉代石室之二（1936 年 11 月 19 日）

# 伍 湖南、云南

湖南某地浮桥（1937 年冬）

昆明圆通寺鸟瞰（1938 年 10 月 11 日）

昆明圆通寺大殿*（1938 年 10 月 11 日）

昆明文庙大成殿（1938 年 11 月 4 日）

昆明松花坝（1938 年 11 月 10 日）

昆明太和宫金殿正面（1938 年 11 月 12 日）

昆明太和宫金殿侧面（1938 年 11 月 12 日）

昆明民居建造场景（1938 年）

云南民居的传统版筑影像（1938 年）

大理街市＊(1938年11月下旬)

大理崇圣寺三塔全景 *（1938 年 11 月 27 日）

大理崇圣寺千寻塔内部（1938 年 11 月 27 日）

大理崇圣寺千寻塔及双塔之一 *（1938 年 11 月 27 日）

大理崇圣寺碑铭（立者为莫宗江，1938 年 11 月 27 日）

大理文庙（立者为莫宗江，1938 年 11 月 27 日）

大理佛图寺塔（1938 年 11 月 29 日）

大理弘圣寺塔（1938 年 12 月 1 日）

大理元世祖平云南碑正面（碑前立者，右一吴金鼎、右二刘敦桢，1938 年 12 月 3 日）

元世祖平云南碑背面（1938 年 12 月 3 日）

鹤庆十郎岭民居（立者为吴金鼎，1938 年 12 月 6 日）

丽江九河之廊桥（左一刘敦桢、左四吴金鼎，1938 年 12 月 7 日）

丽江玉皇阁（立者为莫宗江，1938 年 12 月 9 日）

丽江忠义坊（左起刘敦桢、吴金鼎、莫宗江，1938 年 12 月 10 日）

丽江琉璃殿及宝积宫 *（1938 年 12 月 11 日）

丽江宝积宫斗栱 *（1938 年 12 月 11 日）

丽江宝积宫壁画 *（1938 年 12 月 11 日）

丽江皈依堂斗栱之一（1938 年 12 月 12 日）

丽江皈依堂斗栱之二（1938 年 12 月 12 日）

丽江皈依堂木雕（1938 年 12 月 12 日）

丽江大定阁全景(1938 年 12 月 13 日)

丽江大定阁正门(1938 年 12 月 13 日)

丽江木氏家祠门坊（1938 年 12 月 16 日）

丽江木氏家祠斗栱（1938 年 12 月 16 日）

丽江木氏家祠柱础（1938 年 12 月 16 日）

丽江丽月楼*（1938年12月）

丽江福国寺（1938年12月）

丽江民居之一 *（1938 年 12 月）

丽江民居之二 *（1938 年 12 月）

丽江民居之三（右一莫宗江，1938 年 12 月）

鹤庆城门（1938 年 12 月 18 日）

鹤庆民居（立者为刘敦桢，1938 年 12 月 18 日）

宾川鸡足山吊桥（1938 年 12 月 23 日）

鸡足山悉檀寺大殿*（1938 年 12 月 25 日）

鸡足山悉檀寺大殿藻井（1938 年 12 月 25 日）

鸡足山悉檀寺木僧像（1938 年 12 月 25 日）

镇南县马鞍山井幹式木屋之一（1939 年 1 月 11 日）

镇南县马鞍山井幹式木屋之二 *（1939 年 1 月 11 日）

镇南县马鞍山井幹式木屋之三 *（1939 年 1 月 11 日）

镇南县马鞍山井幹式木屋之四 *（1939 年 1 月 11 日）

楚雄文庙大成殿之一（1939 年 1 月 13 日）

楚雄文庙大成殿之二（1939 年 1 月 13 日）

楚雄文庙大成殿之三（1939 年 1 月 13 日）

安宁曹溪寺大殿*（1939年1月23日）

安宁曹溪寺大殿外檐斗栱（1939年1月23日）

安宁曹溪寺大殿斗栱后尾（1939年1月23日）

营造学社曾寄居的昆明龙泉镇（1939 年）

龙泉镇龙头村某宅（1939 年）

# 陆 重庆、四川

重庆吊脚楼（1939 年 9 月）

成都文殊院（立者为莫宗江，1939 年 10 月 1 日）

灌县珠浦桥之一（1939 年 10 月 6 日）

珠浦桥之二（1939 年 10 月 6 日）

珠浦桥石墩（1939 年 10 月 6 日）

珠浦桥东北墩楼内景（1939 年 10 月 6 日）

雅安青衣江浮桥（1939 年 10 月 20 日）

雅安高颐阙西阙（1939 年 10 月 20 日）

雅安高颐阙西阙上部（1939 年 10 月 20 日）

雅安高颐阙西阙细部（1939 年 10 月 20 日）

雅安高颐阙东阙及石兽（1939 年 10 月 20 日）

乐山凌云寺白塔*(1939年10月30日)

乐山凌云寺大佛*(1939年10月30日)

乐山白崖汉代崖墓(1939年10月31日)

峨眉飞来峰飞来殿内景(1939年11月)

新都宝光寺塔*（1939 年 11 月 17 日）

新都宝光寺藏经楼（1939 年 11 月 17 日）

绵阳西山观道教摩崖造像（1939 年 11 月 21 日）

绵阳西山观止云亭（立者为梁思成，1939 年 11 月 21 日）

绵阳平阳府君阙（1939 年 11 月 22 日）

绵阳平阳府君阙全景 *（中立者为梁思成，1939 年 11 月 22 日）

梓潼七曲山文昌宫天尊殿 *（立者为梁思成，1939 年 11 月 28 日）

广元千佛崖全景（中立者左梁思成、右莫宗江，1939 年 12 月 7 日）

渠县赵家坪东无铭阙*（1939 年 12 月 27 日）

渠县赵家坪东无铭阙阙身正面雕刻（1939 年 12 月 27 日）

渠县赵家坪无铭阙（1939 年 12 月 27 日）

渠县沈府君阙*（1939 年 12 月 27 日）

渠县沈府君阙细部（1939 年 12 月 27 日）

渠县冯焕阙（前立者为梁思成，1939 年 12 月 27 日）

南充西桥之一*（1940年1月3日）

南充西桥之二*（1940年1月3日）

蓬溪县鹫峰寺大雄宝殿（1940年1月6日）

蓬溪县鹫峰寺大雄宝殿外檐斗栱（1940年1月6日）

蓬溪县鹫峰寺大雄宝殿外檐斗栱后尾（1940年1月6日）

蓬溪县鹫峰寺毗卢殿（1940年1月6日）

潼南县仙女洞（1940 年 1 月 12 日）

大足北山摩崖造像龛（1940 年 1 月 18 日）

大足北崖白塔*（1940 年 1 月 18 日）

彭山县江口镇寂照庵之一（1941 年 6 月）

彭山县江口镇寂照庵之二（1941 年 6 月）

彭山县江口镇寂照庵之三（1941 年 6 月）

彭山 460 号墓（突出人物，1941 年 11 月 26 日）

彭山 460 号墓（表现背景，1941 年 11 月 26 日）

彭山 460 号墓门楣雕饰（1941 年 11 月 26 日）

彭山 460 号墓内柱（1941 年 11 月 26 日）

彭山535号墓内景（1941年11月27日）

彭山535号墓柱头斗栱（1941年11月27日）

# 柒　甘肃、天津

甘肃兰州黄河大铁桥（1953 年）

榆中握桥之一（1953 年）

榆中握桥之二（1953 年）

张掖沙井废堡建筑之一（1953 年）

张掖沙井废堡建筑之二（1953 年）

敦煌石窟 427 号窟窟檐（1953 年）

敦煌某塔（1953 年）

天津蓟县独乐寺观音阁正立面外景（二十世纪六十年代）

独乐寺观音阁内景（二十世纪六十年代）

# 整理说明

现场摄影记录是中国营造学社外出调查时不可或缺的工作环节之一。梁思成、刘敦桢、邵力工、刘致平、陈明达、莫宗江、赵正之等基本上都是所到之处必有摄影，历年积累，这些资料照片数以万计。不过，这数以万计的历史照片，除少量照片在某些书刊被注明出自梁思成先生或刘敦桢先生之手外，大多只能被笼统地称为“营造学社旧照”。为更有条理地保存历史信息，更为全面地认识学社先贤的工作成就，整理者认为有必要辨别、梳理出他们各自的摄影专辑。当然，这项工作是比较复杂的。

据陈明达先生生前回忆，他一生的摄影以冲洗成像计数，总在两千张以上，有些用于自己的著述之中，相当一部分已散失无存。当时胶卷、相纸等价格不菲，营造学社成员每次外出调查所摄，基本上都是连底片带暗房冲洗成像的照片一并上交学社归档保存，个人顶多为工作需要留几张副本；在学社的工作记录和刊载的调查报告中，也只有少量照片有明确的摄影者记录；抗战前所摄照片，多数与其他资料一起存放天津麦加利银行，经 1939 年水灾而损毁大半；1949 年后，许多照片上交文化部文物局、文物出版社、文物研究所等有关单位存档；“文化大革命”期间，少量自存的照片也大多自行销毁。

凡此种种，都为搜集整理带来了相当大的疑难。

本卷所收录的二百余张历史照片，系整理者在自家收藏和几位故友亲朋提供资料的基础上，查阅了陈明达曾经工作过或有密切合作的几家单位（如国家文物局、文物出版社、中国文化遗产研究院、清华大学等）的资料室，并与《刘敦桢全集》《梁思成全集》等文献记载相比对，历时数年遴选所得，基本上可以确定为陈明达先生所摄（也包括一定数量可能性在五成以上者）。其判断的依据为下列几项：

1. 陈明达先生生前回忆中有明确指认。如定县开元寺塔、龙门石窟卢舍那大佛头像、彭山崖墓等。

2. 相关档案中有明确记载。如房山云居寺北塔及周围四小塔、敦煌石窟窟檐等。

3. 对历史文献记载的分析。如 1936 年龙门石窟调查，刘敦桢日记记载摄影由梁思成、陈明达负责，则照片有梁思成影像出现者，基本可以肯定为陈明达所摄。

4. 除基本可以肯定是陈明达所摄的照片之外，还有一些存在五成以上可能性的照片（如 1933 年河北北部调查，参加者为刘敦桢、莫宗江、陈明达三人，则照片中如有刘敦桢或莫宗江影像，摄影者必在“莫宗江、陈明达”或“刘敦桢、陈明达”之间），以摄影风格习惯作粗略判断，暂且收录，并以“*”号表示存疑。

这些照片是陈明达先生的工作历程记录，也可视为一代学人的时代缩影。同时，其中一些照片也多少表现出了陈明达先生对摄影本身的艺术追求。记得他生前曾对笔者谈及彭山 460 号墓、卢舍那大佛头像的摄影：前者在发掘现场请了一个当地的农家美少女作比例人，很想不同角度、不同距离地多拍几张——主要记录现场，同时也表现农家少女纯朴自然之美，但囿于条件只拍摄了一张底片，故只能在洗印阶段采用不同的曝光获得两张光影明暗不同的成像，一张突出背景而另一张突出人物；1960 年前后两次考察龙门石窟，条件有所改善，因而可以在同一位置采取细微的角度变化和不同的曝光时间，最后获得真正满意的艺术效果。他不无得意地谈到那张后被选为龙门文物保管所编《龙门石窟》封面的卢舍那大佛胸像，连眼光苛刻的石窟史权威专家金维诺先生也赞之为“摄影杰作”。

此外，在遴选过程中也发现一些照片中有陈明达影像者，基本可以肯定非陈明达所摄（当然也有自拍的可能性，但可能性极小），因其记录了陈明达的工作历程，故另行辑录在本卷附录一“陈明达生平影像资料”内，与其他遗物照片（生活留影、手稿等）共同展示其生平事迹。

整理者

# 附　录

# 附录一

## 陈明达生平影像资料

调查易县清西陵途经白塔山（左起陈明达、莫宗江，刘敦桢摄于1934年9月）

调查易县慕陵龙凤门（左起刘敦桢、陈明达，莫宗江摄于1934年9月）

调查清西陵之泰东陵隆恩门（左起陈明达、刘敦桢，1934年9月）

调查济源济渎庙北海殿(1936 年 5 月 25 日)

调查登封少室山初祖庵大殿之一(1936 年 6 月 20 日)

调查登封少室山初祖庵大殿之二(1936 年 6 月 20 日)

调查河南密县法海寺北宋石塔之一（1936 年 6 月 15 日）

调查密县法海寺石塔之二（1936 年 6 月 15 日）

调查密县法海寺石塔之三（1936 年 6 月 15 日）

调查登封少室山少室阙（左起赵正之、陈明达，刘敦桢摄于1936年6月21日）

调查登封少室山少室阙（刘敦桢摄于1936年6月21日）

调查河北新城开善寺（左起刘敦桢、陈明达，赵正之摄于1936年10月20日）

调查行唐封崇寺经幢（上陈明达、下赵正之，刘敦桢摄于1936年10月23日）

调查邢台开元寺塔院经幢（1936年10月28日）

与赵正之等人在河南武陟调查当地民居途中（1936年11月13日）

调查云南丽江玉皇阁（1938年12月9日）

调查鸡足山金殿（1938年12月24日）

调查楚雄文庙前明代牌楼（左起陈明达、刘敦桢，莫宗江摄于1939年1月13日）

调查楚雄文庙大成殿（左起莫宗江、陈明达，刘敦桢摄于1939年1月13日）

踏访云南安宁县永安桥街面（右一陈明达，1939 年 1 月 24 日）

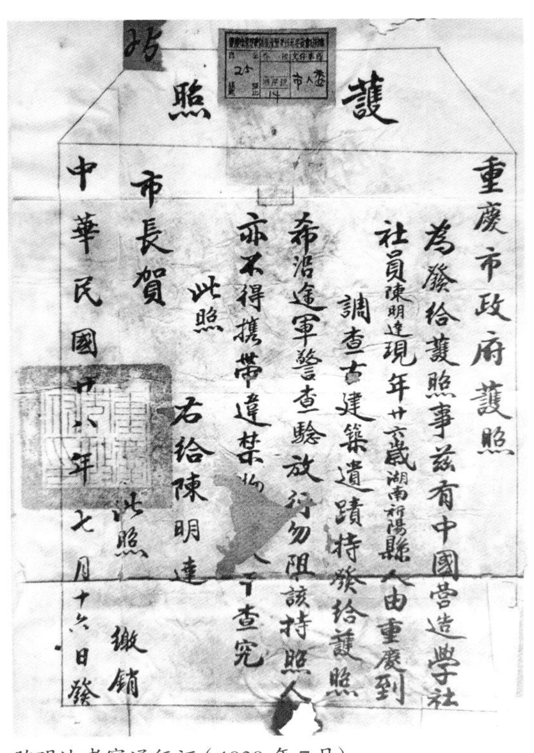

護照

重慶市政府護照

為發給護照事茲有中國營造學社

社員陳明達現年廿六歲湖南祁陽縣人由重慶到

調查古建築遺蹟特發給護照

希沿途軍警查驗放行勿阻該持照人

亦不得攜帶違禁[illegible]干查究

此照

右給陳明達

市長賀

中華民國廿八年七月十六日發

繳銷

陈明达考察通行证（1939 年 7 月）

调查重庆老君洞（左起刘敦桢、陈明达、梁思成，莫宗江摄于 1939 年 9 月 12 日）

调查成都民居陈宅（1939 年 10 月初）

调查成都民居周宅之一（1939 年 10 月初）

调查成都民居周宅之二（1939 年 10 月初）

调查青城山常道观（1939 年 10 月 8 日）

调查雅安高颐阙之一（1939 年 10 月 20 日）

调查雅安高颐阙之二（1939 年 10 月 20 日）

测量雅安高颐阙（左梁思成、右陈明达，1939 年 10 月 20 日）

调查芦山铁索桥（1939 年 10 月 23 日）

调查芦山广福寺觉皇殿（1939 年 10 月 24 日）

调查乐山白崖崖墓之一（1939 年 10 月 31 日）

调查乐山白崖崖墓之二（左起刘敦桢、梁思成、陈明达，莫宗江摄于 1939 年 10 月 31 日）

调查峨眉飞来寺飞来殿（梁思成摄于1939年11月初）

调查新津观音寺（梁思成摄于1939年11月初）

调查绵阳仙人桥（右一陈明达、右二莫宗江、右三梁思成，刘敦桢摄于 1939 年 11 月 20 日）

调查绵阳西山观子云亭（左起梁思成、陈明达、莫宗江，刘敦桢摄于 1939 年 11 月 21 日）

调查绵阳平阳府君阙之一（刘敦桢或梁思成摄于1939年11月22日）

调查绵阳平阳府君阙之二（阙顶左起莫宗江、陈明达，1939年11月22日）

调查绵阳平阳府君阙南阙之一（1939 年 11 月 22 日）

调查绵阳平阳府君阙南阙之二（1939 年 11 月 22 日）

调查梓潼杨义阙（1939 年 11 月 26 日）

调查梓潼西门外无铭阙（刘敦桢摄于 1939 年 11 月 28 日）

调查梓潼北门外无铭阙（刘敦桢摄于 1939 年 11 月 28 日）

调查梓潼七曲山文昌宫大殿（1939 年 11 月 28 日）

调查苍溪慈云阁（1939 年 12 月 13 日）

调查阆中青崖山摩崖造像（下陈明达、上莫宗江，1939 年 12 月 17 日）

调查南部县禹迹山古寨堡之禹迹宫东石门（1939 年 12 月 19 日）

调查蓬安东门（1939 年 12 月 22 日）

调查渠县王家坪无铭阙（刘敦桢摄于1939年12月27日）

调查渠县赵家村东无铭阙（1939年12月27日）

调查渠县蒲家湾无铭阙（1939年12月28日）

调查渠县沈府君阙（前立者为陈明达，蹲者为梁思成，刘敦桢或莫宗江摄于1939年12月27日）

在南充西桥（左起陈明达、梁思成、莫宗江，刘敦桢摄于1940年1月4日）

调查鹭峰寺塔（1940年1月6日）

调查蓬溪宝梵寺大殿（1940 年 1 月 8 日）

调查潼南圆音禅洞（又名仙女洞，左起莫宗江、陈明达，1940 年 1 月 12 日）

调查大足北崖佛湾摩崖造像（1940 年 1 月 18 日）

1941 年李庄，陈明达（右一）与李济（左一）、曾昭燏（右二）、黄兴宗（左二）

彭山县江口镇合影（左起吴金鼎、王介忱、高去寻、冯汉骥、曾昭燏、李济、夏鼐、陈明达，1942 年 5 月）

在南溪李庄板栗坳某宅（左起李淑其、陈明达，约 1943 年）

1950 年初，由原中央设计局研究员转任重庆建筑公司建筑师

1950 年，重庆市委会办公大楼工程奠基仪式（左九为陈明达）

1953 年，调入文化部文物局，与郑振铎等合影［前排左起谢元璐、郑振铎、张珩、陈明达，后排左三傅忠谟、右三罗哲文、右四徐邦达，罗哲文摄（自拍模式）］

陈明达（二排左六）在敦煌与常书鸿（二排左五）、王朝闻（二排左七）等合影（1953 年）

陈明达（二排右二）出席文物局第二届古建筑实习班结业典礼（1954 年 12 月 21 日）

中国建筑研讨会代表合影（前排左一卢绳、左五刘致平、左七梁思成、左十刘敦桢、左十一周荣鑫、左十二穆欣、左十三华南圭、左十六龙庆忠，第二排左二陈明达、左三邵力工、左四莫宗江，第三排右三徐中，1957 年 4 月）

二十世纪五十年代参加建筑史编写的陈明达（左四）与中国建筑研究室汪之力（左六）、张驭寰（左三）、王世仁（右三）、黄祥鲲（右二）等

调任文物出版社编审（1961年）

为编撰《应县木塔》而赴应县补测（1962年）

调查应县净土寺（1962年）

在梁思成宅（左四梁思成、左六林洙、左五陈明达、左一刘致平、左三陈从周，1962 年）

陈明达夫妇迁居新成立的文化部咸宁五七干校（1969 年 4 月）

文化部咸宁五七干校的田间地头政治学习

陈明达夫人李淑其参加五七干校农业劳动

1972年，调任中国建筑科学研究院建筑历史研究所恢复工作。图为陈明达（左一）与刘致平（左五）、贺业钜（左四）、刘祥祯（左八）、常青（左二）、王其明（右四）、孙大章（右二）等

山西考察途中与中国建筑科学研究院建筑历史研究所所长刘祥祯（左）合影（1973年8月）

山西考察途中与山西省文物局干部合影（左二为陈明达）

五台山南禅寺前合影（右起刘叙杰、陈明达、卢绳、杨廷宝、刘致平、莫宗江、□□□、杨道明，1973 年 8 月 22 日）

五台山塔院寺前合影（后排左七杨廷宝、左十莫宗江、左十二卢绳、左十四陈明达、左十七刘致平，1973 年 8 月 27 日）

陈明达（后排右五）、莫宗江（后排右四）等重访应县木塔（1973年8月29日）

云冈石窟露天大佛前合影（后排左一莫宗江、左二陈明达、左四卢绳、左五杨廷宝、左十刘致平，1973 年 8 月 31 日）

参加《苏州古典园林》审稿会，于苏州拙政园合影（前排右一刘叙杰，中排左二刘祥祯、左三杨廷宝、左五陈明达，后排左四陈从周、左五杨永生，1975 年 12 月）

二十世纪七十年代中后期，抓紧时间工作的陈明达

二十世纪八十年代，陈明达、李淑其夫妇在中山公园留影

二十世纪八十年代初的陈明达夫妇

陈明达夫妇与殷力欣（1983 年冬）

陈明达先生晚年（莫涛摄于 1994 年冬）

陈明达先生的最后影像（沈建中摄于 1997 年初）

陈明达先生与挚友莫宗江教授讨论问题（莫涛摄于 1994 年冬）

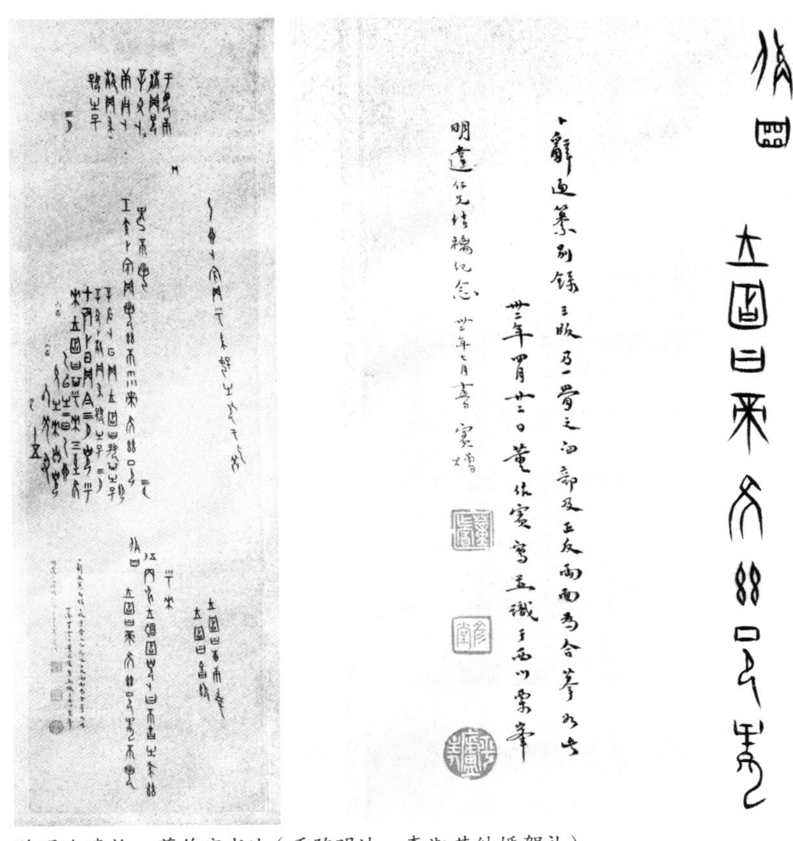

陈明达遗物　董作宾书法（系陈明达、李淑其结婚贺礼）

陈明达遗物　陈从周赠画

陈明达遗物　陈明达手抄《营造法式》

陈明达遗物　披阅过的古籍文献

陈明达遗物　工作卡片(《营造法式》《清式营造则例》《营造法原》名词索引)

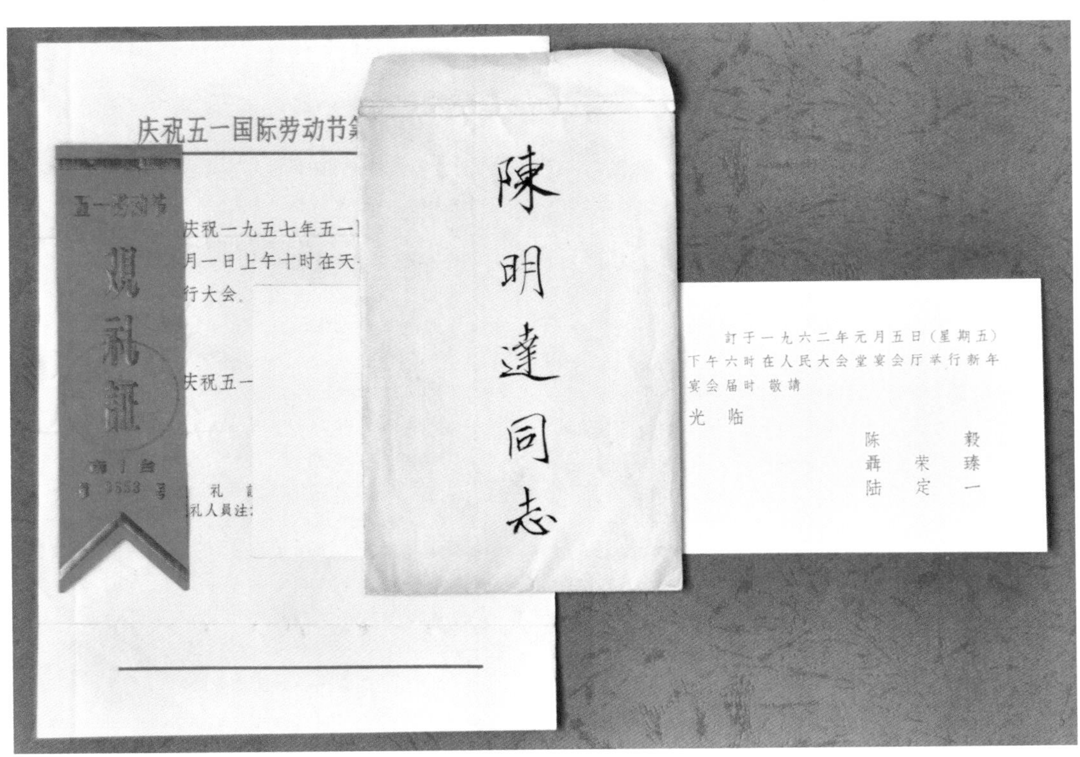


陈明达遗物　因工作而未及参会，留存的国宴请柬、观礼证等

陈明达遗物　梁思成《图像中国建筑史》书影及费慰梅题赠笔迹

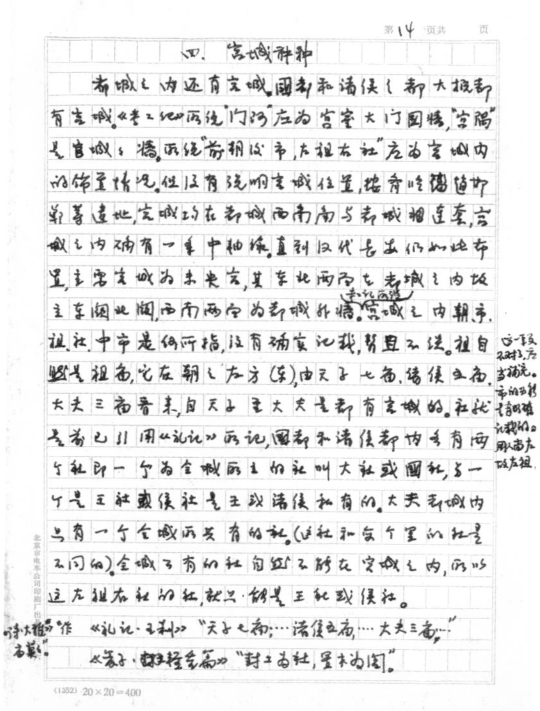

第14页共 页

四、宫城种种

第29页共 页

七、齐临淄

陈明达遗物 《周代城市规划杂记》手稿

《营造法式》

大木作制度研究

国家建委建筑科学研究院

陈明达

一九七九年二月

第1页共93页

独乐寺观音阁山门的大木制度

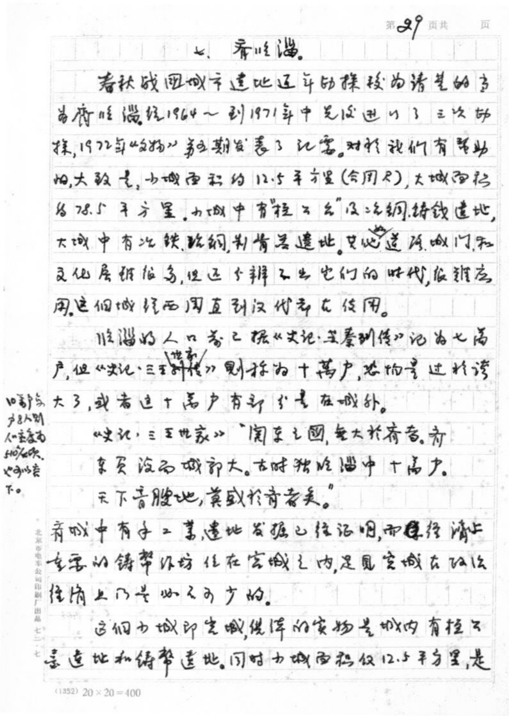

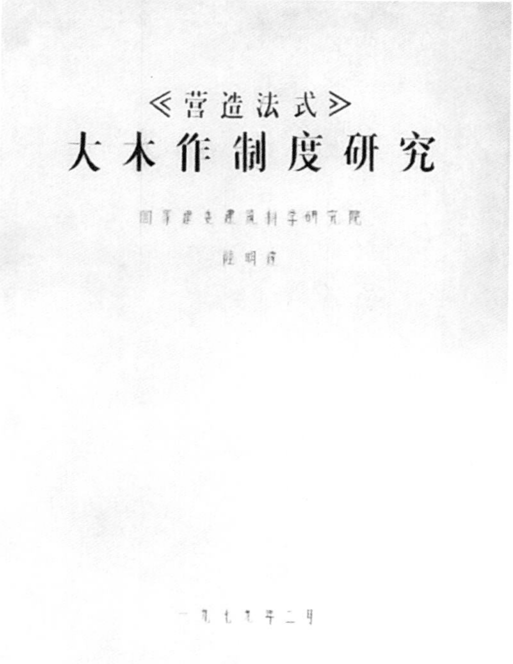

陈明达遗物 1979年2月《营造法式大木作制度研究》初稿油印本

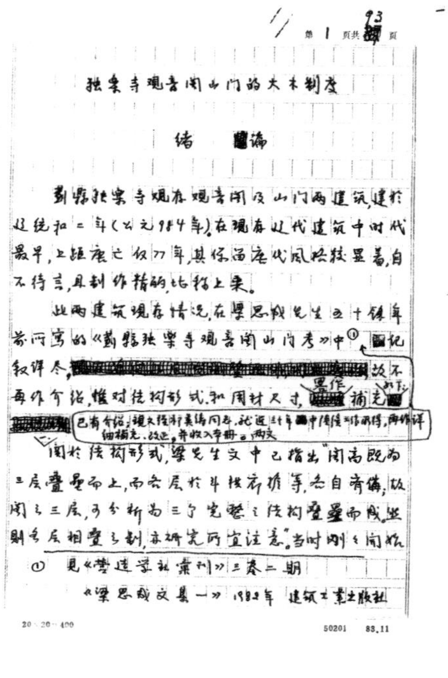

陈明达遗物 《独乐寺观音阁、山门的大木制度》手稿

中央人民政府文化部社會文化事業管理局

張郎兩位同志：

月初我出差到趙縣看大石橋，昨日回京才看到你們的信。我們的說明要過幾天才能寄來。關於南禪寺的修繕問題請山西省文管會速辦。因為那筆中央下撥去省的古建保養費，然是一筆總數，沒有指定修那些建築。具體的要修什麼地方，是要由省決定的。

聽說佛光寺一帶綠化的成績很好，我真是高興。你們艱苦勤勞的工作，在改造自然的環境。

回信太遲了，怕你們等得著急，所以先寫這簡單的信。並致

敬禮

陳明達 24/3

北京北海南門外團城　電話(四)二五二〇

陈明达往来书信　陈明达致张、郎二同志函（20世纪50年代）

陈明达往来书信　莫宗江读《应县木塔》致陈明达之便笺（20 世纪 60 年代）

陳明达先生：

昨天谈了以后，有关"法式"問題，又與莫公談过，八月底脱稿一事，梁先生同意力争；又關於梁先生过去画的图版有很多错误，莫先生指出很多，梁先生自己也發現一些，为了能在出版前，尽可能多避免些错误，今梁先生、莫先生[illegible]，想请陳先生在百忙中校對一下这些旧图版。特附上"宋营造法式图注"希望陳先生直接在图上批注。

徐伯安
郭黛姮 六三年五月廿二日

陈明达往来书信　徐伯安、郭黛姮致陈明达函（1963 年）

陳公，您好

恕免客套。

旧事重提，因为您不良于听，只好用笔陈述了。

記得1969年春节后，我的两个延安插队儿子，春节中由同学资助返京，春节后街道奉命赶期返队，否则强赶。他们本来可以接受押送，免费乘車，但由于我自命清高，不愿受此屈辱，但又苦力供给两人往返旅费约100元的巨款，正作难中，承您慷慨解囊，解脱了我的窘境，此情此景铭心不忘。干校返京后我几次筹款归还，均遭拒受，当时值政萱有病，医药费负担不赀，实际困难，我也就不客气的再未作归还打算了，但我的内心是负疚沉重的。现在年老病多，我不愿把我二十多年来在道义上的欠款，遗嘱给后人偿付，尤其是目前我的经济情况甚好，又无什么负担，故敢不揣冒昧，略作偿还您至情的表示，这件事您会早忘九霄云外，而我却时萦脑海，我之所以很久没来看您，一者是有愧于心，来了甚感汗颜，另者是没想到怎么还的办法为好，现在只有採最简单方式，以尽快解脱我良心上的压力，使今后我能心情自在地常来看您，则是莫大的幸事。这只是送给您做留作纪念之物，万望鉴谅笑纳，莫再使我无地自容了。作揖，作揖。

昌政上 10.4.

陈明达往来书信　郑昌政致陈明达函（20 世纪 70 年代）

其亨同志，这些资料（另附）早已備好，总想等你来取，不料事多就忘记了，今天才想起不如寄去。你的草图，……见于《营造法式》的原文，可供核对。如有疑问请来信。即致

近好。

陈明达 ……月十七日

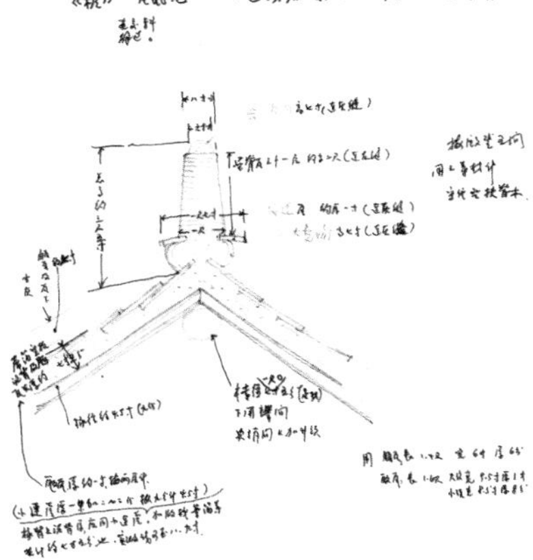

卷十三　瓦作制度

《结瓷》：

……应压，先用大当沟，次用线道瓦，然后垒脊。

《用瓦》：

……殿阁厅堂等五间以上用瓪瓦长一尺四寸，广六寸五分……

凡瓦下补衬柴栈为上，版栈次之。如用竹笆苇箔，若殿阁七间以上用竹笆一重，苇箔五重……其柴栈之上，先以胶泥遍泥，次以纯石灰施瓦……

《垒屋脊》：

垒屋脊之制：殿阁若三间八椽或五间六椽，正脊高三十一层，垂脊低正脊两层（并线道瓦在内）。……堂屋……正脊高二十一层，厅屋……正脊高……门楼屋一间四椽，正脊高一十一层或一十三层，若三间六椽，正脊高一十七层……凡垒屋脊，每增两间或两椽，则正脊加两层（殿阁加至三十七层止，厅堂二十五层止，门楼一十九层止，廊屋一十一层止）……

正脊于线道瓦上厚一尺八寸，垂脊减正脊二寸（正脊十分中上收一分，垂脊上收一分）。线道瓦在当沟瓦之上、脊之下，殿阁等露三寸五分，堂屋等三寸，廊屋以下并二寸五分。其垒脊瓦并用本等（其本等用长一尺六寸至一尺四寸瓪瓦者，垒脊瓦只用长一尺三寸瓦）。合脊甋瓦亦用本等（其本等用八寸、六寸甋瓦者，合脊用长九寸甋瓦）……

卷二十六　诸作料例　《瓦作》：

條子瓦（以瓪瓦一口造二枚）。　大当沟（以甋瓦一口造二枚）。　小当沟每瓪瓦一口造二枚（仰瓪瓦二片）。

线道（以瓪瓦一口造二片）。

陈明达往来书信　陈明达致王其亨函（20 世纪 80 年代）

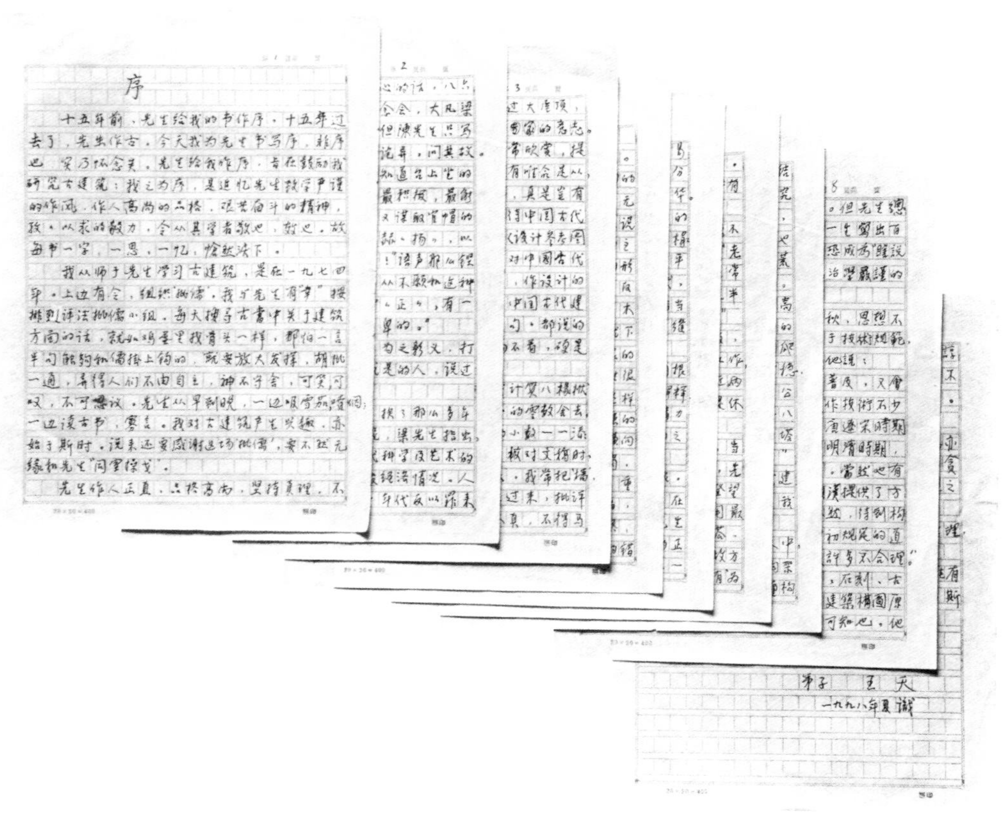
序

十五年前，先生给我的书作序。十五年过去了，先生作古。今天我为先生书写序，难序也，实乃怀念矣。先生给我作序，旨在鼓励我研究古建筑；我之为序，是追忆先生教学严谨的作风，作人高尚的品格，艰苦奋斗的精神，孜孜以求的毅力，令从其学者敬也，效也。故每书一字，一思，一忆，怆然泪下。

我从师于先生学习古建筑，是在一九七四年。上边有令，组织"批儒"，我与先生有幸"被推到"评法批儒小组。每天搜寻古书中关于建筑方面的话，就如鸡蛋里找骨头一样，那怕一言半句能够和儒挂上钩的，就要放大发挥，胡批一通，弄得人们不由自主，神不守舍，可笑，可叹，不可思议。先生从早到晚，一边吸雪茄烟，一边读古书，寡言。我对古建筑产生兴趣，亦始于斯时。说来还要感谢这场"批儒"，要不然无缘和先生"同室操戈"。

先生作人正直，品格高尚，坚持真理，不

……

弟子 王天

一九九八年夏识

陈明达遗物　王天《〈陈明达先生遗集〉序》手迹（1998 年夏）

陈明達 同志所承担的中国古代建筑史科研项目被评为国家建筑工程总局一九八〇年度优秀科研成果一等奖

特此证明

国家建筑工程总局

800267　　一九八一年四月　日

陈明达遗物　获一九八〇年度优秀科研成果一等奖之证书

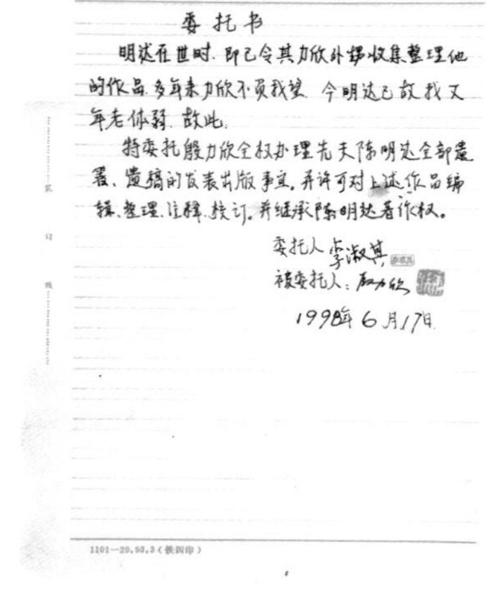
委托书

明达在世时，即已令其力欣外甥收集整理他的作品，多年来力欣不负我望。今明达已故，我又年老体弱，故此，

特委托殷力欣全权办理先夫陈明达全部遗著、遗稿的发表出版事宜，并许可对上述作品编辑、整理、注释、校订，并继承陈明达著作权。

委托人 李淑其

被委托人：殷力欣

1998年6月17日

陈明达遗孀李淑其委托书　殷力欣继承著作权事宜（1998 年 6 月）

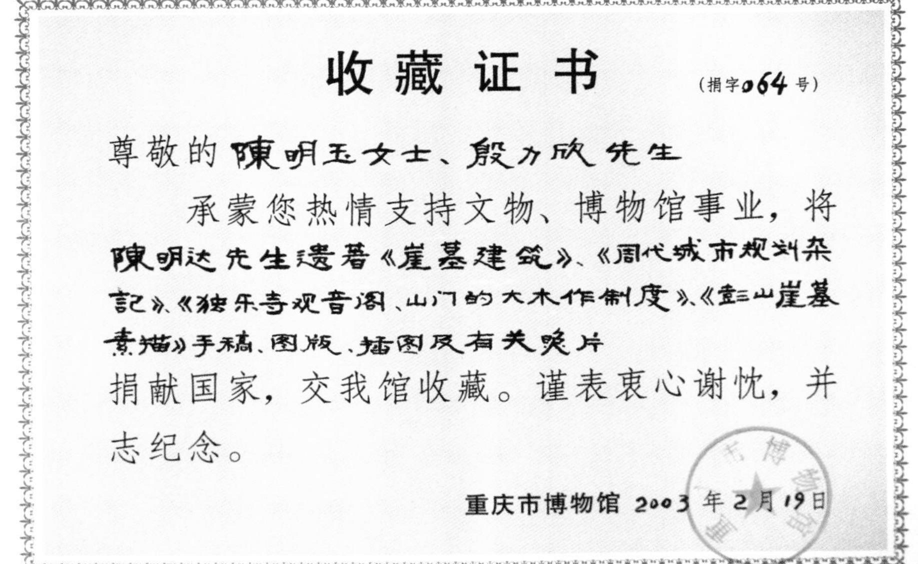

# 收藏证书

（捐字064号）

尊敬的陳明玉女士、殷力欣先生

承蒙您热情支持文物、博物馆事业，将陳明达先生遗著《崖墓建筑》、《周代城市规划杂記》、《独乐寺观音阁、山门的大木作制度》、《彭山崖墓素描》手稿、图版、插图及有关照片捐献国家，交我馆收藏。谨表衷心谢忱，并志纪念。

重庆市博物馆 2003年2月19日

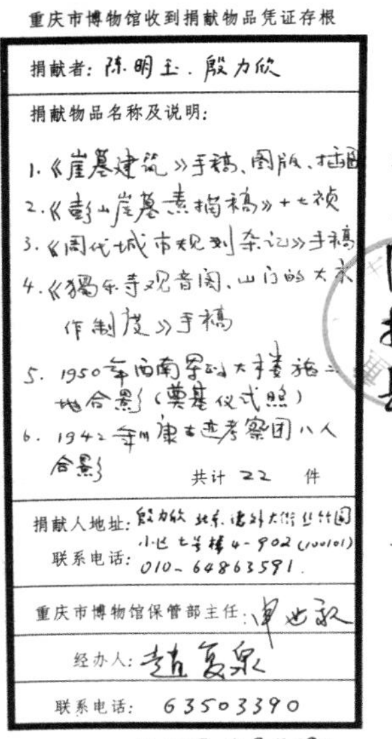

重庆市博物馆收到捐献物品凭证存根

捐献者：陈明玉、殷力欣

捐献物品名称及说明：

1.《崖墓建筑》手稿、图版、插图
2.《彭山崖墓素描稿》十七帧
3.《周代城市规划杂记》手稿
4.《独乐寺观音阁、山门的大木作制度》手稿
5. 1950年西南军政大楼施工地合影（奠基仪式照）
6. 1942年川康古迹考察团八人合影

共计 22 件

捐献人地址：殷力欣 北京 德外大街 丝竹园小区 七号楼4-902（100101）

联系电话：010-64863591

重庆市博物馆保管部主任：

经办人：

联系电话：63503390

2003年2月19日

陈明达后人将部分手稿资料捐赠重庆市博物馆之收藏证书（2003年2月）

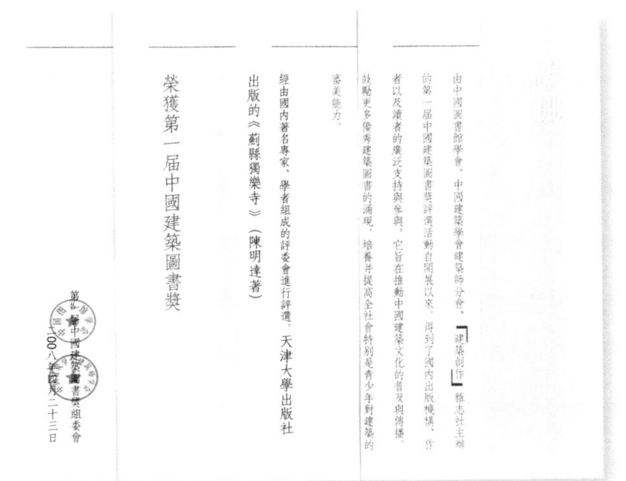

由中國圖書館學會、中國建築學會建築師分會、「建築創作」雜志社主辦的第一屆中國建築圖書獎評選活動自開展以來，得到了國內出版機構、作者以及讀者的廣泛支持與參與。它旨在推動中國建築文化的普及與傳播，鼓勵更多優秀建築圖書的湧現，培養并提高全社會特別是青少年對建築的審美能力。

經由國內著名專家、學者組成的評委會進行評選，天津大學出版社出版的《薊縣獨樂寺》（陳明達著）

榮獲第一屆中國建築圖書獎

第一屆中國建築圖書獎組委會
二〇〇八年四月二十三日

遗著《蓟县独乐寺》于2008年获第一届中国建筑图书奖之获奖证书

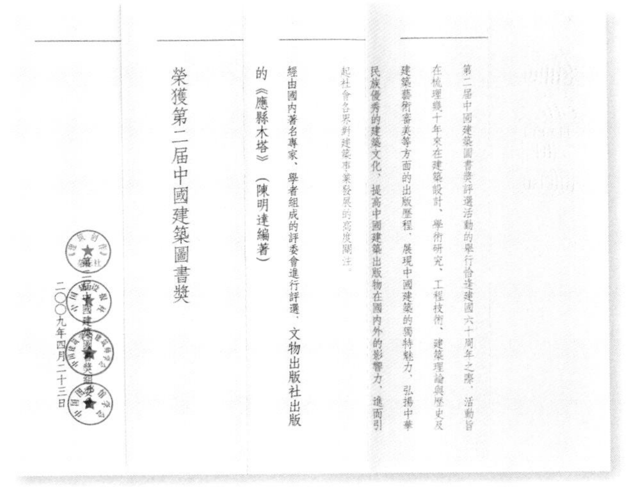

第二屆中國建築圖書獎評選活動的舉行恰逢建國六十周年之際，活動旨在梳理幾十年來在建築設計、學術研究、工程技術、建築理論與歷史及建築藝術審美等方面的出版歷程，展現中國建築的獨特魅力，弘揚中華民族優秀的建築文化，提高中國建築出版物在國內外的影響力，進而引起社會各界對建築事業發展的高度關注。

經由國內著名專家、學者組成的評委會進行評選，文物出版社出版的《應縣木塔》（陳明達編著）

榮獲第二屆中國建築圖書獎

第二屆中國建築圖書獎組委會
二〇〇九年四月二十三日

代表作《应县木塔》于2009年获第二届中国建筑图书奖之获奖证书

# 附录二

## 他人为陈明达著作所撰序跋及纪念、研究文稿

### 缅怀陈明达先生座谈会纪要[①]

（1997 年）

时间：1997 年 9 月 5 日上午 10：00—11：30

地点：中国建筑技术研究院（今中国建筑设计集团）三楼第一会议室

出席人（以签到顺序为序）：

莫宗江　莫　涛　朱希元　徐伯安　楼庆西　黄　逖　符史瑶　孙大章　陈耀东

郭黛姮　于振生　樊　康　孟繁兴　萧　默　傅熹年　陈同滨　王力军　董开瑾

吴　东　于文洪　钟晓青　王贵祥

陈明达先生的亲属：陈明玉　陈明远　殷力欣　刘春英

主持人：陈同滨

**陈同滨（中国建筑技术研究院建筑历史研究所所长）**：陈明达先生是我国杰出的建筑历史学家，是继梁思成、刘敦桢先生之后在中国古代建筑历史研究上取得重大成果的杰出学者之一。陈明达先生的逝世是我国建筑历史学科和整个研究事业的重大损失。为了缅怀陈明达先生为建筑历史研究事业而奋斗的一生，今天我院请各位在这里开个座谈会，追思故人，激励后进，寄托我们对陈明达先生的怀念之情。首先，请大家向陈明达先生遗像默哀。（全体默哀）

① 陈明达先生于 1997 年 8 月 26 日在北京病逝后，中国建筑技术研究院领导曾征求家属办理后事的意见，家属表示：丧事从简，可不办遗体告别式，但有兴趣继续作建筑史研究者，不妨借此作一次学术交流层面的座谈，总结以往，展望将来——这似乎更符合陈先生的意愿。为此，建筑历史研究所特在陈先生逝世 10 天后举办了这次缅怀追思座谈。

**樊　康（中国建筑技术研究院院长）：**今天参加这个座谈会，我的心情既十分难过，又深感欣慰。陈明达先生是一代宗师，他的逝世令人痛惜！值得欣慰的是，昨天有那么多人送别宗师，而今天大家又来追念他，可知这项事业是后继有人的。一个人的生命价值，不在于他的地位、财富，而在于他对社会的贡献。陈先生的贡献是实实在在的，他一生默默耕耘，屡出成果，无私奉献，时代呼唤这样的学者。今天还有不少这样的老先生，而建筑历史研究所现在不仅有傅熹年院士等著名学者，还有陈同滨、钟晓青这样的中青年学者，更有一批年轻人正在成长，他们是继承前辈事业的后备力量。通过缅怀，我们更加了解了陈先生的一生，从他身上学习、汲取最珍贵的东西。在今天市场经济的冲击下，建筑史研究面临困境，我们应缅怀故人，着眼未来。现在的人能够在世界范围弘扬中国古代建筑精华，是对先生最好的缅怀。今天历史所的年轻人都抱定信念，继承老一辈的事业，将事业发扬光大。院里对历史所的工作也是一贯支持的，正在共同探索一条道路。今天一方面来听取大家的意见，另一方面向陈明达先生的亲属表示慰问，望节哀珍重。

**符史瑶（中国建筑技术研究院副院长）：**我是搞结构的，与陈先生专业不同，因此不十分熟悉，但我知道他长期从事建筑历史研究，专著很多，成果重大，特别是在国家重点文物保护研究和中国古代建筑学理论研究方面，是取得划时代研究进展的杰出学者。陈明达先生逝世，我们失去了一位杰出的建筑历史研究巨匠，心中十分难过。陈先生一生爱国爱党，兢兢业业，勤勤恳恳。院里要号召全体职工向陈先生学习，学习他脚踏实地的工作作风，加强这门学科的研究工作，继承前辈遗留的业绩，培养更多的专业人才，为行业作出应有的贡献。

**莫宗江（著名建筑历史学家、清华大学教授）：**早在“文化大革命”以前，陈先生曾和我谈过，周恩来总理有过专项指示，对每一处国宝都要有科学的记录。陈先生的许多工作就是在这个背景下着手的，《应县木塔》《巩县石窟寺》这两本专著也是在这一背景下完成的。现在，还有大量的工作要做，唐代的佛光寺、辽代的独乐寺等，宋元以后的建筑实例还有很多。如何将被“文化大革命”打乱了的工作继续下去，要从培养人开始。现在的条件比我们那个时代要好，应该能够继续做下去，希望以后的工作能够超越我们这一代人。

**楼庆西（清华大学教授）：**我认识陈先生比较早。五十年代初期，我们跟赵正之先生参观古建筑，回来后写了书面报告。陈先生把我们的报告要去看了，很快便让我们去他那里，仔细询问调查心得，并帮助我们将报告发表在《文物》期刊上。陈先生是非常爱护年轻人的。后来，我们跟着梁思成先生做宋《营造法式》注释工作，经常去陈先生那里请教图纸的测绘、画法等等，陈先生时常回忆起当年在四川李庄时的情景，将学习梁思成、刘敦桢的心得和自己的发现，都毫无保留地传授给我们。"文化大革命"前，先生在中央美院教授雕塑史，有一次也向我讲授了几个小时。陈先生默默耕耘，把所有成果都无私奉献给了后人。先生后期的著作，如《应县木塔》《巩县石窟寺》等，都是他新的研究体会，而《营造法式大木作制度研究》是在梁先生《营造法式注释》基础上的更进一步的研究，意义十分重大。先生在生活上默默无闻，而学术上达到了极高的水平。他执着地追求，有韧劲。现在学术研究走下坡路，年轻人留不住。在这种情况下，更应该学习陈先生的敬业精神。

**黄　逖（文物出版社编审）：**陈明达先生影响了我的一生。六十年代，我分配到文物出版社工作。当时对新来的同志采取师傅带徒弟的方法，我就跟着陈先生。陈先生平时话很少，首先要我把谢稚柳先生的敦煌实录卡片全部抄写下来，再把《营造法式》熟读一遍。陈先生从事古建筑调查、测绘、研究工作，总是在设想古建筑万一倒塌了，如何重新建造起来。那时我跟随陈先生调查古建筑，画测绘稿，应县木塔是八角形平面，先生不声不响地把三角板磨成特殊的形状给我使用。先画铅笔稿，然后先生要用三角板反过来检查、核对。先生说："通常搞艺术的人画图不注重科学，搞科学的人画图不注重艺术，画我们这种图则要把艺术和科学结合起来。"应县木塔的立面、结构等图先生自己画，一些平面和局部的立面开始指导我画。先生脾气不大好，但从未责备过我，他爱护年轻人，十分注重培养青年。他常把学生的论文推荐给文物出版社，如王其亨的学位论文、王天的书稿《古代大木作静力初探》，甚至工人师傅的书（井庆升师傅的大木工艺书稿）也推荐，毫无门户之见。陈先生的研究思想、研究方法和研究道路都值得我们学习。对我来说，《营造法式》像天书一样深奥难解。陈先生的应县木塔研究，我认为是空前绝后的，我甚至至今都想不透先生怎么会有那样的奇思妙想。他的《营造法式大木作制度研究》是另一部杰作。陈先生经多年探索，在梁、刘的基础上，也在自己取得应县木塔研究进展的基础上，发现了法式与宋尺的关系，接着发现了其中规范、标准化的规律。要立足前辈打下的基础，善于发现、勇于发现。还有，陈先生反对封锁文物，他说“保管部门有保护的责任和管理的义务，但没有阻止研究的权力”，同样，他对研究资料的态度也是开放的。这一点，也很能说明先生的眼界和襟怀。

**徐伯安（清华大学教授）**：我与陈先生接触过几次，有五件事印象很深。一是当时梁思成先生对我们说，研究《营造法式》可去请教陈先生，说陈先生有奇思，思想敏锐。在营造学社时，整理资料，对于栱瓣出现的原因，众人多不知，是陈先生首先提出了正确的解释。这说明陈先生想问题很深入。二是我们向先生请教的过程中，对于“铺作出一跳谓之四铺作”，当时先生做了解释，后来他又有所修订，目前已有四种说法。先生仔细、耐心地与我们讨论，毫无保留。三是陈先生曾问起梁先生的《营造法式注释》什么时候出版，说自己也有一本书要出，要出在梁先生之后，不能在前。这说明陈先生对自己的老师是非常尊重的。后来这两本书果然是几乎同时出版而有先后的。陈先生的那本书（《营造法式大木作制度研究》）出版前开了一次会，请我们小字辈也来参加，认真听取大家的意见，很说明先生的襟怀。四是先生不参加社会活动，不开会，不当头。对此，别人有各种说法，甚至由此认为陈先生架子大，但我知道陈先生是潜心学问，能够“难得寂寞”。记得有一次我代表建筑学会看望先生，转达学会准备请他出任一个名誉职务的提议。没想到先生不单婉拒了荣誉职务，还要我代他声明“退出建筑学会”，连会员也不做了。他此举的理由就是不肯挂虚名，尽量节约时间干自己的实际工作。陈先生甘于淡泊，不凑热闹，几部著作都是掷地有声的。五是有一次去先生家，陈先生说希望与莫宗江先生一起搞巩县石窟寺研究。我回来转达，莫先生则说巩县石窟寺是陈先生的研究成果，自己可以参加讨论，但不挂名。后来莫、陈二先生联合署名发表论文，是陈先生的一再坚持。二位先生的气度，真令人感叹！今天，我们在这里纪念陈明达先生，尤其要学习先生淡泊名利的治学精神。

**郭黛姮（清华大学教授）**：梁思成先生当年提到，陈先生调查独乐寺的时候，一看到侧脚、生起，马上就与《营造法式》对上号了。他对典籍精通到了这样的程度，思维之敏捷，也真是惊人！陈明达先生的几部著作，是中国建筑历史研究领域的巨著。

先生在中国建筑历史研究中有很多突破点，他人所未发现，他不仅发现了，而且解释清晰，令人钦佩，对我们很有启发。与先生接触不多，但他的书都读过不止一遍。应县木塔测绘图中，八角形平面每边的尺寸都注出来了，现在看来非常有价值——可以看出受到灾异、人为破坏之后的每边的变化。一般的测绘都比较简单，画平、立、剖面，想不到那么细致地去对待。陈先生对大木作制度的研究，将中国建筑史中《营造法式》的研究向前推进了一大块，带动学术界向前发展，引起了大家的思考，跳出以往文物研究的框框，从新的高度去思考、认识建筑的本质。陈先生的逝世，是学术界的重大损失。今天，我们深切缅怀前辈，意在激励后学，做到先生希望的“有所发现，有所前进”。

**朱希元（原中国文物研究所[①]）**：我在五十年代就认识陈先生，他对学问、对学术资料是十分重视的。中国营造学社留下的资料，一部分留在清华大学，一部分留在文研所，有一部分原存放在天津，后被水淹了，其中有梁思成、刘敦桢先生的手稿和学社的许多图稿，即“水残资料”，也留在我们所的资料室中。陈先生多次强调这批资料的重要性，是研究古代建筑史所必需的，曾指导我们按分类法科学分类，寄希望日后发挥作用。遗憾的是，“文化大革命”后，一切都乱了，现在后继乏人。我在此希望能够培养后备人才，包括做基础资料工作的人才，这样才能够继承陈先生的遗志，将这个事业继续下去。

**孟繁兴（原河北省古建筑保护研究所）**：我是专程从河北赶来的。陈先生是我的长辈，影响了我的一生。昨天向先生告别后，晚上一直失眠。我从 1956 年参加工作，和先生常有接触。离开北京去山西、河北后，每次回京都要登门拜访、求教。我能帮助先生做的事很少，而先生却时时安排我做很重要的工作。关于应县木塔上的题记，陈先生要我把它弄清楚，我搭了梯子上去，把后抹的白粉清除掉，发现原题记是刻上去的，因木质糟朽，不能捶拓，只好用双钩法描下来。先生对这个工作非常重视，多次嘱咐我“这是要流传后世的，绝对不要含糊，要一笔不差”。他的要求非常严格。后来我调任河北，先生又嘱咐我把南北响堂山石窟调查清楚。当时，为认清北朝石窟的真

① 今中国文化遗产研究院。

面目，我主张拆除近世加盖在石窟外围的窑洞。这个主张，北大的宿白先生反对，我压力很大，是在陈先生的支持下，我们才最后下了决心。后来的成绩得到了学术界的认可，承认我们的做法为古建筑史留下了北朝建筑的珍贵史料。这也说明了先生的眼光和担当，尤其是针对实际情况的分析预见能力。先生本已答应为我的响堂山石窟书稿作序，现在没有可能了，但我会永远记住先生对后学的培养和支持。先生的逝世，是建筑史领域的极大损失。这里，我恳请各级领导继续支持建筑史研究事业。

**王贵祥（清华大学教授）：**陈明达先生是我一直非常敬仰的前辈。过去跟着莫先生拜访过陈先生，所以一直将他作为老师看待。读先生的书，感到他治学非常严谨，有奇思。一个月以前，有位德国汉学家来信想了解陈先生的生平。国外的学者已经开始关注他了，但他却在这个时候去世了。我想把先生的生平介绍给他寄去，帮助外国学术界研究先生，这也是使中国建筑历史学走向世界所应该做的。对于晚辈，先生留给我们一种执着追求的精神。在当前形势下，能将研究事业延续下去，是对先生真正的纪念。

**黄　逖：**补充一句。陈先生的著作，目前在东亚一带是有影响力的。前几年有个日本人，是位大木匠师，来到文物出版社，非要见见陈先生不可，先生不在，就要求见见《应县木塔》的编辑。还有一年，我们出版社出境办展览，日本、东南亚的读者争相购买先生的著作。这也说明，只要我们的工作做好了，中国建筑是能够产生国际影响的。

**郭黛姮：**我也补充一件事，我认为也是需要提倡的。前些年我们帮助法国人出书，需要找陈先生《应县木塔》的原图，陈先生帮我们写了作者名义的条子，使得出版社马上就把图调出来了。越是有学问的先生，越是无私；越是没学问的，越是自私。所以，应该弘扬陈先生的精神。

**傅熹年（中国工程院院士、建筑历史研究所研究员）：**陈明达先生的逝世，对建筑史学界、对历史所，都是重大损失。我从 1953 年就认识先生，一直把他作为父执前辈和老师看待。这些年来，对先生的教导体会很深。从他身上看到，真正要做学问，首先要肯动脑筋。当年先生在协助梁思成、刘敦桢工作时，就提出过很多建议；后来自己做学问，广泛搜集材料，深入研究问题，常常提出前人所未发的精辟论点。他认为建筑史要分项研究，深入进去，先解决若干关键问题，才能带动整体研究的前进。先生本人身体力行，应县木塔研究、大木作制度研究都是如此。他认为只有广度与深度结合，学科才能有所发展。这些年，广度是有一些了，这是需要的，但深度上有些不够，影响了推进。陈先生为我们做了很好的示范，他这些年的研究，从长远看是起到推动作用的。先生溘然长逝，在写先生生平时，我请示了莫宗江先生，他完全赞同说陈明达先生是“继梁思成、刘敦桢先生之后在中国古代建筑史研究上取得重大成果的杰出学者之一”。可知这是学术界的公认。陈先生把其他一切浪费时间的事都摆脱了，专心治学。我们要继承先生最优秀的学风，淡泊名利，潜心钻研，好学深思，从多方面考虑问题。陈先生的精神，是我们建筑历史研究所宝贵的精神财富，特别是在目前条件困难的时候，更应学习先生的作风。

**陈同滨：**感谢各位前辈和同行前来参加这次座谈会，感谢院领导对我所工作的支持。我们所的同志，无论老一代还是年轻一代，都将继承和发扬陈先生严谨治学、不骛虚声的学风，以实际行动缅怀陈先生为建筑历史研究事业奉献的一生。鉴于老先生们的身体状况不便久坐，今天的会议就到这里结束。谢谢大家！

（钟晓青、殷力欣根据现场速记整理）

# 《陈明达古建筑与雕塑史论》序

傅熹年

这部陈明达先生的学术论文选集，由其外甥殷力欣同志帮助整理汇编，陈先生生前曾审核原稿，并做了一些修改。此书以建筑史研究为主，也包括一部分雕塑史研究内容。陈先生的主要学术著作《应县木塔》《营造法式大木作制度研究》和《中国古代木结构建筑技术（战国—北宋）》前已出版。这部选集出版后，他主要的学术著作就全部问世了。[①]

陈明达先生是我国杰出的建筑历史学家。他年青时即参加中国营造学社，是梁思成、刘敦桢二位教授的弟子和刘敦桢先生的助手。在1932年至1943年间，他协助刘敦桢先生和梁思成先生调查研究了河北、河南、山东、山西、四川、云南等地的大量古代建筑，建立了研究中国古代建筑的坚实的基础。1953年他到文化部文物局工作后，主持全国有关古建筑遗物的普查，并进行了大量的复查和确认工作，为及时确定大量有保护价值的古建筑和从中选定全国重点文物保护单位作出重要的贡献。本文集中，《汉代石阙》以前各篇就是这一阶段工作的反映。

1961年以后，陈明达先生转到文物出版社工作，主持有关古建筑、石窟、雕塑诸方面书刊的编审工作，并专力探索编辑全国重点文物保护单位专集的工作。这期间他撰写的《应县木塔》和《巩县石窟寺》就是在这方面的尝试。在《应县木塔》的撰写中，他多次亲自调查，反复核实数据，绘制精密的测图。在此基础上对木塔的历史沿革、设计手法、模数运用、艺术处理诸方面进行深入细致的分析研究，在对单项古建筑进行深入研究和探索其设计手法方面取得突破性进展，也为编撰全国重点文物保护单位的专集树立了样板。这期间他还参加了刘敦桢教授主编的《中国建筑简史》和《中

---

① 作者作此序言时，陈明达先生的一些重要遗稿，如《崖墓建筑》《周代城市规划杂记》《独乐寺观音阁、山门的大木制度》《〈营造法式〉辞解》《〈营造法式〉研究札记》等尚未发现、整理。后《〈营造法式〉辞解》于2009年整理出版之际，傅熹年院士又单为之作序，以示重视。

国古代建筑史》一至八稿的研讨，作出很大的贡献。因专力于这些工作，这一阶段发表论文较少。随后发生十年浩劫，他也就无法工作了。

1973 年起，陈先生转入中国建筑技术研究院建筑历史研究所工作，专力从事《营造法式》的研究。他运用毕生搜集到的大量资料和多年潜心钻研的心得，对《营造法式》中所蕴含的运用模数进行设计的方法条分缕析，基本理清，证明在宋代已存在着一整套建立在以材份为模数的基础上的设计方法，可以同时满足建筑设计和结构设计的要求，适应当时不同规模、等级的建筑物的设计需要，并达到一定程度的标准化、规格化。其成果撰为《营造法式大木作制度研究》一书，并于 1981 年出版。在此之前，为了探讨《营造法式》在结构设计上的成就，他和结构混凝土方面的权威专家杜拱辰教授合作，由他归纳《营造法式》中有关条文和数据，杜拱辰教授进行力学分析，共同对北宋时在力学上的成就作出有科学依据的评价，于 1977 年共同撰文发表。此文就是收入本集的《从〈营造法式〉看北宋的力学成就》一文，开拓了建筑史研究的新领域。对《营造法式》的研究是陈先生在建筑史研究上的最杰出的贡献，提高了我们对古代建筑达到的科学水平的认识。

二十世纪七十年代后期，陈先生为《中国古代建筑技术史》撰写有关木结构发展部分，随后又拓展为《中国古代木结构建筑技术（战国—北宋）》专著，于 1990 年出版。此书基本上理清了自战国至北宋时木结构建筑技术的发展脉络，是陈先生发表的最后一部专著。限于所掌握的资料，当时只写到北宋而止，读者深以为憾。近日清理陈先生遗稿，竟意外发现有他近年奋炳烛之明续撰的北宋以后部分，特增收入此集中。这虽非陈先生的定稿，但体现了他对中国古代木结构技术发展的完整的看法和评论，如与专著合观，也可称为全璧。

在陈先生的晚年论文中还有几篇体现了他对中国建筑史研究的设想和希望。

其一是《独乐寺观音阁、山门建筑构图分析》一文。他在《应县木塔》出版后，还拟对佛光寺东大殿、独乐寺观音阁等几座特别重要的古建筑做类似的研究，探索不同的研究途径，故在《营造法式大木作制度研究》完成后，即开始进行探索。他认为既然每个建筑有不同的特点和优长，分析研究侧重点也应不同。故此文就是着重在《应县木塔》中没有机会深入展开的构图分析上进行探索，在这方面做了有益的尝试，为中国建筑史研究开拓出一个新的方面，并鼓励后来者在这方面继续努力。

其二是《对〈中国建筑简史〉的几点浅见》和《古代建筑史研究的基础和发展》两篇，都有总结过去、瞻望将来性质。在这两篇文章中，他从梁思成先生、刘敦桢先生撰写或主编的三部中国古代建筑史谈起，回顾这门学科的发展历程，并主张从撰成的建筑史中总结经验，找出若干还需进一步解决的问题，逐项研究，以推动建筑史学的发展，表现出他对中国建筑史研究进程的实事求是的估价和对进一步发展的期望。

陈明达先生的最主要学术成果体现在《应县木塔》和《营造法式大木作制度研究》等专著上，但这些卓越成果的酝酿形成过程和他晚年的回顾、总结与展望却都凝聚在这本选集里。把这两方面汇集通观，对他的学术成就、学术思想的形成与发展以及治学方法才能有全面认识，从而能够完整地接受他留给我们的宝贵的学术遗产。他在《〈古代大木作静力初探〉序》中说："从事古代建筑研究数十年，深知研究工作之奥秘：脚踏实地，循序前进，不尚浮夸，力避空论，必有所获。"这虽是他赞赏别人的话，却正可视为他学风的写照，是极值得后人学习的。正是由于他坚持这种学风，自甘淡泊，不尚虚声，勤奋好学，老而弥笃，才取得了一系列开创性的学术成就，成为继梁思成先生、刘敦桢先生二位学科奠基人之后在中国建筑史研究上取得重大成果的杰出学者之一。

当代学者中最了解陈明达先生的是莫宗江先生。他们自幼即是小学同学，1932年同入中国营造学社后，缔交七十余年，在学术上互相启发、互相交流，几乎达到无分彼此的程度，交谊之笃，成为学界佳话。这本文集应由莫先生撰序，但莫宗江先生伤痛挚友新逝，不忍动笔，命我代劳。莫先生是我的老师，重违师命，只能勉为其难。陈先生是长辈学者，我一直以师礼事之，四十余年来，受他的教导奖掖甚多，对他的学术成就和学风极为钦敬。但后学的管窥，实难测其高深，只能作为此集的最先读者之一，把自己的学习体会介绍给读者，并复命于莫宗江先生。不当之处，希莫先生及读者批评指正。

后学　傅熹年敬识

1998年4月

# 《陈明达先生遗集》序

王　天[1]

十五年前，先生给我的书作序。[2]十五年过去了，先生作古。今天我为先生的遗作作序，非序也，实乃怀念矣。先生给我作序，旨在鼓励我研究古建筑；我之为序，是追忆先生治学严谨的作风，做人高尚的品格，艰苦奋斗的精神，令从其学者敬也，效也。故每书一字，一思一忆，怆然泪下。

我师从于先生学习古建筑，是在一九七四年。上边有令，组织“评法批儒”，我与先生有“幸”被安排到单位的“评法批儒”小组，每天搜寻古书中关于建筑方面的话，就像鸡蛋里挑骨头一样，哪怕一言半句能跟儒家挂上钩的，就要胡批一通，可笑可叹，不可思议。先生从早到晚，一边吸雪茄，喷云吐雾，一边读古书，对旁人的“高谈阔论”沉默寡言。私下里知道，先生借此机会倒是在认真检索一些古文献中记载的建筑现象，思考现象背后的文化问题。说来要感谢这场运动，要不然也无缘和先生谈笑忘年了。

先生做人正直，品格高尚，坚持真理，不随世俗，从不言谎，不说那些违心的话。一九八六年清华大学召开梁思成先生纪念会，大凡梁先生的学生及好友都参加了，但陈先生只写了纪念文章，没有参会。我很诧异，问其故。先生面有怒色，说道：“我不去就知道台上坐的是谁，当初批梁公的时候，发言最积极、最能胡说八道、最会讨好上边欢心而又谋取官帽的人，摇身一变，今天坐在台上，赫赫洋洋，以梁公的学生自居，不知羞耻二字！”语音那么铿锵有力。先生一向鄙视这种人，从不愿和这种人过从，多次对我说：“做人要堂堂正正，有一说一，是白说白，虚伪浮华是可鄙的。”

梁先生挨批，陈先生不满，打抱不平，同时谴责一些不实事求是的人，说过如下

[1] 王天（1938—2016年），建筑防水资深专家，自1998年起，担任中国建筑防水协会总工程师，系陈明达先生之私淑弟子，著有《古代大木作静力初探》。按《陈明达古建筑与雕塑史论》于1998年出版后，整理者曾计划将陈明达先生生前未及发表的文稿，整理出版为《陈明达先生遗集》，并邀请王天先生作序。后因故未能出版，而王天先生也于2016年逝世。

[2] 指王天著《古代大木作静力初探》。参阅王天:《古代大木作静力初探》，文物出版社，1983。

一段话：

“梁先生背着‘大屋顶’的罪状，挨了那么多年批。梁先生何尝那么爱大屋顶呢？梁先生早已指出过宫殿式的结构已不适合近代科学及艺术的理想，靡费侈大，不适于中国一般经济情况。人家四十年代早已表明态度，五十年代反以罪来批，荒唐透了。解放后梁先生也确实搞过大屋顶，那是苏联专家的意志。他们看见中国宫殿建筑，从艺术上非常欣赏，提议要搞。这件事扣在梁先生身上，真是岂有此理。梁先生一再告诫人，正确对待中国古代文化遗产问题。在1936年编《建筑设计参考图集》序中说：希望中国建筑师不要对中国古代建筑的形式简单模仿，不要把这个图集作设计的蓝本，只是提供一些参考资料，对中国古代建筑有所了解，创造新的建筑风格。句句都说得很明白，可是总有那么一些人，偏偏不看，硬是胡说八道，荒唐得可以。”

先生治学严谨，一丝不苟。我计算八椽栿的内力，荷载数万斤，小数点以下的零数省去，但先生使用珠算核对后，将省去的小数一一添上，一点也不马虎，我深深佩服。核对文字稿时，一个标点符号也不放过，一一改正。我常把“墙”写作“垟”，把“释”写作“积”，先生还批评我钢笔字欠功夫，不够规范，要求我书写不得马虎、凑合。

先生很不赞同一见外观形式就下结论。有一次他问我：“你知道说应县木塔是套筒结构的是谁吗？”回答不知。先生深吸了一口雪茄，表情有些无奈：“是很有名气的结构工程师某先生说的。我觉得这个结论未免简单草率，仅凭想象而浮于表象，偏偏有另一些人不做具体分析而盲目迷信权威。应县木塔固然是内外两圈柱子，但仅仅根据这一点就下结论是套筒结构，其实是证据不充分的。套筒结构很明显的特点：内外两层筒，由下而上，本身整体性很强，纵向筒体是主体，而横向联系薄弱，这样才称为套筒。木塔共九层，每层间设厚而强的铺作层，它把柱架横向隔开，从整体看，横向连接强而纵向连接弱。这样看来便不是筒，而是多层构架，重重叠叠，好像九只木凳重叠放置——这与套筒是区别很大的。作为科学技术工作者，看待事物一定要细致认真，全面整体地观察分析，才能得出正确的结论，才能避免主观臆断。越是有名的人，越要慎重——影响越大，越容易被人轻信，误人也就越多。”无疑先生的分析是正确的。我深感先生自己就是“看问题细致全面，不尚浮华”者流。

另记一例。关于《营造法式》中的下平槫的定义，有人说，中平槫后的那根就是下平槫。对此，先生说："不全对。若八椽栿可以；若十椽栿有两根中平槫，如其言则下平槫和橑缝槫之间的那根槫无名字；若六椽栿，则无中平槫，要么无下平槫，或者把橑缝槫当作下平槫，都不合适。确切地说，自橑柱中缝以内，最下一根椽的槫，叫下平槫。"

先生用毕生精力研究《营造法式》，对书中每个构件尺寸、作图、名称，细致确切地写出解释，晚年所作《〈营造法式〉辞解》，凡1082条。工作量之大，花费精力之多，用时之长，可想而知，晚辈不能不为之叹服。后辈不能，亦不敢为也。

先生晚年不去办公楼坐班，一放下饭碗，就坐在桌前翻阅和写作。他说时间太宝贵了，在家里工作安静，效率高，可以多写些字。先生惜时如金，连节假日都不肯多休息。每年的正月初一总要出门访友，每到一友人家，进门点上一支烟，边吸边说，待吸完这支烟，便起身告辞。这样一上午可以走访好几家，说："时间宝贵，没有那么多工夫闲聊。"

前些年会多，大会小会相连，解决问题不多，耽误工夫不少。先生最怕开会，他说："老开会受不了，哪有那么多闲工夫？老生常谈，不深入，不细致，鸡毛蒜皮，一扯就是半天，耽误正事做不了，实在要不得。"

带病坚持工作也是先生的家常便饭。一次登门求教，适逢先生发烧、咳嗽，但仍不卧床，坚持工作。我劝他休息，他不肯，说："连日查了近两千条文字，加入补充到'辞解'里。查资料就是休息，并不费脑筋。"

先生看问题由表及里，从现象入本质。当有人说，定县料敌塔是为瞭望敌情而建，先生予以否定。他说："料敌塔曾用于军事，登望敌方之用，是可能的。多年辽宋交兵，借用最高建筑物作军事瞭望，但不会专为军事瞭望而建此塔。这座塔前后用了近五十年的时间才建成，敌方不会坐等五十年才发动进攻。县志有'为军事瞭望'之句，于是得出此塔为军事而建的结论，显然流于表面，而没有全盘考虑历史事实。研究古代建筑要尊重客观史实，综合分析。抗日战争期间，应县木塔也曾作瞭望之用，这不代表建造之初就是专为军事瞭望。"

学问越渊博，态度越谦虚，我接触的人中，先生是最为谦虚的长者。殿堂构架和厅堂构架的梁柱，受力状态截然不同，也是区分两种构架的标志，这是先生最早提出来的。但先生总是说“我是外行，不懂结构”。先生一生写出百万字的论著，而无结构的文章，唯恐成为“瞎说者”，但也正因如此谦虚，才成为治学严谨的一代宗师。

致力于研究古代建筑近七十个春秋，思想不古；寿虽耄耋，思想犹似春壮。对于技术规范，先生有精辟的见解，令我折服。他说：“规范这东西，既促进建筑技术的普及，又会阻止技术的进步。自宋以来，大木作技术在不少地方表现了退步。如大梁的断面，唐辽宋时期的断面高宽比 2∶1 或 3∶2，到了明清时期，梁的断面 5∶4，显然不如 3∶2。这当然也有其他原因。有了法式的规定，给懒汉们提供了方便，照葫芦画瓢，知其然不知其所以然，待到构造矛盾时，任意改动，因为不知道当初规定的道理，所以不当改的也改起来了，造成许多不合理。”

先生研究领域很宽，建筑、雕塑、古代城市规划、少数民族建筑及古代建筑构图原理等，都有论著问世，其知识之渊博可知也。他待人和善，诲人不倦，凡有向其求教者，莫不循循善诱，一讲就是几个小时，不知疲倦，百问不厌其烦，倾其所知而无所保留，唯恐求学者无所心得。先生才思敏捷，明事理而通达，确如其名。

先生晚年，行走蹒跚，耳又失聪，记忆亦衰，前谈后忘，难再执笔。不知何时起，每日嗜睡难抑，常坐入梦乡，已知大去之期近矣，我视之凄然。

先生遗作颇多，幸有力欣老弟辛苦整理，乃有望近期刊行，而吾有所不能，愧为弟子也。

先生辞世一年有余，我深深地怀念他，唯有继其志，致力于未竟之业，告慰在天之灵。是为序。

弟子　王天<br>一九九八年识

# 回眸中的流光掠影

## ——追忆陈明达先生

刘叙杰[1]

对于一个人物或一件事情的了解，往往要通过相当长期和反复的认识，即便如此，也常常不能做到十分全面和彻底。此外，观察者本人的洞察力和所处的地位也相当关键，在这方面，成人就要比孩子有利得多。正是由于上述这些原因，对于从小就认识的陈明达先生，在我的记忆里，他的印象似乎是既清晰而又模糊，既熟悉而又陌生。因此，很难一下子就准确地勾画出他的整体轮廓，只能够依靠许多点滴的回忆，来逐渐拼凑中国建筑史学界这位著名学者的形象。

现在实在已经回忆不起来是什么时候第一次见到陈先生的，最有可能是在北平故宫午门外西朝房内的营造学社。大概是 1936 年的夏天，在随母亲去中山公园（原明清王朝的地坛）的途中经过那里。还大致记得当时学社中的工作人员不多，但大家都在无声地忙碌着。由于跟他们都不认识，我只能老老实实地站在一边，既不敢向前探视，也不敢提出任何问题。按照现在的推想，当时正值父亲等从外地调查归来，包括陈先生在内的有关工作人员，一定正在紧张地进行着后续的整理工作，自然谁也不会去注意我这个临时出现的“小把戏”。

“七七”抗日战争全面爆发后，我们和梁思成、杨廷宝先生三家一同离开了北平，但这时学社的其他工作人员并没有与我们同行。一种可能是为了避免人员众多、目标过大，引起日寇和汉奸的注意；而另一种最大的可能，是当时还在北平的一些学社人员，正在社长朱老先生的直接指挥下，对多年调查研究的文字资料和照片图纸进行全面的清理，并将它们转移到安全的地点予以保存。后来运送到天津并寄存在英租界麦加利银行地下仓库里的一大批学社资料，很可能就是陈先生他们当时所整理的。1937 年秋，我们和梁先生家都已安抵远离战区的湖南长沙，不久学社的三位工作人员刘致

[1] 刘叙杰（1931 年—　），建筑历史学家，东南大学建筑学院教授（退休）。刘敦桢之子。

平、陈明达、莫宗江也先后赶到后方，但由于住所分散以及学社的工作尚未展开，我们未能见面。后来，随着日军逐步向华中进逼，武汉和长沙已不复安全，而敌机的轰炸亦日益频繁，于是学社成员们商讨以后，决定再西迁至云南的昆明。不久梁先生就率领绝大多数人员先行出发，而我们因要返回湘南故里省亲，所以另为一路。

1938 年春，我们途经广西、越南，也来到了昆明。这时先期到达的学社成员们已经集中在城南的巡津街，并建立了工作地点。而后到的我们却另住在城区西北的兴国街，其间的往返路程，几乎要穿越整个昆明市区。因此，除了每天去上班的父亲，我们和学社的人们仍然没有机会在一起。后来由于日军入侵越南，昆明市也成了轰炸目标，学社为此又迁到了市外东郊的乡下。可能也是因为住房不够，梁先生和莫宗江、陈明达二位以及学社的办公地点都安顿在麦地村，而我们和刘致平先生则不得不住在它以西三里路的瓦窑村。每天来回自然对工作很不方便，于是大约在半年之后，我们和刘先生终于也搬到了麦地村。从此，来到大后方的学社全体人员，才真正得到了“大团圆”，而我也在这时才首次见到了陈明达和莫宗江两位学社中最年轻的成员。

位于麦地村西南隅的兴国庵，是一座中等规模的尼寺。但其平面布局和我国传统的佛寺尼庵颇不一致：不但其庵门未建在寺庙的主轴线上，反而偏置在它的西南一隅，而且入门后竟是一区供奉“送子娘娘”的别院，经由此院东北的小门，才得以进入建有大殿的主要庭院。学社就是以这一区别院为中心，工作室设在面积最大的“娘娘殿”内（神像都用布幔遮挡起来）。位于此院西侧的三间廊屋，是梁先生一家的住处。陈先生和莫先生则合住在大门内东侧的小屋里。刘致平先生另单独住在紧靠大殿的小房间内，由于他的家眷当时还没有南来，所以也算是“单身汉”。他们三个人合在一起开伙，但烧菜时，大多经由陈先生之手。我过去看到这些事都是由妇女们干的，所以当陈先生套着白围裙站在炉前掌勺时，确是感到很稀奇。据陈先生后来自称，他之所以能烧出一手好菜，完全是出于他母亲的嫡传衣钵。然而遗憾的是，在当时和以后的许多年里，我们竟然始终没有机会一尝他所制作的美味佳肴。

这时营造学社的调研工作已逐渐走向正轨，开始的对象都选择在昆明市内及其近郊，后来才逐渐扩展到云南全省以及四川和西康（该省于中华人民共和国成立后一部划入四川，一部划入西藏）。因此，学社人员外出的路程愈来愈远，离开的时间也愈来愈长。女社员林徽因要操持家务（赡养老母亲、抚育一儿一女），必须留下来，那些艰辛的田野考察和测绘工作，自然就都由其余的五位男士承担下来了。早在抗日战争以前，虽然中国营造学社在我国的建筑学界和考古学界已经颇有名气，但学社的人气似乎就不曾兴旺过。即使是在1935—1937年的全盛时期，社中上至朱老社长、下及勤杂人员，从来都没有超过二十个人，而当时外出进行田野调查、归来撰写报告以及绘制图样的主要力量，也就是撤退到大后方的这几位了。虽然后来在时间、地点和环境上都已大有改变，但他们的工作热忱和敬业精神仍然一如往昔。在1939—1942年的四年之间，他们的足迹遍及西南地区遗有重要建筑古迹的大部市县，并以出色的工作，向国人和世界揭开了这一地域古建筑的神秘面纱，特别是在汉代崖墓、石阙，唐宋佛教和道教石窟与摩崖石刻、塔、幢以及各种形式的民居等方面，为中国古代建筑史发掘和补充了大量十分可贵的资料。关于历次调查的路线、地点、内容和人员，在父亲这一时期的有关文记中都有述及，这里就不再一一介绍了。但从中可以得知，陈先生是始终参加这些工作的。然而从目前仅存简短记载的字里行间与少数十分珍贵的照片（如对汉阙的测绘）上，是不可能看出他对此项工作所作出的贡献之万一的。

除了对西南地区的调研工作以外，学社的工作人员还对过去一些未了的工作继续进行整理和研究。例如在抗日战争以前调查过的山西应县佛宫寺释迦塔，它建于九百多年前的辽代，外观八角七层，高六十四余米，是我国现存历史最悠久、最高大壮丽的楼阁式木塔。对它的发现和研究，在中国建筑史中占有极重要的地位，梁思成先生为此撰写了专文，而陈明达先生除了精心绘制该塔的大量图纸外，又对其木结构体系和构造作了进一步深入和长期的探讨，并且将这项研究工作一直延续到中华人民共和国成立以后。

在对陈先生的生活的印象方面，他的籍贯虽然也是湖南，和我家是大同乡，但从来就没有听到他说过家乡话。从黑黑的皮肤、深凹的眼睛和中等略瘦的身材来看，他显得更像广东人。他的性格偏于内向，平时说话不多，但思维敏捷，并善于思考（从那丰满的前额就可以看出其高智商和聪慧）。他的衣着一贯整齐清洁，从来未见有邋遢和不修边幅的现象。平时经常穿一件长袖白衬衫和一条有两根背带的西式长裤，并在口里叼着一只弯曲的西式烟斗，所以给人们的印象是颇有些“洋气”而与众不同。就我所知，除了工作以外，他和学社其他成员的交往都不很密切，与我们这些孩子也极少接近，所以我们都有些“怕”他，都尊称他为“陈先生”，而与另一位被孩子们唤作“老莫”的莫宗江先生，有着很大的区别。

1940 年，日寇加强了对昆明市的空袭行动，又有从地面进攻云南的企图。营造学社为了安全起见，不得不再内迁四川，这时举凡学社全部图纸资料的整理、装箱、起运，交通车辆的联系、安排以及沿途一切大小事务的处理，基本上都由陈、莫二位先生承担。他们那时都才二十多岁，虽然年富力强，但要在气候恶劣和路途艰险的情况下，保证学社一行老幼十几口的长途旅行安全顺利，这实在是一桩不易完成的艰难任务。这一路上，大家都因天气的寒冷和车行的颠簸备受煎熬，他们二位还要另外加上在体力和精神上更大的压力和付出，而这些则是在正常情况下无从比拟和估量的。

我们的目的地是宜宾市和南溪县之间的李庄，这是一座位于大江之滨的小镇，到达时是 1941 年 1 月，正值当地阴雨连绵，浓雾弥漫，天气又冷又湿，这和阳光灿烂的昆明有着天地云泥之别。学社所在地位于镇西约二里的月亮田村，与以后到达的中央博物院（今南京博物院）隔垣为邻。入口的小门开在西面，里面有一区相当大的庭院，主要建筑坐东朝西。学社将工作室设在中间，南、北二端则是梁先生和我们的住处。再往南有几间小屋，是“单身汉”们的宿舍。不久以后，学社从宜宾招募了一名新成员，是刚从中学毕业的罗自富（后来易名罗哲文）。他接物谦和，平易近人，年龄比我们大不了几岁，所以很快就成为孩子们的好朋友。而学社的“单身汉”由此就从三人增为四人，于是我也第一次看到他们玩扑克，但那些纸牌都是由自行剪切的卡片以手工绘制成的，因为在抗战时期的后方小镇里，扑克牌已经成为极难购得的珍稀商品。

大约在一年以后，我家就搬到镇上去了，因此与包括陈先生在内的学社人员的接触基本中断。但是对月亮田的那段时光，仍然保有着许多美好的回忆，只是和学社有关的较少一些。其中第一件，是某天在学社的工作室里，大家正在围观由陈先生精心制作的山西应县佛宫寺释迦塔立面图。这幅悬挂在墙上的墨线图有一米多高，它的详尽准确和瑰丽壮观，使在场的学社人员都赞不绝口。这也是我首次看到如此大幅的古建测绘图，虽然对其内容一窍不通，但它的精致和美观，却给我留下深刻印象，并由此产生了十分仰慕的心情，希望将来自己也能画出这样好的图画来。第二件事发生在一个初夏的下午，这时阳光明媚，户外野花盛开。听说陈、莫先生要在外面画画，所以急忙赶去看个究竟。这次他们可不是用钢笔和墨水，而是带着装水的小罐子和各种色彩的颜料，另外每人还有一块画板和一只小凳。这是他们的水彩画写生，也是一件我从未听说和见到的新鲜事。对于他们作画的具体内容、过程以及最后的结果，我都已经不记得了，留下的深刻印象，则是这回他们的绘画行动，因为它给学社当时表面平淡的生活，带来了意外的小小波澜。

为了工作方便，1942 年秋，我家又从镇上搬到西距月亮田一里的偏朝门村，住在一座周以竹笆抹泥墙、上覆茅草顶的普通农舍里。它位于小村的最东端，附近丛生着许多竹子。为了安全，我们在房屋周围建了一圈竹篱，并畜养了一只凶猛的长毛大狗。这时陈先生也搬来和我们同住，他还是那个老样子，平时很少讲话，也不到住在同一屋檐下的我家来串门，下班后就关在自己的房间里。据我所知，他的业余爱好还是很多的，除了继续试图破解那几道数学中的世界难题（好像是几何方面的，其中一道是“以作图法三等分任意角”），还有就是画山水国画，或在围棋盘上自我打谱。那时学社先后来了几位进修的年青学人，如王世襄、卢绳、叶仲玑等（大多来自在重庆的中央大学建筑系），但从未见过他们前来造访，虽然学社与偏朝门村近在咫尺。我那时也极少去那边玩了，因此上述的几位先生仅偶然见过几面，对他们在学社的情况，可说不出个一二三四来。只是在 1943 年到了沙坪坝，乃至中华人民共和国成立以后，由于生活和工作上的关系，才对卢、叶二位先生有较多的接触和认识。

大约是在 1943 年的春天，陈先生家里忽然来了一位客人，而且还是从远方上海来的一位女客。听说她是陈先生的未婚妻，名叫李淑其，是一位中等身材、戴着眼镜、很斯文的女性。这可是天大的新闻！因为这么些年来，整个学社还没有哪一个人知道陈先生有这么一位亲密的女友。因此，大家对他的“保密”工作做得如此到家而深表叹服。婚礼在不久后就举行了，但没有任何宣扬，也没有请客，所以外面的人（如比邻的中央博物院和在板栗坳的中央研究院历史语言研究所的熟人）都不知道。没几天李小姐就返回重庆了，偏朝门村这幢农舍又恢复昔日的平静。

这年暑期，父亲接受了中央大学建筑系的延聘，所以要举家东迁重庆。为了使我能上一个较好的中学，在六月间趁陈先生赴重庆之便，请他将我送到当时还在中大学习的舅舅那里。这路上短短的三天，就成为我和陈先生在抗日战争时期最后的共处了。直到二十多年后，因为工作的关系，我才在北京再次和陈先生以及他的夫人相遇。这时陈先生已活跃在文物战线上，除了参加一些调查工作，还在《文物参考资料》《文物》上发表了多篇论文，后来又参加了《中国古代建筑史》的编写工作。

我成年后和陈先生几次接触，都是在“文化大革命”以后。一次是全国从事古建筑教学和科研的人员与若干单位的领导，在安徽芜湖开了个全体大会，到会的老先生有龙庆忠、刘致平、陈明达、莫宗江、单士元、杜仙洲等，各地的中青年学人也大都参与了。当时主要讨论的问题，是今后如何全面恢复和发展我国古建筑的科研活动。另一次是国家文物局在1973年八九月间，组织了一次国内古建专家对山西古建筑的考察。由文物局文物处处长陈滋德带队，共有十五人，除建研院的陈明达、刘致平、陶逸钟和国家文物局的罗哲文、彭卿云、祁英涛等以外，各高校有南京工学院的杨廷宝先生和我，清华的莫宗江，天津大学的卢绳、杨道明。考察地点以太原、大同、应县、五台等地为重点，参观内容则以佛寺、佛塔、石窟为主要对象。这次时间前后约有二十天，但由于行程安排十分紧凑，参观中的奔波也相当劳累，所以到了晚间，老先生们大多都已休息，没有机会前去请教。对于1962年刚刚入门的我，是丧失了一次极好的学习机会。自此以后，古建筑学界虽然又开过多次全国性或地区性的会议，也请了刘致平和陈、莫三位先生莅临指导，但始终都没见到他们的光临。缺少了这些有真才实学的老专家与会，应当说是建筑史学界的重大遗憾。久而久之，许多后来参加工作的中青年人，甚至连他们的大名都不知道，真是令人为之扼腕！

陈先生除了著名的巨作《应县木塔》《营造法式大木作制度研究》以外，又参加了《中国古代建筑技术史》的编写。而他的生平事迹和其他许多论述，都已由他的近亲殷力欣先生代为整理，并集中发表在《陈明达古建筑与雕塑史论》一书中。但是陈先生对于中国古代建筑史学所作的种种重要贡献，绝不仅止于此，他还留下了大量的遗著待整理，因此还有待今后大家更多的发掘和研究。

仅以此文纪念陈明达先生逝世十周年。

# 陈明达先生的临终与身后

殷力欣

## 一

十年前，1997 年 8 月 5 日下午 2 时，一个最炎热的夏季的最沉闷的下午，我第三次去距离大舅家最近的那家三级甲等医院，为我的舅父陈明达先生联系转院治疗。此时，这位高龄八十三岁的老学者已经在一家区级医院的一间没有空调的病房里接受抢救多日了，那个病房里还躺着另外三个人，空气之恶浊是我这个没有病的年轻人都难以忍受的。这一次，我是抱着很大的希望的——这天中午，我拿到了中国建筑技术研究院开具的介绍信。

十年了，我仍能不漏一个字地默写那封介绍信：

**介 绍 信**

陈明达先生是我国研究古代建筑史资深的重要专家，早在三十年代就投入这一辛劳而重要的工作中。六十多年来，他辛勤调查，伏案钻研，把毕生的精力完全奉献给了保护和研究中华民族文化遗产的事业，并在学术上作出诸多重要贡献。其著述多次获得科研成果奖，在国内外均享有盛誉，是我国在这一领域极少数现存的先辈学者之一。

现在，陈老先生已年逾八旬，身患重病，请求贵院能本着革命的人道主义精神予以全力救助，并按照其资深教授的正司局级待遇，安排到高干病房接受治疗。

此致

敬礼！

中国建筑技术研究院

一九九七年八月四日

那一天，我第三次叩开那家三级甲等医院的办公室大门，恭恭敬敬递上这纸公函，得到的却是那位气质堪称高雅的女士从鼻孔里挤出来的高傲的冷笑。她两个手指拈着这份公函，好像那是从垃圾箱里捡来的，随便瞥上一眼，说："就这吗？我们见得多了，说明不了任何问题。我们这里只能保证副部级以上，何况所谓教授也顶多不过是局级——还是个'待遇'！再说，天气这么热，有那么多在职不在职的领导同志在我们院治疗兼消暑，你说你让我们去动员哪位真正的领导同志为了你的'局级待遇'提前出院呢？"

接下来的一周，尽管院长、所长们都出面帮忙了，我们也只能争取到那家区级医院为陈先生安排一个单人病房。在移至单人病房十天后，陈先生溘然长逝。

十年了，作为陈明达先生的亲属和他在中国雕塑史方面的私淑弟子，我至今仍然为没能争取到好一些的救治而内疚、自责，我至今想不明白：一位有突出贡献的学者的生命价值，是可以按行政级别来衡量的吗？！

当然，陈先生自己大概是不介意与数量更多的职级比自己还低的工农群众享受同等待遇的。他所关心的，只有他的事业，他身后的事业传承与发展。

记得 1993 年秋的一天，我开始在本职工作之余，协助陈先生把他发表过的除专著以外的零散文章整理汇编成文集。他说："我自信有一个优点——在工作上有比较清晰的条理，但现在发现有脑力逐渐衰退的征兆，甚至不能完全记得以前写过什么了。所以，我应该着手对以往的工作作更细致的梳理、总结了——重新审视自己究竟做过些什么，做到了什么样的程度，有哪些成绩和缺憾。"

那天，他还交给我一百元钱，说："李约瑟的《中国科学技术史》新译本，我只买到了一册，你以后逛书店留意一下，出一本就买一本，我打算把全部三十四册都买齐。我七十九岁了，还有信心通读这三十四卷皇皇巨著，还有信心从中得到新的启发。"

大约在 1994 年 4 月，我大致按建筑史论和雕塑史论两个大类，将他三十一篇论文汇编成册，题名为《陈明达古建筑与雕塑史论文集》。我把厚厚一摞复印文稿呈交给他过目，建议交文物出版社正式出版。他说要仔细考虑一下再说。

一个月以后，他告诉我再补齐两篇看似不重要的文章就可以交出版社了，但必须说明一点："出版这个集子不是要说我个人取得了什么样的成绩，而是它记录了我在研究、思考过程中的错误和局限，这些错误和局限往往是我自己无法认识到的，因为每个阶段的认识水平毕竟有限。我把个人研究工作的得与失客观地公之于众，希望年轻一代能够改正前辈错误、突破前人局限，使我们这个学科有新的发展。"

一年之后的1995年4月，这个集子还在出版社排着等候出版的长队，我告诉大舅："除了已经买到的两册之外，没有希望买到新的李约瑟《中国科学技术史》了，因为科技出版社的出版计划有变。"

听到这个消息，陈先生有些失望和伤感，希望我能代表他去呼吁一下："那是一套很有价值的书呀！我们很需要换一个角度、换一个思路认识我们自己呀！"

这一天，他重申出版他的文集的目的是"使后学在客观认识前人工作'得'与'失'的基础上有新的突破和成果"。也是在这一天，他说他意识到自己"脑力逐渐衰退的征兆越发显著了，其实已经无法通读李约瑟《中国科学技术史》了"，所以，他要趁着脑筋还清醒，把那些没有写完和没有发表过的文稿以及相关的图纸、照片和书刊资料放在什么地方指给我看，要我日后自己做主去整理，遇到不懂的专业问题，就请天津大学王其亨教授帮忙。那时，他大概并不知道什么时候会撒手人寰，但肯定预知自己很快就要无力自理了。这次的谈话，差不多是他最后一次跟我谈业务问题，不久，他身患阿尔茨海默病，丧失了工作能力和部分的生活自理能力，直至病逝。

呼吁继续翻译、出版李约瑟《中国科学技术史》，希望后学能突破包括他自己在内的前人的局限，这是陈明达先生留给我的最后遗言。

陈明达先生于1997年8月26日晚10时30分病逝。中国建筑技术研究院在所发讣告中称他为"我国杰出的建筑历史学家"，是"继梁思成、刘敦桢先生之后在中国古代建筑史研究上取得重大成果的杰出学者之一"。该院在举行遗体告别仪式之后不久，又于9月5日破例举行了缅怀其学术成就与学术思想的座谈会。在座谈会上，樊康院长称陈明达先生为"一代宗师"，傅熹年院士等希望建筑历史学界将他淡泊名利、脚踏实地、循序前进、不尚浮夸、力避空论的学风视为本学科的宝贵精神财富，他的老友莫宗江先生更是语重心长地对年轻人说："你们现在的条件比我们好，一定要把营造学社未竟的事业继承下去……"

所有这些，多少使我个人没能照顾好陈先生晚年的内疚得到了些许纾解，也促使我下决心克服专业知识不足等困难，承担起了整理陈明达遗稿的重任。更令我欣慰的是，十年来，已有许多志同道合的新老朋友共襄其事，弥补了我个人专业水平的不足，使单纯的个案性文献整理上升为建筑史学的一个重要课题。

## 二

陈明达先生生前撰写和编著了五部专著——《应县木塔》《巩县石窟寺》《营造法式大木作制度研究》《中国美术全集・巩县、天龙山、响堂山、安阳石窟雕刻》《中国古代木结构建筑技术（战国—北宋）》，另有散论三十余篇发表在《文物参考资料》《文物》《考古》《建筑学报》等学刊上。而在这身后的十年间：

1. 1998 年 12 月，汇集三十余篇散论的《陈明达古建筑与雕塑史论》由文物出版社正式出版了。其中《中国古代木结构建筑技术（南宋—明清）》是殷力欣在王其亨先生指导下整理的遗稿，《从营造学社谈起》是王其亨先生提供的谈话录音。

2. 1999 年 9 月，王其亨先生整理的陈明达授课笔记《关于〈营造法式〉的研究》刊载于张复合主编《建筑史论文集》第 11 辑（清华大学出版社，1999 年 9 月）。从此，在张复合教授的支持下，陈先生遗稿陆续在该丛书刊载。

3. 2000 年 4 月，陈明达《读〈营造法式注释（卷上）〉札记》及《〈营造法式〉研究札记（节选）》（王其亨、殷力欣整理）刊载于张复合主编《建筑史论文集》第 12 辑（清华大学出版社，2000 年 4 月）。

4. 2001 年 4 月，陈明达《周代城市规划杂记》（殷力欣整理）刊载于张复合主编

1999—2009 年，陈明达部分遗作在清华大学建筑学院编《建筑史论文集》（后改称《建筑史》）陆续刊载

《建筑史论文集》第 14 辑（清华大学出版社，2001 年 4 月）。

5. 2002 年 1 月、6 月，陈明达《独乐寺观音阁、山门的大木作制度》（殷力欣整理）分期刊载于张复合主编《建筑史论文集》第 15、16 辑（清华大学出版社，2002 年 1 月、6 月）。

6. 2003 年 5 月、6 月，陈明达《崖墓建筑》（殷力欣整理）分期刊载于张复合主编《建筑史论文集》第 17 辑（清华大学出版社，2003 年 5 月）、张复合主编《建筑史》2003 年第 1 辑（机械工业出版社，2003 年 6 月）。

7. 2006 年 8 月，陈明达《〈营造法式〉研究札记（续一）》（殷力欣、丁垚、温玉清等整理）刊载于贾珺主编《建筑史》第 22 辑（清华大学出版社，2006 年 8 月）。

8. 陈明达《〈营造法式〉研究札记（续二）》（殷力欣、丁垚、温玉清等整理）、《中国建筑史学史（提纲）》（殷力欣整理）即将刊载于贾珺主编《建筑史》第 23、24 辑[①]。

上述遗稿约二十万字，展示了陈先生 1942—1995 年的涉猎广博而以《营造法式》为核心的五十余年学术历程。

也就是在此期间，天津大学建筑学院建筑历史与理论研究所在王其亨教授的指导下，以认真、谨严的科学态度，将陈明达遗稿《〈营造法式〉辞解》的整理工作持续了八年；中国文物研究所把校订《营造法式》陈明达手抄本和批注本的工作列为该所建筑史学的研究课题，并与天津大学、北京市建筑设计研究院等单位形成合作，将文本研究与古建筑实例考察重新结合一体。

三

今年 8 月，陈明达所撰长篇论文《独乐寺观音阁、山门的大木制度》，按二十世纪六十年代《应县木塔》的体例，增编为汇集六十年测绘成果的图文并茂的专著《蓟县独乐寺》，经中国文物研究所、北京市建筑设计研究院、天津大学等三家支持，由天津大学出版社正式出版。

从陈先生学术生涯看，他的建筑历史研究的第一本专著《应县木塔》是具有开创意义的，正如傅熹年院士所言，“这本专著阐明，中国古代建筑从总平面布置到单体建

[①] 本文发表之际，《建筑史》第 23、24 辑尚未印行。此二辑由清华大学出版社分别于 2008 年 7 月、2009 年 2 月印行。

筑的构造，都是按一定法式经过精密设计的，通过精密的测量和缜密的分析，是可以找到它的设计规律的”；第二本专著《营造法式大木作制度研究》，基本证明了至迟在北宋时期已经存在完整的以材份为模数的建筑设计方法；而到了这本《蓟县独乐寺》，似乎陈先生已经完全进入了古代建筑师的世界，不但解析着一个个技术方面的疑难，更通过技术问题的解析还原到审美的文化的层面，遂追索出若干条中国建筑在结构力学、建筑美学等方面的独到建树。

至此，陈明达学术思想研究在他本人去世十周年的今天，已进入了一个新的阶段。

近日，《建筑创作》杂志社主编金磊先生委托我组编一辑陈明达先生逝世十周年的纪念文章。照惯例，我约请了刘叙杰、陈耀东等与陈先生相熟相知的前辈学人赐稿，也按照陈先生“后学尽快超越前人”的遗愿，约请了周学鹰、温玉清、丁垚等与陈先生素不相识的青年才俊。

南京大学历史系周学鹰先生很快寄来了他的读书笔记，只谈学术问题而毫无应酬客套性的文字，我想，这是很符合陈先生心愿的；中国文物研究所温玉清、天津大学丁垚二位早在读硕士研究生的时候即参与了《〈营造法式〉研究札记》《〈营造法式〉辞解》的整理工作，目前已逐渐成为整理、研究工作的骨干力量了，却都忙于手头的工作（包括《蓟县独乐寺》的三校、《〈营造法式〉辞解》的配图等）而无暇分身，这同样体现了陈先生“不尚浮夸，力避空论”的遗风。天津大学建筑学院 1998 至 2006 各级研究生中有十多位同学参与过陈明达遗稿的整理工作而我没能一一记住他们的姓名，这里，谨向他们表达深深的谢意！

就在本文即将完稿之际，我很意外地接到了一年多未通音信的李华东博士的电话，说他上午读书的时候忽然想起今年 8 月是陈先生十年忌辰，就写下了几句感言寄给我看。这真是一个令我感动的意外，我想我应该说服《建筑创作》的编者，额外再给他留二页版面。

2007 年 8 月 26 日

于北京丝竹园寓所

# 悼先贤之已逝，期妙思之长留

## ——忆建筑史学家陈明达先生

王贵祥[1]

2014年是著名中国建筑史学家陈明达先生的百年诞辰之年，也是陈明达先生曾经为之工作与奋斗的中国建筑史学的奠基性学术团体——中国营造学社成立八十五周年。在这不寻常的日子里，我们禁不住会回忆起那些曾经为中国建筑史学的建构而筚路蓝缕的学界先驱，这其中不仅包括中国营造学社的创始人朱启钤，中国营造学社的几位学术巨擘梁思成、刘敦桢、林徽因先生，也包括他们的学生与助手，早年就投身中国营造学社学术考察与探索的陈明达、莫宗江等先生。

陈明达先生与莫宗江先生不仅是梁思成、刘敦桢先生的助手，同时也是中国营造学社的主要成员，是中国建筑史学从无到有之创建过程中的披荆斩棘者，因而，他们也是中国建筑史学的先驱者、开拓者。正是他们在二十世纪三四十年代那些艰难困苦的岁月里，追随梁、刘两位先生走遍华北大地，考察测绘了数百座唐宋辽金时期的古建筑，为中国古代建筑史的建构奠定了一个坚实的基础。正是这些前辈学者的辛勤与努力，才使中国建筑史这门既古老又年轻的学科跻身于世界建筑史学之林。

二十世纪五十年代以来，因为种种历史原因，中国营造学社渐渐退出了历史舞台，但重要的是，中国营造学社前辈开创的学术之路并没有因此而消隐，相反，正是这些中国营造学社的早期学者，成为中国建筑史学振兴之路的主要担当者、实践者。陈明达先生就是他们中的一员。陈先生并没有因为中国营造学社的解散而消减其学术研究的动力，自五十年代以来，他反而更凸显了学术上的进取之心，创造了许多中国古代建筑史研究上的新的里程碑。他的两部最重要的学术著作《应县木塔》和《营造法式大木作制度研究》，至今仍然是古代大木结构与建筑研究的典范之作。

笔者认识陈明达先生，正是从阅读他的论文与著作开始的。早在学生时代，除了

[1] 王贵祥（1952年—　），建筑历史学家，清华大学建筑学院教授、博士生导师。

阅读他在《文物》等杂志上发表的论文之外，还十分细致地学习了他撰写的《应县木塔》一书。最初阅读这本书，仅仅是出于好奇，而一旦深入其中，便觉得难以释手。因为陈先生的这部专著，不是简单的古代建筑测绘与研究记录，其中最吸引人的，恰恰是陈先生那具有独到见解的科学分析方法。从这本书中，笔者感受到了一位特立独行的学者那独到而新颖的研究方法与思考方式。

陈先生的学术研究最重要的特点，就是不会简单地停留在一座建筑的表象之上，不会就建筑论建筑，而是深入一座历史建筑的内在精髓之中，去探究，去发掘这座建筑蕴藏的历史之谜，特别是这座建筑蕴含的古人的创作智慧与设计方法。因此，我们在《应县木塔》这部书中所看到的，不仅仅是其复杂的梁架、斗栱，而是建筑中内蕴的大的比例、权衡，是大木结构的主要比例关系。

了解陈明达先生著作的人都可以体会到，陈先生的这一学术视角并非一时的心血来潮，而是一以贯之的学术思想与方法论。他的另外一部重要的学术专著，即在二十世纪八十年代以后才出版的《营造法式大木作制度研究》，不仅沿袭了他在《应县木塔》中独特的学术视角，而且有了更为深入的探究。在这部学术大著中，陈先生着力于对宋代木构建筑设计规律的探讨。他希望从有限的唐宋辽金木构建筑实例遗存中、从宋代人李诫《营造法式》一书的字里行间，发现、发掘古代人的设计方法，如材份制度的本质、主要梁柱尺度是如何确定的，等等。透过一本晦涩难懂的古代“天书”，也透过大量的古代建筑遗构的测绘数据，陈先生希望知道古代哲匠是如何将这些木材变成一座座优美典雅的木构殿堂与楼阁的。

从这两本著作中，我们看到的不再是一个个孤立的木构建筑物本身，也不再是简单而枯燥的木构构件的具体搭接方式，而是古代匠师的创造性智慧、古代建筑的设计方法及其内在规律。尽管还有很多历史之谜未能充分破解，陈先生最初设定的系统地发现与解析古人的设计规律的目标也限于资料的极其有限而没有完全达成，但是他的这一研究，毕竟开创了一个全新的学术领域。笔者在 1980 年撰写硕士论文时，就因为受到陈先生学术思想的深刻影响，特别着力于唐宋木构建筑的比例研究，并且提出了唐宋木构单檐建筑中可能存在某种理想比例的设想，特别是在檐高与柱高之间，可能存在某种方圆比例关系，并且通过一元回归的数学方法，推算出几种凭借建筑所用材份、还原其铺作斗栱高度的公式。这些成果除了直接得到莫宗江先生的指导与教诲之外，主要也是受益于陈明达先生学术思想的影响。

陈明达先生以及当时中国建筑史学界与文物保护界的知名学者祁英涛、杜仙洲先生，都是笔者硕士论文的评阅人与答辩专家组成员。在答辩中，陈先生特别对笔者在唐宋建筑比例上的探索给予了肯定，这对于笔者后来的学习与研究都是极大的鼓励与督促。客观地说，二十世纪八十年代以来，几代建筑史学研究者都十分着力于中国古代建筑设计规律方面的探索，并且取得了喜人的成绩，这一切无不受益于陈明达先生早期研究中的开拓性探索与思考。

笔者与陈明达先生的直接接触并不是很多，因为陈先生是一位极其重视时间与效率的人，作为晚辈，笔者也不敢轻易打扰老先生。但是，作为陈先生的好友莫宗江先生的弟子，笔者还是有机会向陈先生近距离请教的。记得在读研究生的时候，笔者曾经跟随导师莫宗江先生，骑自行车从清华到北京内城长安街旁的高碑胡同陈先生的府上拜会，不仅领略了两位前辈学者坦率而友好的君子之谊，听他们谈到陈年往事时的爽朗笑声，谈到当时建筑史学研究的诸多困难时流露出的忧虑，同时也有幸直接聆听了陈先生对于笔者研究的一些教诲。陈先生的谈吐似乎并不十分活跃，但每每谈到学术问题时的那份严肃与认真，却又使人肃然起敬。如他当时对于包括笔者在内的莫先生的几位研究生的论文品评，既坦率而直截了当，又恰到好处，使人有茅塞顿开之感。

三十多年前两位老先生促膝而谈、说古论今时神采飞扬的场景还历历在目，然而，斯人已去。除了偶尔在眼前闪过的音容笑貌之外，能够回味与品鉴的，就是两位前辈留给我们的学术成果了。陈先生思维缜密、见解独到的大块文章，莫先生笔法娴熟、线条细腻的精美绘图，都是我们这些晚辈津津乐道的话题。两位老者之间数十年的友谊，也为后学做出了表率。每每听到当下之人因为文人相轻的毛病而彼此攻讦诋毁的时候，笔者的眼前往往浮现出陈先生与莫先生谈笑风生的场景。他们不仅是笔者学问上的老师，同时也是为人处世的榜样。

清人杜文澜在感慨他所景仰的能够帮助他辟谬指南的学界先贤已去的时候，曾经写道："惜其人已逝，不获与之考求。窃谓世多好学沉思之士，如能一遇，当师事之。"

大约代表了笔者当下的心情。斯人已去，吾辈不能再获求教学习的机缘了，但他的著作还在，从他那些文章中，还能感觉到敏锐新鲜的学术思想，这正是中国建筑史学的莘莘学子赖以长久师事之的宝藏。陈先生若泉下有知，数十年后的后学之辈还有诸多像他那样有所考求、有所沉思，愿意“坐冷板凳”“啃故纸堆”之人，也会感到些许慰藉。

2014 年 11 月 8 日

于清华园荷清苑坎止宅

# 《〈营造法式〉辞解》序

傅熹年

这部《〈营造法式〉辞解》是陈明达先生晚年研究《营造法式》的重要成果之一。

陈明达先生是我国杰出的建筑历史学家。他十八岁起参加营造学社，成为研究生，师从梁思成、刘敦桢二位教授并担任助手，后任副研究员、研究员，重点研究中国古代建筑史和雕塑史。在1932年至1943年间，他协助刘敦桢先生和梁思成先生调查研究了河北、河南、山东、山西、四川、云南等地的大量古代建筑和石窟、崖墓，为研究中国古代建筑史和雕塑史奠定了坚实的基础。1953年起，他先后任文化部文物局工程师、文物出版社编审。在此期间，他曾主持国内古建筑遗产的考察研究，并进行了大量的复查和确认工作，为及时确定大量有保护价值的古建筑和从中选定全国重点文物保护单位作出了重要贡献。在文物出版社工作期间，他专力探索编辑全国重点文物保护单位专集的工作，《应县木塔》和《巩县石窟寺》就是他这一时期的重要成果。同时，他还参加了刘敦桢教授主持的《中国建筑简史》和《中国古代建筑史》的编著工作，作出了积极贡献。

早在营造学社工作时期，陈先生就把调查研究古建筑与钻研《营造法式》结合起来，开始有所发现。《营造法式》中关于卷杀的做法，是陈先生首先用图形表示出的；关于斗栱出跳数与铺作计数的关系，也是他首先发现的。[①] 到文物出版社工作后，随着对应县木塔、蓟县独乐寺观音阁的精密调查研究，对《营造法式》的研究也不断深入。1966年出版的《应县木塔》就是这一时期他的开创性重要研究成果。

1973年起，陈先生在中国建筑技术研究院建筑历史研究所工作，有了专门研究《营造法式》的条件，经过八年辛勤耕耘，到1981年，完成并出版了专著《营造法式大木作制度研究》。陈先生本计划以《营造法式》为中心做约30个专题，但他晚年认识到："要完成预定的30个专题研究计划，没有可能了，只能一个一个做下去，做多

---

[①] 这是梁思成先生1956年在清华大学建筑系与科学院土建所合办的建筑历史理论研究会上讲的。

少算多少。今后的方向只有一个，抓紧时间继续干。”就是在这种精神支持下，他在退休后，以《营造法式》为中心，孜孜不倦地进行了一系列研究工作，不断取得新的成果。

1997 年先生去世后，其尚待出版的遗稿由王其亨教授领导下的天津大学建筑历史与理论研究所的师生进行整理、完善，在他的外甥殷力欣配合下，至今业已公开发表、出版了《读〈营造法式注释〉（卷上）札记》《独乐寺观音阁、山门的大木制度》《〈营造法式〉研究札记》《周代城市规划杂记》《崖墓建筑——彭山发掘报告之一》《蓟县独乐寺》等论文和专著。这部《〈营造法式〉辞解》则是最新整理完成的专著。

作为《营造法式》研究的重要组成部分，《〈营造法式〉辞解》是对我国古代建筑经典著作《营造法式》中建筑用语的解释。在编写方法上，陈先生深受梁思成先生等研究清代建筑及工部《工程做法》的影响，即整理专用词语，分立词目，配以解释。《辞解》摘录《营造法式》包含的 13 个工种中有关制度、等第、料例、功限等方面的词语加以诠释，是一部关于《营造法式》的专门辞典，对于了解和研究中国古代建筑史有着极大的帮助。但是未能及身完成。

陈先生身后，天津大学建筑学院建筑历史与理论研究所在王其亨教授的带领下，结合研究生“宋《营造法式》”课程的教学，边学习边进行整理。许多集体和个人为之倾注了心血，在尊重并保持陈先生《辞解》文稿历史原貌的基础上，除《营造法式》原有图样外，还绘制、补充了大量宋代或大约同时的有助于理解《辞解》的插图，分列在各词条之后，这样更便于初学者阅读和学习，是一种十分有益的尝试，让更多的人了解《营造法式》，进而加深对中国古代建筑史的认识。

以《营造法式大木作制度研究》《〈营造法式〉研究札记》和《〈营造法式〉辞解》等著作为代表的对《营造法式》的研究，是陈先生在建筑史研究上最杰出的贡献。可以说他的一生就是研读《营造法式》、探究中国建筑史的一生。他淡泊名利、脚踏实地、开拓进取、坚持不懈的学风使他取得一系列开创性学术成就，并成为继梁思成先生、刘敦桢先生二位学科奠基人之后在中国建筑史研究上取得重大成果的杰出学者之一。

在缅怀陈先生的同时，值得高兴的是，通过《辞解》的编排整理工作，我们看到一大批后进学人对于前辈学者学术成果的尊重和对建筑历史研究的热忱与努力，相信他们将会推动这一学科有更大的发展。

# 《〈营造法式〉辞解》序

单霁翔[1]

原中国营造学社成员、杰出的建筑历史学家陈明达（1914—1997年）先生的遗著《〈营造法式〉辞解》即将出版了，这是中国古代建筑历史研究领域取得的一项新的学术成果，同时也是事关古代建筑遗产保护的一件大事——它直接为研究和保护早期木结构建筑提供了权威性的技术参考。书稿的整理者向我介绍了这项工作的基本情况，并邀请我作一篇序言。盛情难却，我谨作为这一领域的晚辈学人和一名文化遗产保护工作者，写几点感言，聊以代序。

陈明达先生是我一向钦敬的学者，也是我们国家文物局的老前辈、老专家，对国家文物局的工作曾作出过非常重要的贡献。二十世纪五十年代初，在已故文化部副部长、文物局局长郑振铎先生的主持下，国家文物局（当时称中央文化部文物局）曾先后聘请许多知名学者任职，如古人类学家裴文中先生任局博物馆处处长、书画鉴定专家张珩先生任文物处副处长，而谢元璐（考古学家、教授）、傅忠谟（古籍版本和古器物研究专家、研究员）、罗福颐（古文字学家、教授）、徐邦达（书画鉴定家、研究馆员）、陈明达（建筑史学家、研究员）等知名学者则被聘为局业务秘书，发挥各自的专长，为文物局的工作献计献策。在此时期，陈明达先生曾在统筹安排古建筑普查、决策国家重要文物修缮工程项目（如赵州桥大修、永乐宫搬迁工程等）、建立古建筑保护技术档案、拟定文物保护法规以及第一批全国重点文物保护单位名单等方面发挥了积极作用。尤其值得后人钦敬的是，六十年代初，鉴于文物局各项专业工作已逐步走向正轨，陈明达等专家主动将他们的工作移交给更年轻的同志，自愿离开政府机构，转入教学或研究机构，潜心治学。这样的选择，表现了他们淡泊名利、勤奋笃实的学者风范，也给人以启示：我们事业的发展需要多方面的人才各尽所能、和衷共济，既要有专业人士参与社会工作和行政工作，也要有学者心无旁骛地固守书斋，潜心于学术

[1] 单霁翔（1954年—　），中国文物学会会长，时任国家文物局局长。

研究。

陈先生离开国家文物局机关后，在中国建筑历史研究领域屡有重大研究成果，而这些成果又是与文物局的工作密切相关的。例如：

1. 陈明达先生于 1966 年出版的专著《应县木塔》，以其开阔的视野、精细的测绘、广泛的资料汇集和严谨的逻辑演绎，将古代建筑实例与古代建筑典籍《营造法式》互相印证，揭示出中国古代建筑是有设计规律可循的；同时，这部书集研究论文、测绘详图和现状摄影于一身，体例完备，深得中外同行的好评，为日后编撰国家重要的文物保护单位系列专集树立了样板，其影响是历久弥新的。

2.1981 年出版的《营造法式大木作制度研究》是陈明达先生的另一代表作。在这部专著中，陈先生以其充分掌握的众多相关古建筑实例测绘资料为基础，经过长年研精覃思，明确提出：至少在宋代，中国建筑就已存在着一整套以材份为模数的设计方法，可以同时满足建筑设计和结构设计的要求。这部著作提高了我们对中国古代建筑所达到的科技水平的认识，是我们探讨中国建筑学体系的开创性研究成果。

陈先生的代表作表明，他以田野考察和文献考证为基础，将《营造法式》研究提高到了探讨中国建筑学理论体系的高深层面。

至于陈先生的这部遗作《〈营造法式〉辞解》，则向我们传递了这样一个明确的信息：晚年的陈先生曾倾力回归到最基础的文字诠释工作。我想，这一回归之举是意味深长的：当一个课题的理论探索发展到一定高度的时候，往往会有一个倾向，就是这门学问有可能进入象牙塔尖而失去介入现实的活力；正因如此，在坚持理论探索的同时，必须时刻观照基础工作，只有这样，更深入的研究才能得到保证。

陈明达先生辞世后，他的外甥和学生殷力欣先生与天津大学王其亨教授合作，承担起了他的遗稿的整理工作，也从中充分体会出陈先生在晚年更加注重基础工作的深意。在王其亨教授指导下，陈先生《〈营造法式〉辞解》遗稿的整理工作，直接同天津大学建筑历史学科的教学和科研活动结合起来，取得了双赢的效果；丁垚等青年才俊又为之精心选配合适的图片，并编制完备的凡例和索引，予以增编、完善；经过努力，这份原本仅存文字的遗稿，终于成为现在这样一个文字诠释、实物例证、测绘图示三者相互彰显的体例完备的古建筑专业辞典。这实在是值得欣慰的。

同样值得欣慰的是，这样一部纯学术的基础性著作，得到了北京市建筑设计研究院《建筑创作》杂志社、天津大学出版社的无私襄赞，共同促成了本书的面世。这种学术机构与出版界的密切合作，不仅使一位学者的学术生命在其身后得以延续，更由此传承着中国知识分子团结协作、生生不息的奋斗精神。我想，只要这种自强不息的精神在，我们的前途就是充满了希望的。

2009 年适逢中国营造学社八十周年华诞。值此之际，这样一部凝聚几代人的努力和心血的著作的出版，本身就是中国学术精神薪火相传的体现，也应是对中国营造学社先贤们最好的纪念。

# 整理说明

陈明达先生逝世后，曾有多人从不同的角度撰文纪念，对其学术思想和贡献作不断深入的研究。今择要记录如下（按时间顺序）。

1.《缅怀陈明达先生座谈会纪要》（1997 年 9 月 5 日）

2. 傅熹年：《〈陈明达古建筑与雕塑史论〉序》（1998 年）

3. 王天：《〈陈明达先生遗集〉序》（未刊稿，2000 年）

4. 殷力欣：《“一定要有自己的建筑学体系”：记杰出的建筑历史学家陈明达先生》（《建筑创作》，2006 年第 6 期）

5. 刘叙杰：《回眸中的流光掠影：追忆陈明达先生》（《建筑创作》，2007 年第 8 期）

6. 陈耀东：《怀念陈明达先生》（《建筑创作》，2007 年第 8 期）

7. 殷力欣：《陈明达先生的临终与身后》（《建筑创作》，2007 年第 8 期）

8. 周学鹰：《才识明达　智虑通晓：读陈明达先生著作有感（之一）》（《建筑创作》，2007 年第 8 期）

9. 李华东：《宫墙遥拜汗如浆——陈明达先生 10 周年忌辰感言》（《建筑创作》，2007 年第 8 期）

10. 王其亨：《回忆陈明达先生——〈蓟县独乐寺〉代序》（2007 年）

11. 殷力欣：《陈明达著〈蓟县独乐寺〉编校后记》（2007 年）

12. 肖旻：《略议陈明达先生的中国古代木构发展史研究》（《建筑创作》，2008 年第 5 期）

13. 殷力欣：《漫话 20 世纪 50 年代重庆的三座重要建筑》（《建筑创作》，2009 年第 1 期）

14. 单霁翔：《陈明达著〈《营造法式》辞解〉序一》（2009 年）

15. 傅熹年：《陈明达著〈《营造法式》辞解〉序二》（2009 年）

16. 丁垚：《陈明达著〈《营造法式》辞解〉整理前言》（2009 年）

17. 殷力欣：《陈明达著〈《营造法式》辞解〉跋》（2009 年）

18. 刘海波：《中国营造学社之路——1947 年陈明达祁阳足迹》（《潇湘晨报》，

2013 年 5 月 17 日）

19. 成丽、王其亨：《陈明达对宋〈营造法式〉的研究——纪念陈明达先生诞辰 100 周年》（《建筑师》，2014 年第 4 期）

20. 王贵祥：《悼先贤之已逝，期妙思之长留——忆建筑史学家陈明达先生》（《中国建筑文化遗产》第 16 期，2015 年 10 月）

21. 崔勇：《陈明达古建筑保护与学术研究述评》（《中国建筑文化遗产》第 16 期，2015 年 10 月）

22. 肖旻：《思议一间两椽》（《中国建筑文化遗产》第 16 期，2015 年 10 月）

23. 周学鹰：《发现另一个陈明达》（《中国建筑文化遗产》第 16 期，2015 年 10 月）

24. 徐怡涛：《历史学视野下的中国古代建筑研究》（《中国建筑文化遗产》第 16 期，2015 年 10 月）

25. 殷力欣：《为古代建筑遗产保护事业殚精竭虑》《为确立中国建筑学体系皓首穷经》（《中国建设报》2015 年 11 月 16 日、12 月 14 日）

26. 傅熹年：《〈陈明达全集〉申报国家出版基金之推荐意见》（2018 年）

27. 马国馨：《〈陈明达全集〉申报国家出版基金之推荐意见》（2018 年）

28. 王其亨：《〈陈明达全集〉申报国家出版基金之推荐意见》（2018 年）

上述第 26 篇，现已征得本人同意，略作修改，定为本全集之序一。第 10、16 篇分别收录为第五、七卷的附录，第 1、2、3、5、7、14、15、20 篇收录为本卷之附录二。囿于篇幅未能收录的其余文章，在此提供出处，以便读者查阅。

整理者

# 附录三

## 陈明达年谱

### 1914年

12月25日（农历甲寅年十一月初九），出生于湖南长沙城内四堆子街区陈家老宅，祖籍永州祁阳县。原名陈明轮、陈明彻，字少卿。

父陈肯堂（1890—1936年），字端生，民国初年在财政部任职。

祖父陈琳章（1860—1920年），因病终生不仕，致家道中衰。善诗赋，徐世昌辑《晚清簃诗汇》有记。

曾祖父陈文騄（1840—1904年），字仲英，清同治十三年（1874年）进士，光绪年间任台湾提督学政兼按察使衔兵备道，曾主持编修四十卷《台湾通志》（光绪十八年），善诗赋，有《养福斋残稿》《陈氏清芬录》等存世。甲午战争期间力主保台，曾“作《赋示诸将四首》，以励士气”，被推许为爱国诗人。

太祖父陈大受（1702—1751年），字占咸，清雍正十一年（1733年）进士。乾隆年间历任安徽巡抚、江苏巡抚、福建巡抚、吏部尚书兼理户部、内阁大学士、军机大臣、直隶总督领兵部尚书加太子太保衔、两广总督领兵部尚书加太子太傅衔，在两广总督任上病逝，谥“文肃”。有《陈文肃公奏议》《陈文肃公遗集》等传世。

### 1922年　8周岁

秋，入长沙私立慧怡学校读书。

### 1924年　10周岁

冬，父肯堂先生赴财政部任职，遂举家迁居北京。

曾祖文騄公之姊为北洋政府总统徐世昌之母，故在清末民国初年，陈徐两家颇有往来。肯堂先生来京，即徐世昌先生之举荐。

家道中衰，父肯堂常变卖家藏古籍以补贴日用，每于古籍变卖之前，择其佳者令明达手抄全书留底，以此提升其国学素养。

1925 年　　11 周岁

转入北京师大附小读书（与莫宗江先生同窗）。

手抄古籍之余，又常临摹家中藏画，并拜同乡前辈齐白石先生为师，学习国画。白石老人除教习常见的齐氏花鸟外，曾以秘不示人之齐氏山水传授。

1927 年　　13 周岁

小学毕业，入北京补公中学。

1928 年　　14 周岁

习国画之余，兼习素描、水粉、油画。

1929 年　　15 周岁

入北京私立文治中学高中部。（按自上年 6 月起，北京市改称北平特别市；后日伪政府于抗日战争期间改回北京市；抗战胜利后，1945—1949 年，再度改称北平；1949 年 9 月，恢复北京市，并定其为中华人民共和国首都。本文为行文方便，涉及北京市或北平市处，仍统称北京。又，本年谱及附记中所涉及地名，今多有易名者，基本沿用原地名，并尽量加以说明，囿于知识局限，难免有所遗漏。）

是年，中国营造学社在北京成立。

1931 年　　17 周岁

高中毕业，拟赴东北大学建筑系读书，因家道益衰，遂辍学谋生。

1932 年　　18 周岁

7 月，经莫宗江介绍，入营造学社。师从刘敦桢、梁思成二先生学习古代建筑，为刘敦桢主要助手。

是年随梁思成、刘敦桢踏查北京故宫、前门、隆福寺、西苑（北、中、南三海）、房山云居寺等，测绘前门、隆福寺。

1933 年　　19 周岁

8 月，与莫宗江随梁思成、林徽因会同中央大学建筑系学生踏访蓟县独乐寺，此为陈明达第一次勘查、测绘北京市以外之古建筑。

10 月，与莫宗江赴大同补测下华严寺薄伽教藏殿藏壁、善化寺普贤阁等。

1934 年　　20 周岁

9 月，与莫宗江随刘敦桢先生赴河北定兴、易县、涞水、涿县等地考察古建筑约十二处。此行所见重要遗构有定兴慈云阁、北齐石柱，易县开元寺、清西陵，涞水西冈塔、水北村石塔，涿县云居寺塔、智度寺塔等。

与莫宗江、陈仲篪、麦俨曾、王璧文五人为营造学社研究生。

1935 年　　21 周岁

5 月，随刘敦桢赴河北西部八县，考察古建筑三十余处，较重要者计有保定关帝庙，安平圣姑庙，安国药王庙，定县开元寺料敌塔、考棚、大道观，蠡县石轴柱桥，曲阳北岳庙德宁殿，正定隆兴寺摩尼殿等。

7 月，赴南京协助中央博物院大殿设计工作，为其绘制斗栱等传统建筑构件图样。其间顺便踏访南京城墙、朝天宫、灵谷寺、鸡鸣寺、明孝陵、中山陵等。

10 月，与邵力工、莫宗江随刘敦桢先生测绘北京护国寺；随刘敦桢调查北京六处喇嘛寺塔。

是年 7 月至 1937 年 9 月，在北京旧都文物整理委员会工程实施处兼职。

1936 年　　22 周岁

5 月至 6 月，与赵正之随刘敦桢先生赴河南十三县调查各类古迹二百八十余处，其中重要古迹有济源济渎庙、奉仙观大殿、登封中岳庙、汉代三阙、少林寺初祖庵、嵩岳寺塔、告城周公测景台、洛阳龙门石窟（参加此处考察的还有梁思成、林徽因等）、巩县石窟寺等。此行对汜水窑洞的考察，是营造学社较早的民居类建筑的考察。

8月，与莫宗江利用暑假踏访北京西郊法海寺。

10月至11月，与赵正之随刘敦桢先生考察河南、河北、山东十六县一百六十余处古迹，其中重要古迹有新城开善寺、文昌阁二塔，行唐封崇寺大殿、隋代石塔，邢台塔院之塔林、天宁寺塔及经幢，大名文庙、普照寺，磁县南北响堂山常乐寺石窟，安阳天宁寺雷音殿及塔，武陟法云寺大殿、民居、妙乐寺，济宁铁塔、钟楼，肥城汉郭巨祠、无梁殿，泰安东岳庙，景县开福寺塔等。

父陈肯堂先生于是年在北京病逝。

## 1937年　23周岁

7月7日，抗日战争全面爆发。

9月，刘敦桢、梁思成等举家南迁至云南昆明。

10月，只身赴昆明（途经长沙、祁阳等）。从此至抗战结束，与北京全家长期离散。

祖母陈王氏，母陈刘氏，弟陈明允、陈明远，妹陈明瑒、陈明玉等滞留北京。

## 1938年　24周岁

1月，梁思成夫妇、刘敦桢、刘致平、莫宗江、陈明达等在云南昆明会合，营造学社恢复工作。

9月，任营造学社助理研究员。

10月至11月，与刘致平、莫宗江随刘敦桢先生调查昆明古建筑，计有圆通寺、真庆观大殿、文庙、旧总督署大堂、大德寺双塔、松花坝、鸣凤山金殿等五十余处。

11月下旬至次年1月，与莫宗江随刘敦桢调查昆明至滇西北九县一百四十余处古建筑，重要古建筑实例计有安宁曹溪寺、大理崇圣寺三塔、丽江玉皇阁、宝积宫、民居、宾川鸡足山金顶寺金殿、镇南（今称南华县）彝族木屋、楚雄文庙等。

**1939 年　　25 周岁**

9 月起至次年 2 月，刘敦桢、梁思成、陈明达、莫宗江等调查四川、西康二十七县七百三十余处古建筑遗构，其中较重要者计有：雅安高颐阙，渠县冯焕阙、沈府君阙，绵阳平阳府君阙等汉代石阙；乐山白崖山、彭山江口镇等汉代崖墓；大足北崖摩崖造像、乐山摩崖大佛、广元千佛崖等摩崖、石窟；梓潼七曲山文昌宫，广汉龙居寺、龙兴寺罗汉堂，灌县二郎庙、珠浦桥，峨眉飞来寺飞来殿，新津观音寺大雄宝殿及观音殿，成都鼓楼南街清真寺、民居，蓬溪鹫峰寺大雄宝殿、宝梵寺大殿，南充西桥，眉山蟆颐观等各类古建筑。

3 月，提升为中国营造学社副研究员。

是年初，获悉未婚妻蒋潇梅女士在武汉会战中殉国的噩耗。

**1940 年　　26 周岁**

2 月，营造学社完成四川境内古建筑调查工作。这是学社最后一次大规模调查。此后，营造学社随中央研究院历史语言研究所迁往四川省南溪县李庄镇。

**1941 年　　27 周岁**

兼任中央博物院建筑史料编纂委员。

开始根据学社历年测稿绘制古建筑足尺模型图。

**1942 年　　28 周岁**

代表营造学社参加中央博物院彭山汉代崖墓发掘工作，负责测绘墓葬建筑结构，所绘制崖墓地形图和全部建筑结构图，是考古学和建筑历史学研究工作的重要资料。此次发掘工作由李济、吴金鼎主持，成员有曾昭燏、夏鼐、王介忱、赵青芳等。

**1943 年　　29 周岁**

结束彭山崖墓发掘工作，并撰写完成论文《彭山崖墓建筑》（约六万字，未刊）。

8 月，在李庄与李淑其女士（1918—2000 年）结婚。

9月，踏访宜宾黄伞溪汉代崖墓、李庄镇旋螺殿、民居。

年底，离开营造学社，赴重庆工作。

1932—1943年，陈明达共参加测绘古建筑遗构百余座，绘制四十余座古建筑的1／50实测图、二十余座古建筑的1／20模型足尺图。陈明达《我的业务自传》中称这一阶段为“打下感性认识的基础的十年”。

### 1944年　30周岁

在重庆任中央设计局公共工程组研究员。主要从事城市规划工作，并坚持古代建筑研究。

加入中国工程师学会，为正会员。

### 1945年　31周岁

参加重庆市道路网及分区规划设计工作。

是年9月2日，抗日战争胜利。

抗战期间，陈明达之祖母陈王氏、母陈刘氏、弟陈明允、妹陈明瑒等在北京因医药资源匮乏而先后病逝，仅小妹陈明玉、小弟陈明远幸存。

### 1946年　32周岁

兼任陪都建设委员会工程师。

随茅以升先生赴台湾参加世界工程师大会。

设计南京陈明泰私宅。

秋，与堂兄陈明泰（1908年—？，字平阶，抗战期间任国民政府驻英副武官）回故乡祁阳县省亲，其间与宗亲商议，计划将毁于日军纵火的祁阳陈氏宗祠改建为公益教育性质的重华学堂，并义务作该学堂的规划设计。

### 1947年　33周岁

为设计规划祁阳重华学堂并监理施工，向所任职的陪都建设委员会告长假。

任湖南衡阳工务局工务科工程师兼科长，设计衡阳至永州铁路沿线三等以下站房。

1948 年　　34 周岁

完成祁阳重华学堂校园规划和主要建筑物设计并监理施工。

9 月，接受重庆复兴农村水利工程处任职聘书，但暂未到任。

1949 年　　35 周岁

祁阳重华学堂大礼堂等主要建筑于年初竣工，遂返回重庆，任重庆复兴农村水利工程处副总工程师。

是年 10 月 1 日，中华人民共和国成立。

1950 年　　36 周岁

任中共西南军政委员会水利部副总工程师，兼公营重庆市建筑公司工程师（二级），与徐尚志等负责公司设计部工作。

从 12 月起，设计中共西南局办公大楼、中共重庆市委会办公大楼，并负责监督施工。

1951 年　　37 周岁

梁思成向文化部副部长郑振铎推荐陈明达到文物局任职。因西南局办公大楼、重庆市委会办公大楼工程未竣工，推迟来京。

撰文《略述西南区的古建筑及研究方向》，刊载于《文物参考资料》1951 年第 11 期。

1952 年　　38 周岁

所设计之中共西南局办公大楼及附属工程、重庆市委会办公大楼及附属工程竣工。

1953 年　　39 周岁

1 月，公营重庆市建筑公司改称重庆市建筑工程局，任该局设计处总工程师（二级）。

4月，返回阔别十六年的北京，转任文化部社会文化事业管理局（今国家文物局）工程师（教授级），负责古建保护、修缮工作。与裴文中、张珩、谢元璐、傅忠谟、徐邦达等同为文物局业务秘书。

为文物局、考古所、北京大学合办的“考古工作人员训练班”授课。

撰文《海城县的巨石建筑》《古建筑修理中的几个问题》，刊载于《文物参考资料》1953年第10期。

是年参加中国建筑学会，任该会中国建筑研究委员会主任秘书。

1951年起，北京文物整理委员会开始在文物局的指导下普查北方古建筑，重点调研重要项目的保护与修缮。陈明达于1953年回京任职，即领导这项工作，重点是调研山西、河北、河南三省，五台山南禅寺（唐）为此期的重要发现。

冬季，赴敦煌石窟考察。

### 1954年　40周岁

根据陈明达1943年绘制完成的1／20模型图，北京文物修整所老匠师路鉴堂等完成应县木塔的模型制作。后该模型在中国历史博物馆（今中国国家博物馆）陈列。

所撰《山西——中国古代建筑的宝库》，与祁英涛、杜仙洲等合撰《两年来山西省新发现的古建筑》，发表于《文物参考资料》1954年第11期。同期所载署名“北京文物整理委员会工程组”之《山西省古建筑修缮工程检查》《山西省新发现古建筑的年代鉴定》和《勘查山西省古建筑的工作方法》三文，亦系陈明达执笔。

是年任中央美术学院史论系、北京大学历史系兼职教授。

### 1955年　41周岁

《漫谈雕塑》一文发表于《文物参考资料》1955年第1期。

《四川巴中、通江两县石窟介绍》发表于《文物参考资料》1955年第2期。同期发表陈明达根据赵正之、莫宗江、宿白、余鸣谦和他本人的勘察工作所整理撰写之《敦煌石窟勘察报告》一文。

结合文物局业务工作，撰文《保存什么？如何保存？》，刊载于《文物参考资料》

1955年第4期。

## 1956年　42周岁

受梁思成先生委托，参加中科院建筑所与清华大学建筑系合编《中国建筑》图册的编纂工作，撰写该图册的前言《中国建筑概说》，但因篇幅过长（约2万字），改由《文物参考资料》1958年第3期刊载；又另撰同名短文（约7000字），被采纳为图册前言。为此图册的外文出版需要，梁思成先生特将此前言译为英文，又请苏联学者译为俄文。

1944—1956年，陈明达《我的业务自传》中称这一阶段为“打下理性认识的基础的十年”。

## 1957年　43周岁

受文化部文物局局长王冶秋的保护，未被列入“右派”名单。

与郑振铎、梁思成、王冶秋等视察明十三陵长陵祾恩殿雷击起火现场，建议全国范围内的重要古建筑均应加设避雷针。

参加山西芮城永乐宫搬迁计划审议工作。

《中国建筑》图册正式出版中文、英文、俄文版。

## 1958年　44周岁

《文物参考资料》1958年第8期发表哲敏《〈中国建筑概说〉一文的缺点和错误》一文，对陈明达的学术观点作非学术性批判。

## 1959年　45周岁

参加刘敦桢主编《中国古代建筑史》的编写工作。

《建国以来所发现的古代建筑》刊载于《文物》1959年第10期。

《建筑学报》1959年第1期发表王栋岑《一本“厚古薄今”的画册》，对《中国建筑》图册的编纂工作作非学术性批判。

1960年　　46周岁

《石幢辩》刊载于《文物》1960年第2期。

1953年至1960年任文化部文物局工程师期间，主持全国古建筑保护工作，拟定全国文物保护单位中的古代建筑名单，草拟保护法令及办法，协助地方普查、鉴定古建筑，审查各地方古建筑修复计划及技术文件，着手建立古建筑技术档案。

1961年　　47周岁

调任文物出版社编审。负责审定古建筑、石窟两类书稿，拟定应县木塔和巩县石窟寺作为该社出版全面记录性图录的试点。

《褒斜道石门及其石刻》刊载于《文物》1961年第4、5期合刊。

《汉代的石阙》刊载于《文物》1961年第12期。

受刘敦桢先生委托，执笔改定《中国古代建筑史》第四稿。

计划出版敦煌第285窟图集，向敦煌文物研究所约稿（后因"文化大革命"，该计划被长期搁置）。

着手编著《巩县石窟寺》。

1962年　　48周岁

率黄逖、彭士华再度考察应县木塔，并开始绘图和撰写研究论文。

在中央美术学院史论系兼课。

1963年　　49周岁

应县木塔研究论文完稿。

所编著《巩县石窟寺》由文物出版社出版。

《对〈中国建筑简史〉的几点浅见》刊载于《建筑学报》1963年第6期。

1964年　　50周岁

10月，下放到陕西省西安市郊星光大队参加"四清"工作，从此研究工作受到干扰。

1965 年　　51 周岁

6 月，结束“四清”返京，抓紧时间校订《应县木塔》书稿。

1966 年　　52 周岁

年初，专著《应县木塔》由文物出版社出版。此书在学术界影响颇大。1988 年版《中国大百科全书·建筑、园林、城市规划》卷“应县木塔”条评价道：“这本专著阐明，中国古代建筑从总平面布置到单体建筑的构造，都是按一定法式经过精密设计的。通过精密的测量和缜密的分析，是可以找到它的设计规律的。”

5 月，“文化大革命”开始。陈明达个人的研究工作彻底中断。

1970 年　　56 周岁

陈明达夫妇被下放湖北咸宁文化部五七干校参加劳动。

1973 年　　59 周岁

自湖北咸宁文化部五七干校返京，调任中国建筑科学研究院建筑历史研究所研究员、高级建筑师，恢复研究工作。（中国建筑科学研究院后曾改称中国建筑科技发展中心，今中国建筑技术研究院。）

4—7 月，撰写《周代城市规划杂记》（未刊）。

1977 年　　63 周岁

中国科学院自然科学史研究所筹备编写《中国古代建筑技术史》。陈明达承担该书战国至北宋木结构建筑技术的撰写工作。

与杜拱辰合写《从〈营造法式〉看北宋的力学成就》，发表于《建筑学报》1977 年第 1 期。

1978 年　　64 周岁

与出版社接洽《应县木塔》修订再版事宜，增补万余言的附记，并对初版研究论文作补充说明。

《营造法式大木作制度研究》完稿。

1979 年　　65 周岁

参加《中国大百科全书·建筑、园林、城市规划》卷编纂工作，为其中分支学科“中国建筑史”之主编（副主编傅熹年、孙大章、程敬琪、王其明）。

1980 年　　66 周岁

《中国古代建筑史》（第八次修改稿）正式出版。该书自 1959 年开始编写，由刘敦桢先生主持，陈明达参加了历次的研讨、修改工作。

《应县木塔》再版。

1981 年　　67 周岁

积四十余年研究心得所撰研究专著《营造法式大木作制度研究》由文物出版社出版。这部专著对正确认识中国古代建筑的设计规律和科学水平作出了创造性的贡献。

为《文物》杂志出版三百期撰文《古代建筑史研究的基础和发展》。

为编纂《中国古代建筑技术史》撰写木构建筑单元的北宋之前部分，初稿名为《封建社会木结构建筑技术》，是日后所著《中国古代木结构建筑技术（战国—北宋）》之雏形。

1957—1981 年，陈明达《我的业务自传》中称这一阶段为“综合前两阶段成果，取得跃进的十年”（减去 1964—1977 年不能正常工作的十四年）。

1982 年　　68 周岁

为天津大学建筑系、清华大学建筑系、中国艺术研究院等院校研究生授课。

《封建社会木结构建筑技术》（后定稿为《中国古代木结构建筑技术（战国—北宋）》）被收入中国建筑科学研究院建筑历史研究所编《建筑历史论文集》。

## 1983 年　69 周岁

着手撰写长篇论文《独乐寺观音阁、山门的大木制度》。

## 1984 年　70 周岁

7 月，对天津大学建筑系硕士研究生王其亨所作学位论文《清代陵寝建筑地宫的研究》予以高度评价，建议将该论文提升为博士学位论文。

10 月，为纪念独乐寺重建一千周年，撰写《独乐寺观音阁、山门建筑构图分析》。

12 月，为王天所著《古代大木作静力初探》作序。

## 1985 年　71 周岁

为文物出版社主编“中国古代建筑研究”丛书，并进行丛书的组稿活动。

是年出版井庆升《清式大木作操作工艺》，其中载有他 1984 年为该书撰写的前言。

所撰《独乐寺观音阁、山门建筑构图分析》由孙增蕃先生英译，题为“Thousand-year-old Wooden Structure — A Study on Architectural Composition of Dule Temple”，被收入中国建筑技术发展中心（China Building Technology Development Centre）编《中国建筑文选（英文版）》（*Building in China Selected Papers*）1985 年第 3 期。

中国科学院自然科学史研究所主编《中国古代建筑技术史》于是年 10 月出版，注明其中第五章概说及第一、二节系陈明达执笔，但陈明达在其 1990 年出版的《中国古代木结构建筑技术（战国—北宋）》中声明：“书中所载与我的原稿相差极大，观点不同。”

## 1986 年　72 周岁

《纪念梁思成先生八十五诞辰》刊载于《建筑学报》1986 年第 9 期。

《“抄”？“杪”？》刊载于《建筑学报》1986 年第 9 期。

为文物出版社成立三十五周年撰文《未竟之功》。

## 1987 年　73 周岁

春季某日，接受天津大学建筑系学生录音采访。此次采访录音后于 2020 年由殷力欣、成丽整理成文，题为《中国营造学社往事及个人学术研究絮语》。

参加文物出版社与日本平凡社合作出版《中国石窟·巩县石窟寺》的编审工作，并与莫宗江合撰《巩县石窟寺雕刻的风格及技巧》。

9月，从中国建筑技术发展中心建筑历史研究所退休。

为反思东西方建筑学理念，命殷力欣代购李约瑟《中国科学技术史》。

## 1988年　74周岁

主编《中国美术全集·巩县、天龙山、响堂山、安阳石窟雕刻》卷，撰写卷首论文《北朝晚期的重要石窟艺术》。

5月，《中国大百科全书·建筑、园林、城市规划》卷出版，除主持“中国建筑史”分科的编写工作外，撰写分科总论《中国古代建筑》和材份、大木作、独乐寺、佛宫寺释迦塔、营造法式、梓人遗制、中国营造学社等重要条目。（按“梓人遗制”条的撰写，补充了朱启钤先生1932年未发现的“小木作之格子门、版门”等内容。）

9月，再次接受天津大学建筑系学生录音采访。此次采访录音由殷力欣整理成文，题为《从营造学社谈起》，收录于1998年版《陈明达古建筑与雕塑史论》。

## 1989年　75周岁

《中国石窟·巩县石窟寺》由文物出版社与日本平凡社联合出版，收录《巩县石窟寺的雕凿年代及特点》《巩县石窟寺雕刻的风格及技巧》（与莫宗江合作）两篇论文。

长篇论文《独乐寺观音阁、山门的大木制度》于是年完稿。

《中国美术全集·巩县、天龙山、响堂山、安阳石窟雕刻》卷出版。

## 1990年　76周岁

经多次修改、补充而成的专著《中国古代木结构建筑技术（战国—北宋）》由文物出版社出版。

该书“南宋至明、清”部分自1985年即着手撰写，因资料缺乏及年迈多病等原因，于是年辍笔。

**1991 年　77 周岁**

为南京博物院编《彭山崖墓》提供实测图和照片。

开始写作《〈营造法式〉研究札记》和《〈营造法式〉辞解》。

**1992 年　78 周岁**

为重庆市博物馆龚廷万等编著《四川汉代石阙》作序。

冬，命殷力欣代为整理其一生著述篇目。

**1993 年　79 周岁**

由殷力欣协助，将已发表文章汇编为《陈明达古建筑与雕塑史论》，并口述其编辑动机——“希望后人借鉴前人之得失，取得新的突破和成果”。

**1995 年　81 周岁**

下半年，患脑萎缩病症，记忆力开始衰退。《〈营造法式〉研究札记》《〈营造法式〉辞解》等书稿的写作至此中断。

1982—1995 年，自言所做工作是反思学科史历程，试图重新确立“与西方建筑学体系迥异其趣的中国古代建筑学体系”。

**1997 年　83 周岁**

8 月 26 日晚 10 时 30 分，在北京病逝，享年 83 岁。

8 月 27 日，中国建筑技术研究院发讣告，称其为“我国杰出的建筑历史学家”。

**1998 年**

《陈明达古建筑与雕塑史论》由文物出版社出版。

**2000—2005 年**

遗稿《崖墓建筑》《周代城市规划杂记》《〈营造法式〉研究札记》《中国建筑史学

史研究提纲》等，经殷力欣、王其亨等整理，陆续刊载于清华大学《建筑史论文集》。

2007 年

经王其亨、殷力欣增编，遗著《蓟县独乐寺》由天津大学出版社出版。

2008 年

遗著《蓟县独乐寺》获第一届中国建筑图书奖。

2009 年

代表作《应县木塔》获第二届中国建筑图书奖。

2010 年

遗著《〈营造法式〉辞解》经天津大学建筑学院教师丁垚率部分师生整理，并对照实例增编插图，由天津大学出版社出版。

2019 年

所设计并监理施工之湖南祁阳重华学堂大礼堂、重庆市委会办公大楼同时入选第四批中国二十世纪建筑遗产名录。

2021 年

设计作品重庆中共西南局办公大楼、中共重庆市委会办公大楼的相关历史资料选入“重庆母城建筑口述丛书”（重庆出版社）。

由山西省地方志研究院策划统筹、应县地方志研究室组织编修的《应县木塔志》正式出版，其中对木塔结构及建筑水平的评述，基本采信陈明达《应县木塔》一书。

（殷力欣）

## 附　陈明达实地调查古建筑及石窟要目[①]

1932 年　北京

故宫、前门、隆福寺、西苑（北、中、南三海）、房山云居寺

1933 年

8 月　河北蓟县（今属天津市）

独乐寺山门与观音阁

10 月　山西大同

下华严寺薄伽教藏殿藏壁、海会殿、善化寺普贤阁

1934 年 9 月　河北

定兴：慈云阁、石柱村北齐石柱

易县：清西陵、开元寺、辽宋白塔、泰宁寺塔

涞水：大明寺经幢、西冈塔、水北村石塔

涿县：云居寺塔、智度寺塔、普寿寺

1935 年

5 月　河北

保定：关帝庙、文庙、大悲阁

安阳：碑坊

安平：圣姑庙、文庙

安国：药王庙、三圣庵、文庙

定县：开元寺料敌塔、考棚、大道观、天庆观玉皇阁

---

① 所记时间均为初次考察，二次及二次以上考察者从略。

曲阳：北岳庙德宁殿、城隍庙、关帝庙

蠡县：石轴柱桥

正定：隆兴寺摩尼殿

7 月　江苏南京

城墙、灵谷寺、明孝陵、鸡鸣寺

10 月　北京

护国寺、妙应寺白塔、护国寺二舍利塔、三河桥白塔庵白塔、北海永安寺白塔、西黄寺化成塔

1936 年

5 月　河南

新乡：关帝庙

修武：文庙、胜果寺、二郎庙、汉献帝陵

博爱：明月山宝光寺、民权镇观音阁

沁阳：天宁寺大雄宝殿、天宁寺塔、城隍庙碑楼

济源：王屋山阳台宫、紫微宫、济渎庙、奉仙观、延庆寺舍利塔、望春桥

汜水：等慈寺、窑洞式民居

洛阳：龙门石窟、关羽墓、白马寺塔

孟津：汉光武帝陵

登封：汉代三阙、中岳庙、嵩岳书院、崇福宫、嵩岳寺塔、法王寺塔、会善寺大殿、会善寺净藏禅师塔、永泰寺塔、少林寺、少林寺初祖庵、西刘碑村碑楼寺北齐碑及唐开元石塔、告城周公测景台

密县：法海寺塔

巩县：石窟寺

开封：相国寺、铁塔、繁塔、关帝庙

8 月　北京

西郊法海寺

10—11 月　河北、河南、山东

涿县：东禅寺、南塔、北塔、普寿寺

新城：开善寺、文昌阁二塔

行唐：封崇寺大殿、隋代石塔、北宋经幢

邢台：城楼、县府、净土寺墓塔、开元寺、塔院之塔林、天宁寺塔及经幢

大名：普照寺、城隍庙、文庙

磁县：城楼、城隍庙、北响堂山常乐寺石窟、南响堂山石窟

安阳：天宁寺雷音殿及塔、大士阁、白塔寺

汲县：石幢、石牌坊、砖塔

滑县：明福寺塔、城隍庙

武陟：法云寺大殿、文庙、牌楼、民居、妙乐寺、宋代经幢及砖塔

郑县（今郑州）：城隍庙、开元寺经幢

滋阳（旧兖州府治）：重兴寺砖塔、娘娘庙

嘉祥：石坊、文庙

济宁：铁塔、钟楼

肥城：汉郭巨祠、文庙、无梁殿

泰安：东岳庙

景县：开福寺塔、文庙

## 1938—1939 年

1938 年 10—11 月　云南昆明

圆通寺、土主寺、建水会馆、东寺塔、西寺塔、真庆观大殿、三元宫、都雷府、城隍庙、文庙、大德寺双塔、筇竹寺、海源寺、大悲观、妙湛寺金刚宝座塔、妙湛寺砖塔、喇嘛式墓塔、武成庙、妙应兰若塔、滇南首郡坊、总督署大堂、金牛寺、松花坝、鸣凤山金殿等

1938 年 11 月—1939 年 1 月　云南

大理：崇圣寺三塔、浮图寺塔、白王坟、西云书院、元世祖纪功碑、圣源寺、观音堂、中央皇帝庙

丽江：玉皇阁、忠义坊、宝积宫、皈依堂、北岳庙、玉峰寺、大定国寺、丽江民居

鹤庆：文庙、杨公祠、城隍庙

宾川：鸡足山金顶寺金殿、金禅寺、传灯寺、华严寺、悉檀寺、石钟寺、万松庵、寂光寺

凤仪：凤鸣书院、雨花寺、东岳庙、文庙、城隍庙、武安王庙

镇南（今南华县）：文昌宫、彝族木屋

姚安：文庙、德丰寺、至德寺

楚雄：文庙、龙江祠

景县：曹溪寺、昊天阁、雷神殿

**1939 年 9 月—1940 年 2 月　四川、西康**

重庆：五福宫、长安寺、老君洞、文庙、北碚崇圣寺、缙云寺

成都：民居、明蜀王府故址、鼓楼南街清真寺、文殊院

乐山：白崖山崖墓、凌云寺白塔及摩崖

峨眉：飞来寺飞来殿、城隍庙

夹江：杨公阙、千佛崖

眉山：蟆颐观

新津：观音寺大雄宝殿及观音殿

郫县：土地庙

灌县：二郎庙、珠浦桥

新都：宝光寺无垢塔及经幢、寂光寺、正因寺梁代千佛碑

广汉：龙居寺、金轮寺大殿及碑亭、龙兴寺罗汉堂、广东会馆、张乐亭园、文庙

德阳：鼓楼

绵阳：平阳府君阙、白云洞摩崖、西山观摩崖

梓潼：七曲山文昌宫、李业阙、南门外无铭阙、西门外无铭阙、北门外无铭阙、卧龙山千佛崖

广元：千佛崖、皇泽寺摩崖、唐家沟崖墓

昭化：观音崖摩崖

阆中：清真寺大殿、久照亭、观音寺化身窟、蟠龙山摩崖、涧溪口摩崖、铁塔寺、桓侯祠

南部：大佛寺

渠县：冯焕阙、沈府君阙、拦水桥无铭阙、赵家坪南侧无铭阙、赵家坪北侧无铭阙、王家坪无铭阙、文庙

岳池：千佛崖

南充：西桥

蓬溪：鹫峰寺大雄宝殿、宝梵寺大殿、定香寺大殿

潼南：仙女洞、大佛寺摩崖、千佛崖

大足：报恩寺山门、北崖白塔、北崖摩崖造像、宝鼎寺摩崖

合川：濮崖寺摩崖造像

雅安：高颐阙

**1942 年 2 月　四川彭山**

崖墓群、江口镇寂照庵

**1943 年 9 月　四川宜宾**

黄伞溪汉代崖墓、李庄镇旋螺殿、民居

**1953 年冬　甘肃**

兰州：榆中握桥

张掖：沙井废堡

敦煌：石窟群、成城子湾土塔、老君堂宋代慈氏之塔

**1954 年　山西**

五台县：佛光寺东大殿、文殊殿、南禅寺大殿、延庆寺大殿

大同：善化寺、上下华严寺、云冈石窟

平遥县：镇国寺大殿、文庙大成殿、双林寺大殿、市楼

赵城县：广胜寺及龙王庙明应王殿

永济县：永乐宫

万泉县（今万荣县）：东岳庙

太谷县：光化寺、白塔寺

介休县：回銮寺、神玄楼

朔县：崇福寺弥陀殿

太原：晋祠圣母殿、献殿、鱼沼飞梁、天龙山石窟、唐墓、宋墓

**1955 年　天津**

蓟县白塔

**1957 年　河南安阳**

大留圣窟、大住圣窟、小南海石窟群

**1962 年　山西应县**

佛宫寺释迦塔、净土寺大殿

**1964 年　陕西西安**

汉长安遗址、唐长安遗址、大雁塔、小雁塔、清真寺、民居

1973 年 8 月　山西

太原：崇善寺、纯阳宫

五台：龙泉寺、显通寺、圆照寺、广宗寺、菩萨顶、罗睺寺、殊像寺、塔院寺、碧山寺

大同：观音堂、九龙壁、五龙壁

浑源县：悬空寺、永安寺、圆觉寺

1975 年　江苏苏州

拙政园、留园、沧浪亭、网师园、西园寺、天平山御碑亭

# 编 后 记

十卷本《陈明达全集》的整理编辑工作终于完成，出版在即。就我个人而言，作为主要整理者，持续三十余年的这项工作总算告一段落。这里所谓的“这项工作”，在当初却并不明确要整理编辑出一部如此规模的全集，而仅仅是一个简单的文献编目工作。换句话说，以对陈明达先生著述的编目起步，最终得以形成这样一部卷帙浩繁的巨著，是我所始料不及的。

这是一个不断遇到困难而每每在想要放弃之际得到意外的激励、鞭策，总算没有半途而废的过程。

## 1991—1997 年：准备阶段——从文章编目到编辑选集

1991 年初秋一日的晚饭后闲谈。舅父陈明达先生原本是在点评、指导我的一篇中国美术史论文习作，却突然话锋一转，说我可以帮他做一些事了。他甚至说：“在雕塑史研究方面，你接我的班吧。”也就是从那天起，我开始系统研读陈明达雕塑史方面的文论，按写作年代做了文论编目和摘要——这算是我参与整理陈明达著作的起步，虽然不全面，也并不以编辑成书为目的。

转眼间已是 1993 年春。又是某一天的饭后，舅父对我说，既然已做了雕塑史文论的编目，不妨把其余已发表的文章也做个编目。这一年秋季，我将已编目的 33 篇文章全部复印，汇集成册，请舅父过目。我提议将其命名为《陈明达自选集——建筑与雕塑史论》正式出版。对于我的这个建议，舅父说可以，但出个人选集的目的不应只是记录个人取得过什么样的成绩，而应如此立意：“将个人研究工作中的得与失客观地公之于世，使后人能够改正前辈错误、突破前人局限，在前人的基础上有新的突破和成果，使这个学科有新的发展。”对此，他还强调：他的学术论文因个人的、时代的种种局限，成绩是阶段性的，不成熟或有所失误也在所难免；此外，在文化部文物局任职期间，曾有一二篇署名文章中的一些提法是奉命为文物局的政策代言的，不全是自己的观点，但既然署名了，就不能回避时代烙印，无论现在看来正确与否，都应自负文责。

这一天，舅父要我将文稿交付时任文物出版社编审的黄逖先生安排出版事宜；还告诉我他的那些尚未完成的文稿以及一些旧图纸、旧照片、文献记录卡片等大致放在哪里，如果他直到临终也没有完成，就由我全权处理，要求我“为达到客观展现个人研究的阶段性进展及失误的目的，千万不要为尊者讳”。他还嘱咐我说，一旦他不在世了，有专业问题可以请教他的学生王其亨。从这一天开始，我正式承接了陈明达著述的整理工作：在他生前编辑选集，身后整理遗作。

这部书稿的编审工作却进展缓慢，直到 1997 年 8 月 26 日陈明达先生逝世仍未完工。黄逖先生除了仔细审阅文字外，还因多篇书稿的配图在“文化大革命”期间损失过半，考虑照片重拍、图纸重绘的问题——这在电脑的使用远不像如今这般普及便捷的时代，确实也是很费时间的。

应该说，这是一个目标并不明确的起步阶段。我个人一开始只是在给舅父帮忙的同时涉猎一下本专业以外的知识；之后，在并不深入地浏览文稿的过程中，逐渐感觉到这是一项意义重大的工作，必须投入更多的精力。

## 1997—1999 年：《陈明达古建筑与雕塑史论》出版前后

1997 年 8 月后，黄逖先生痛惜没能在陈明达先生生前出版选集，一方面抓紧审稿，一方面敦促我抓紧时间为选集配图。而我则遵照陈先生的生前嘱托拜访了王其亨教授，请他对在编的选集提些建议，并向他咨询陈明达遗稿的整理工作该怎样展开。王先生建议在编的选集中可增补一份已经整理出的遗稿《中国古代木结构建筑技术（南宋—明清）》和他提供的名为《从营造学社谈起》的口述资料；而对于其他遗稿的整理，则说了一番几乎影响我后半生的话，大意是：“对于整理陈明达遗作的事，你要有花费十年苦功夫的心理准备——这在建筑历史学界，还是别人求之不得的呢！当然，天津大学方面也会尽力提供帮助的。”

然而，就是在拜访王其亨先生之后不久，发生了两件意想不到的事：一是黄逖先生因病提前退休，未完成的校阅工作移交他人；另一件事是家藏资料中很重要的一部分意外流失了，这个损失，首当其冲是导致为文章配图的工作在短时间内难以完成了。于是，文物出版社方面的接任者与我商量：“重要的是记录下陈先生的学术思想，配图或可忍痛割舍，留待以后有条件再弥补？”就这样，定名为《陈明达古建筑与雕塑史论》的这个选集，最终带着没有配图的重大缺憾，于 1998 年底出版。

回想起来，1998 年的夏天，我在心理上有过一段短时间的跌宕起伏。王其亨先生的鼓励，本令我有了为此奋斗十年的意愿，而家藏资料的流失，却又让我痛感此事的难度远超预料。我刚刚有了一个计划：先把已发表的选集之外的遗稿整理出来，找机会出版一本《陈明达古建筑与雕塑史论遗集》；如果有更好的机会，再考虑将“选集”“遗集”合成一部配图的文集。说实话，我本就因学识方面的跨专业而自信心不足，这次资料的意外损失，更令我手足无措。

就在情绪很是低落的时候，我接连得到了数次鼓励。首先是舅母李淑其老人按舅父生前的口头嘱托，于 1998 年 6 月正式立下了一份书面的著作权继承文件给我，说：“舅舅和舅妈都相信你一定能做好的。”在场的我母亲也表示全家人都将予以我全力支持。

这里还应提到，陈明达逝世后，他一生的挚友莫宗江先生也曾数次约我面谈，询问遗稿整理工作的进展。莫叔叔于 1999 年 12 月 12 日病逝，病逝前几日，他还在校阅那份我呈送给他的陈明达《〈营造法式〉研究札记》整理初稿。

1998 年 7 月的一天，陈明达的私淑弟子王天先生将一函六册的陈明达手抄本《营造法式》交还给我，说那是十几年前老师为支持他做《营造法式》大木作静力分析研究而借给他的。得知我有辑录遗集的计划却又有知难而退的苗头，他鼓励我“坚持下去，没有什么克服不了的困难”。一个星期后，他交给我一篇他写的《〈陈明达先生遗集〉序》，说：“尽管这个遗集连篇目都未定，我也无妨写一篇介绍老师的学识与为人的文章聊作序言。现在这个遗集的序言都有了，你老弟还有不做下去的理由吗？！”

这一时期，正在筹备《建筑史论文集》丛刊的复刊事宜的清华大学建筑系张复合教授向我表示，愿意连载所有陈明达遗稿。他还邀请我兼职此丛刊的外聘编审，负责审校中国古代建筑历史方面的来稿。张先生的本专业是外国建筑史与中国近现代建筑史，他也如此重视中国古代建筑历史研究、关注陈明达遗稿整理工作进展，这无疑给了我又一次鞭策；而他如此信任地交付我的审校来稿工作，也在日后潜移默化地促进我努力补习中国建筑史论方面的专业知识。

如果说这一阶段我能够弥补建筑史论的知识储备不足，逐渐从圈外步入圈内，那么实在应该感谢我舅母、我母亲、莫宗江叔叔等至亲长辈的扶持和王其亨、王天、张复合、王贵祥、贾珺、莫涛等学长、学友的鼓励，特别是王其亨先生为我规划的那个“十年愿景”。

## 1999—2010年：遗稿整理工作的拓展

在这一阶段的前半段时间里，《建筑史论文集》丛刊陆续刊载了陈明达《读〈营造法式注释（卷上）〉札记》（王其亨、殷力欣整理）、《〈营造法式〉研究札记（选录）》（王其亨、殷力欣整理）、《周代城市规划杂记》（殷力欣整理）、《独乐寺观音阁、山门的大木制度》（殷力欣整理）、《崖墓建筑——彭山发掘报告之一》（殷力欣整理）等，整理工作算是小有进展。不过，之后的工作再次面临文稿配图缺失的困难。

适逢其时，时任中国文物研究所资料信息中心（今中国文化遗产研究院图书馆）主任的刘志雄先生（1950—2008年）伸出了援手：他邀请我为文研所的外聘研究员，合作整理一批珍藏已久但有待梳理的中国营造学社文献资料。志雄兄的一个理念很令我兴奋：文研所收藏的学社资料是本所的财富，更是梁任公所谓“学术者，天下之公器也”，要尽快整理出来，更要与社会公众共享。他表示整理陈明达遗稿所需要的资料，文研所均可无偿提供，只需我手中残存的陈明达文献资料能够录入信息中心的文献目录即可。对我而言，直接收获是大大弥补了家藏资料的缺失，甚至是得大于失。

在文研所文献资料室约两年半的工作，越来越让我意识到：应该把对陈明达学术生涯的整理与研究视为整体性的中国营造学社研究中的一个重要环节，我应该分出一部分精力留意其他前辈的研究资料，至少要把一些新的发现及时知会相关课题的研究者们。

又是一次适逢其时。2006 年 3 月底、4 月初，我有幸结识了时任《建筑创作》杂志社主编的金磊先生。此后的十几年里，在金磊兄的支持下，我除了继续整理陈明达遗稿、探析中国古代建筑之外，还以编著《中山纪念建筑》为契机，开始关注中国近现代建筑现象。这个改变，意外地提升了我对陈明达建筑设计实践的认识——营造学社先贤们孜孜不倦地探索中国古代建筑，终极目标还是对中国建筑未来的思考。

就在这个背景下，我们按陈明达生前出版的专著《应县木塔》的模式，将遗稿《独乐寺观音阁、山门的大木制度》增编为专著《蓟县独乐寺》；之后，由金磊组织协调，天津大学建筑学院丁垚等率学生十余人，与文研所温玉清、王临安等合作，开展了数次较大规模的奉国寺测绘和多视角的建筑技术与艺术课题研究，于 2008 年出版专著《义县奉国寺》，可谓陈明达生前“做二三十个专项研究”的未竟事业的延续。

从 2005 年算起，王其亨先生安排留校任教不久的丁垚具体负责《〈营造法式〉辞解》的整理工作，先后参加文稿誊抄、初校的天津大学建筑学院的研究生、本科生等在 10 人次以上；之后是针对词条内容选配图示，参与者达 151 人次。这项工作与增编《蓟县独乐寺》、测绘义县奉国寺等几乎同时进行，可以说，“辞解”的整理工作很好地结合了天大的古建筑教研。

整理《〈营造法式〉辞解》、增编《蓟县独乐寺》、按《应县木塔》的模式进行义县奉国寺研究，这三项工作或多或少地促进了新一代学者的成长，也与大学、研究机构的教研工作产生了一些直接关联。我想，这正是陈明达先生乐于见到的吧。

## 2011—2022 年：《陈明达全集》进入审校阶段

《〈营造法式〉辞解》出版后，余下的任务主要是梳理陈明达在《营造法式》校勘方面的工作、整理残存的绘图草稿以及将陈明达积攒一生的工作卡片整理为《〈营造法式〉〈清式营造则例〉〈营造法原〉名词对照检索及简释》等。至此，尽管工作仍然很耗时耗力，但完成的部分已然使得陈明达毕生的治学体系脉络渐趋清晰了。于是，丁垚率先提议考虑出版全集的工作。大概在2013年秋，我们初步将所掌握的陈明达文稿及建筑图稿等辑为全集十卷。这个初编的《陈明达全集》，原计划由天津大学出版社出版，遗憾的是，天大出版社因故于2014年将这个项目搁置了。

2018年9月，经“营造文库”负责人徐凤安先生斡旋，我作为陈明达著作权继承人与浙江摄影出版社达成合作意向，全集编辑出版工作重新启动。不过，谁也没有料到，接下来的编辑校阅工作竟持续了四年之久。这一方面说明我们原来的工作还不够充分（如陈明达工作卡片的整理分类一直持续到了2022年5月），另一方面则是浙江摄影出版社的编辑工作异常严谨细致。还有，一些新资料的发现也持续到了2022年初，如清华大学建筑学院中国营造学社纪念馆、梁思成遗孀林洙老人等提供了不少新发现的陈明达绘图和影像资料。

此次全集的整理编辑工作仍由我主持，由丁垚协助校阅各卷并联络与专业内容相关的学者参与校阅各分卷，其中肖旻、永昕群二人出力尤多。

这期间，与我直接打交道的是二位责任编辑——负责十卷中的九卷的张宇女士与负责一卷（第八卷）的王莉女士。二位女士都是文科生，都是第一次接触文理参半的建筑类图书编辑工作，也因是第一次，所以加倍努力、负责。兹举一例。《独乐寺观音阁、山门的大木制度》一文，在之前的两个正式文本一致的情况下，张宇仍然坚持逐行逐字逐句审阅，并对表6中的一个数据“（举高）264.5/146”提出质疑：“264.5/146的份值是1.81，约等于1.8，而不是1.6，请核查原稿或做出一个合理解释。”我核对原书稿的结果是：陈先生原稿无误，2002年初次录入时，整理者误将165抄作146了。令我惊讶的是，这个份值“1.6”是在表3中注明的，而表6中并没有再次标注。负责第八卷的王莉也同样认真严谨，有类似的“较真”事迹。

浙江摄影出版社的美术编辑也给我带来了意外惊喜：全集所附旧图稿中的相当大一部分存在褪色或残损问题，有些原图稿无存，印刷品更是模糊不清。凡此种种，经出版社技术人员的努力，都最大程度地还原了图稿原貌，体现了这家专业出版社的技术优势。

这一阶段留下了一个很大的遗憾。汤池、王泷二位先生都曾在生前向我提供陈明达在中央美术学院教授中国雕塑史、中国建筑史的授课讲义留存线索，但因故至今查找未果。这份重要的历史文献也许还有重见天日的可能性，但现在是来不及了。

### 陈明达先生与我个人

关于建筑历史学家陈明达先生所取得的学术成果以及他的学术地位，傅熹年先生等学界名流多有述评，这里不再赘言。

这些年来，不止一人向我表达过相同的好奇：为什么一个外甥会为整理舅父的著述坚持如此长的时间？对此，我多说几句，也算对我自己作个交代。

舅父留给我的最初记忆，是我幼时的一则趣事。与一些打小聪明伶俐的孩子不同，我生来一副胖墩墩、笨手笨脚的模样。大概在不满四周岁的一天，我在舅父家拿着小黑板和粉笔，掰着手指头算数，笨笨拙拙地写道“5+7=102”。我举着小黑板给大家看，想得到夸奖却引发全家人的一阵哄笑——“瞧这小笨笨啊！”舅父也笑，但笑后跟我父母强调：“这孩子没有算错，只是写错了——你们肯定还没有教他 10 以上阿拉伯数字的写法。”他一边说着，一边在“5+7=102”下对应写下“五加七等于十二”，接着说：“这个汉字写法才是这孩子想要表达的运算结果嘛！”这件小事不代表舅父对我有什么偏爱——他对别的孩子也会如此，只说明他很能设身处地地换位思考，但对我而言，为长辈所理解的幸福感成为我人生最初的记忆之一。

另有一事。我上初中的时候，平时住在父母工作的铁路工地，每天上学往返二三个小时，而寒暑假则在北京的舅父家过。有一年暑假，也来大舅家小住的表弟（我小舅的儿子）发现我的体型是“小手、细胳膊、大粗腿”，就嘲笑我是“畸形儿”。这次，舅父先是委婉地告诫我们不可嘲笑别人的生理缺陷，然后拍拍我的肩头，说我的身体发育没有超出正常范围，“倒是很有‘读万卷书，行万里路’的样子！”大概是从这一天开始，我把“读万卷书，行万里路”作为自己的生活趣味，也初次感觉到舅父对我有针对性的某种期许。

舅父对我的期许，只是希望我能够按自己的理想得到发展，并不强求专业知识与治学趣味方面的契合。多年后，我曾对舅父说，我对中国的文化走向更感兴趣，研读中西方美术史是我选择的途径。舅父听后也只强调建筑也是美术的门类，而且涉及艺术、科技、社会文化等方方面面，值得留意一下，并不强求我改修建筑史。

有一天，我的老师吴甲丰先生对我说，“要把再认识西方文化对近现代中国正负两方面的影响当作一项历史使命去完成”，我深表赞同。时隔一天，舅父对我说，“要把重新认识中国文化传统当作一项历史使命”，我也表示赞同，但忍不住发笑：“您和吴老师说的都有道理，可惜我分身乏术。”舅父也笑了：“途径不同，目的是一致的。旧学根底很厚实的吴甲丰治学西方美术史，目的也还是思考中国当代及未来的问题嘛。我自己也一样的。你偏重哪个途径，总要落实一下才好。”

这次谈话后，又经过数年的固守书斋，我想起了王国维的一句话：“诗人对宇宙人生，须入乎其内，又须出乎其外。入乎其内，故能写之。出乎其外，故能观之。”尽管我的本专业不是中国建筑历史学科，但无妨以旁观者的身份，适当参与其中又适时跳出圈外，作一番观察思考：为什么中国营造学社的前辈如此钟情于中国古代建筑历史？为什么我的舅父会为一部宋代的建筑典籍倾注毕生心血？

以整理陈明达毕生著述为途径，这三十年来，我结识了许多建筑学界的前辈、学友以及更为年轻的在校学生。我深感中国营造学社朱启钤、梁思成、刘敦桢、陈明达、刘致平、莫宗江、卢绳等前辈的学术遗产及治学理念，至今影响着莘莘学子，启发人们去思考中国文化事业的当下与未来。仅此，我觉得这三十年的时间代价是值得付出的，也非常感谢诸多前辈、学友把“陈明达著作整理与学术思想研究”当作我们共同的事业而尽心尽力！《陈明达全集》的问世是一个阶段性成果，希望也是下一步“中国营造学社学术研究系列”工作的起点。

三十年了，我凭自己不很好的记忆力，向如下支持过这项工作的人致以最诚挚的感谢：

莫宗江（已故）、单士元（已故）、杜仙洲（已故）、郑昌政（已故）、罗哲文（已故）、孙增蕃（已故）、何国基（已故）、黄逖（已故）、杨永生（已故）、汤池（已故）、王泷（已故）、徐伯安（已故）、王天（已故）、孙大章（已故）、刘志雄（已故）、温玉清（已故）、林洙、刘叙杰、傅熹年、马国馨、单霁翔、龚廷万、孟繁兴、朱希元、路秉杰、楼庆西、郭黛姮、王其亨、顾孟潮、张复合、金磊、王贵祥、蒋祖烜、钟晓青、陈同滨、韩振平、莫涛、周学鹰、贾珺、李兴钢、王力军、黄晓东、江河、阎冰、陆建芳、丁垚、肖旻、永昕群、邹容、张威、李华东、刘畅、傅晶、马晓、陈磊、吴伟、曹鹏、刘江峰、成丽、刘瑜、刘海波、石人。

另有天津大学约150名师生参与过这项事业，但无法一一列名，感谢之余，附上一份致歉。

此外，感谢家人与至亲们的理解与支持：李淑其（已故）、陈明玉（已故）、殷景文（已故）、殷亚光、吴萌、陈明远、陈磊、陈岩、陈姗、李淑美、徐爱民、国庆华、陈昭怡、陈元明（已故）、刘春英（已故）、陈骅、查保伟（已故）、刘红军等。

殷力欣　谨识

2022年11月10日

于北京小汤山寓所